现代农业新技术丛书

豆类作物
高产栽培新技术

编著◎李小红　　何录秋

CTS 湖南科学技术出版社

图书在版编目(CIP)数据

　　豆类作物高产栽培新技术/李小红,何录秋编著.－－长沙:
湖南科学技术出版社,2015.1
　　(现代农业新技术丛书)
　　ISBN 978－7－5357－8315－8

　　Ⅰ.①豆…　　Ⅱ.①李…②何…　　Ⅲ.①豆类作物－高产
栽培　　Ⅳ.①S52

　　中国版本图书馆 CIP 数据核字(2014)第 203434 号

现代农业新技术丛书
豆类作物高产栽培新技术

编　　著:李小红　何录秋
策划编辑:陈澧晖
文字编辑:任　妮
出版发行:湖南科学技术出版社
社　　址:长沙市湘雅路 276 号
　　　　　http://www.hnstp.com
印　　刷:唐山新苑印务有限公司
　　　　　(印装质量问题请直接与本厂联系)
厂　　址:河北省玉田县亮甲店镇杨五侯庄村东 102 国道北侧
邮　　编:064101
出版日期:2017 年 10 月第 1 版第 2 次
开　　本:850mm×1168mm　1/32
印　　张:8
字　　数:196000
书　　号:ISBN 978－7－5357－8315－8
定　　价:32.00 元

前　言

　　豆类作物是指豆科中的一类栽培作物，也常用来称呼豆科的蝶形花亚科中作为食用和饲用的豆类作物。豆类作物种类很多，主要有大豆、蚕豆、豌豆、绿豆、赤豆、菜豆、豇豆、芸豆、扁豆等。一般可分为大豆和杂豆两类，杂豆常包括绿豆、豌豆、蚕豆、赤豆、芸豆、扁豆、豇豆、眉豆等。

　　豆类作物种子中含有大量的淀粉、蛋白质和脂肪，是营养丰富的食料，其中大豆是含蛋白质最高的植物性食物，是我国人民膳食中蛋白质的良好来源，同时大豆含油率较高，又属油料作物。杂豆中含有容易被人体利用的碳水化合物，因而也可作为主食；杂豆中所富含的赖氨酸，可弥补谷类食物中赖氨酸的"先天缺乏"，因此，粮豆混食可大大提高其营养价值。此外，豆类作物的嫩豆荚、鲜豆粒、豆芽和豆制品，都是人们喜欢的蔬菜和食品；豆类作物根部有根瘤菌共生，与其他作物轮种，可提高土壤肥力。

　　本书重点介绍了豆类作物中大豆、绿豆、蚕豆、豌豆的耕作栽培、病虫防治、品种成果、收获贮藏等实用技术，立足南方，面向农村，力求内容通俗易懂，能为广大农业科技人员和农民提供技术服务。

1

本书第一章大豆部分由李小红同志执笔，第二至第四章绿豆、蚕豆、豌豆部分由何录秋同志执笔。由于编者水平有限，时间仓促，书中不足和错漏之处望同行和读者们批评指正，在书中引用同行们相关专著和论文的内容在书后已列出详细参考文献，在此，对这些专著和论文的作者们致以衷心的感谢。

编者

2014 年 9 月

目　录

第一章　大豆高产栽培技术

第一节　概　述

大豆，别名黄豆，古代称菽，属豆科蝶形花亚科大豆属。根据文献记载和考古资料，公认大豆原产于中国，据推算，我国种植大豆有5000多年的历史，在我国最早的粮食作物中已占有重要位置，世界各国栽培的大豆，都是直接或间接从我国传出的。

目前，世界上有50多个国家和地区种植大豆，世界大豆四大主产国分别为美国、巴西、阿根廷和中国，四个国家大豆总产量占世界的90%左右。我国大豆生产遍布全国，以东北各省及黄淮平原各省较为集中。目前，东北大豆的种植面积占全国大豆总面积的40%，黄淮流域占38%，长江流域及南方地区占17%，其余占5%。

大豆是种植业产品中蛋白质含量最高的作物，是人类非常理想的食用植物蛋白源，同时大豆含油率较高，又是世界上最主要的油料作物。大豆籽粒一般含蛋白质40%，高的可达50%，其蛋白质含量比其他豆类高出10个百分点以上，比禾谷类作物小麦、稻米、玉米等高3～4倍，也高于肉类、蛋类和奶类（表1-1），而且蛋白质中各种氨基酸种类齐全，组成比较平衡，非常接近人体的需要，根据世界卫生组织所用的蛋白质评价标准，属于完全蛋白质。大豆籽粒一般含脂肪20%，高的可达24%，其脂

1

肪中不饱和脂肪酸含量高达 80％～88％，其中亚油酸达 49％～59％，这些不饱和脂肪酸能降低血液中胆固醇含量，防止血管硬化，预防高血压和心血管疾病，故大豆油是对人体健康极为有益的优质油脂。此外，榨油后的豆粕又是饲料蛋白的主要来源，对畜牧业的发展十分重要。

表 1-1　　100g 大豆、各种食物营养成分比较

名称	水份 (g)	蛋白质 (g)	脂肪 (g)	碳水化合物 (g)	热量 (千卡)	灰分 (千卡)	钙 (mg)	磷 (mg)	铁 (mg)	维生素 B$_2$ (mg)
大豆	10	40.0	18.4	25	411	5.0	367	571	11.0	0.25
猪肉	52	16.9	29.2	1	334	0.9	11	170	0.4	0.12
牛肉	69	20.1	10.2	0	172	1.1	7	170	0.9	0.15
羊肉	59	11.1	28.8	1	306	0.6	11	129	2.0	0.13
鸡肉	74	23.3	1.2	0	104	1.1	11	190	1.5	0.09
鲤鱼	79	18.1	1.6	0.2	88	1.1	28	176	1.3	0.08
鸡蛋	70	14.8	11.6	0.5	166	1.1	55	210	2.7	0.31
稻米	13	8.0	1.4	76	349	1.1	9	255	3.0	0.05
面粉	12	9.9	1.8	75	356	1.1	38	268	4.2	0.06
玉米	12	8.5	4.3	73	365	1.7	22	210	1.6	0.10
高粱	12	8.2	2.2	77	361	0.4	170	230	5.0	0.07

　　大豆还富含有很多具有良好药理效应的生理活性物质，如异黄酮、磷脂、皂苷、低聚糖、纤维素、蛋白酶抑制剂等。大豆异黄酮和皂苷具有防癌和降血脂作用，大豆低聚糖具有促进肠胃中双歧杆菌发育、改善胃肠功能、缓肠通便的作用，大豆磷脂可以作为乳化剂乳化血管中的胆固醇，其中卵磷脂可增强记忆，预防老年痴呆，大豆膳食纤维是糖尿病、冠心病、肥胖病等患者的保健食物。蛋白酶抑制剂被认为是乳腺癌、结肠癌、皮肤癌、肺癌、膀胱癌、胰腺癌、口腔癌等的抗癌物质，特别是对乳腺癌的抑制效果更明显。大豆还含有丰富的维生素、矿物质等营养，籽粒维生素含量比小麦高 10 倍，B 族维生素含量相当于牛奶的 5

倍，大豆油中维生素 E 是一种天然抗氧化剂和重要的营养物质，大量摄取可降低动脉粥样硬化的发病率，减轻眼晶体纤维化，并有抗衰老和抗肿瘤的作用。大豆中钙比其他谷类或动物食品高数倍、十几倍甚至几十倍，含磷比小麦高 7 倍，含铁比小麦高 10 倍，是植物性食物中矿物元素的良好来源。

大豆植株和秸秆营养也很丰富，高于麦秆、稻草、谷糠等。大豆鲜株每 100g 干物质含蛋白质 12.56%、脂肪 2.2%、无氮浸出物 52.1%、纤维素 23.7%、钙（CaO）1.9%、磷（P_2O_5）0.57%、镁（MgO）1.4%、钾（K_2O）2.4%；大豆秸秆（茎和分枝）含蛋白质 7.4%、脂肪 2.0%、无氮浸出物 28.3%；大豆荚皮含蛋白质 9.2%、脂肪 2.1%、无氮浸出物 43.0%；大豆落叶含蛋白质 16.6%、脂肪 5.0%、无氮浸出物 42.9%。由此可以看出，大豆各部分都是禽畜的优质精饲料，豆秸、豆秕磨碎可以喂猪，嫩植株可作青饲料，其营养价值与青贮苜蓿相当，且其胡萝卜素含量高于苜蓿。大豆植株残茬落叶遗留在土壤中则具有肥田的作用。因此，发展大豆生产有利于农业内部种植业和养殖业的良性循环和协调发展。

大豆对土壤环境的适应性较强，并有固氮养地能力，是土壤开发利用的先锋作物，新垦红黄壤在种植 3～5 年大豆后，其土壤性状明显改善。同时，大豆是一种生育期短、比较耐阴抗倒的作物，对其他作物的田间管理影响较小，加上大豆根瘤又能固氮培肥地力，因此，大豆成为多种作物良好的前茬和优良的间套作作物。在同样土壤和施肥措施条件下，大豆茬后作产量比水稻、小麦等禾谷类作物的后作产量要高出 15%～20%。

大豆营养价值高，用途广，用大豆制作的食品和化工品已有近万余种，不仅是耕作改制的需要，也是改善人民膳食结构、增加饲料蛋白供给，促进养殖业发展的需要，在农业可持续发展中具有重要意义。

第二节　我国大豆分布特点及生产概况

一、我国大豆种植区划

以耕作制度结合播种季节为主要依据，根据大豆品种生态类型、耕作制度、栽培方法及自然条件等的异同，我国大豆栽培区域划分为以下 5 个大区、7 个亚区。

（一）北方春大豆区

包括黑龙江、吉林、辽宁、内蒙古、宁夏、新疆等省（区）及河北、山西、陕西、甘肃等省北部，该区分以下三个亚区。

1. 东北春大豆亚区

包括黑龙江、吉林、辽宁、内蒙古东部四盟。该区无霜期 100～170 天，年降水量 350～1200mm。一般 4 月下旬至 5 月中旬播种，9 月中下旬收获。当地品种对长光照反应不敏感，感温性强，大部分以无限和亚有限结荚习性为主，南部和东南部以有限结荚品种为主。一年只种一季作物，辽南地区冬小麦收获后可播夏大豆，但面积不大。大部分种植品质优良、含油量高、种皮黄色、黄脐、光泽好的品种。本亚区为我国重要的大豆内、外销商品生产基地，换茬作物有高粱、粟、玉米、春小麦、甜菜等。

2. 黄土高原春大豆亚区

包括河北北部、山西北部、陕西北部、内蒙古高原一部、河套灌区及宁夏。该区无霜期 180～220 天，年降水量 200～500mm。一般 4 月下旬至 5 月中旬播种，9 月收获，品种大部分以无限结荚习性为主。由于大陆气候强烈，降水较少，土质较差，大豆栽培较少，品种以耐瘠薄干旱的黑豆较多，也有黄豆、青豆。

3. 西北春大豆亚区

基本为新疆绿洲地带种植，甘肃河西走廊有零星种植，但不稳定。该区无霜期110～200天，年降水量少于300mm，必须种在灌溉区内。一般4～5月播种，8～9月收获，品种有限和无限结荚习性都有。种植面积与各个亚区比较相对较小，主栽品种从相当纬度的东北引种，近年来开始大豆新品种选育，各地都有黄大豆、黑大豆、绿大豆、花腰豆等。

（二）黄淮海流域夏大豆区

为华北冬小麦主产区域，冬小麦多在6月上、中旬收获，后茬接种夏大豆，少数地方大豆春播，该区分以下两个亚区。

1. 冀晋中部春夏大豆亚区

包括河北长城以南，石家庄、天津一线以北，山西省中部和东南部。该区无霜期175～220天，年降水量400～800mm。一般6月中下旬播种，9月中下旬收获，品种大部分以无限和亚有限结荚习性为主，种皮有黄、青、茶、黑等色。本亚区为春、夏大豆过渡地区，在冀中多为一年二熟，在晋中和晋东南则多为二年三熟。

2. 黄淮海流域夏大豆亚区

包括河北石家庄、天津线以南，山东全部，河南大部，江苏省洪泽湖和安徽省淮河以北、山西省西南部、陕西省关中地区、甘肃省天水、武都地区，为我国两大主产区之一。该区无霜期180～220天，年降水量500～1000mm。一般6月中下旬播种，9月中下旬至10月上旬收获，品种大部分以有限结荚习性为主。生长期正值雨季，温度较高，适合夏大豆生长。所产大豆除部分外销外，基本供应豆制品加工食用。品种以黄色种皮为主，也有青色，瘠薄地区还有褐色和黑色，脐多为褐黑色。

（三）长江流域春夏大豆区

包括黄淮海夏大豆区的南沿长江各省份及西南云贵高原，该区分以下两个亚区。

1. 长江流域春夏大豆亚区

包括江苏、安徽两省长江沿岸部分，湖北全省，河南、陕西南部，浙江、江苏、湖南的北部，四川盆地及东部丘陵，为南方产大豆较多的地区。该区无霜期 210～310 天，年降水量 1000～1500mm。一般春大豆 4 月上旬播种，7 月中下旬收获，夏大豆 5 月下旬至 6 月上中旬播种，9 月中下旬至 10 月上中旬收获，品种大部分以有限结荚习性为主，也有无限结荚习性品种，籽粒以中小粒型居多。全生育期温度充足，水分不缺，仅日照较少，除沿江一带农场及部分地区种植的大粒品种出口外，一般均作为豆制品加工和青嫩期菜用。夏大豆一般接种麦类、油菜茬口，在旱地常与玉米、甘薯等间套作。

2. 云贵高原春夏大豆亚区

包括云南、贵州两省绝大部分，湖南和广西的西部，四川西南部。该区无霜期 275～350 天，年降水量 750～1500mm。大豆一般分布在海拔 1500m 以上，春大豆 4～5 月播种，8～9 月收获，夏大豆 5～6 月播种，9～10 月收获，有限结荚习性为主，种皮多为黄、褐、青等色，脐多为褐色。大豆常与玉米间混作。

(四) 东南春夏秋大豆区

包括浙江省南部、福建和江西两省、台湾地区和湖南、广东、广西的大部。该区无霜期 270～320 天，年降水量 1000～2000mm。春大豆 4 月上旬播种，7 月上中旬收获；夏大豆 5 月下旬至 6 月上旬播种，9 月下旬至 10 月中旬收获；秋大豆 7 月下旬至 8 月上旬播种，11 月上中旬收获。大部分以有限结荚习性为主，春大豆多黄色种皮，秋大豆则多青色、黑色种皮。原来本地区有较大的秋作大豆面积，现大为减少。

(五) 华南四季大豆区

包括广东、广西、云南的南部边缘和福建的南端。该区全年无霜或接近无霜，年降水量 1500～2000mm。可以在配合其他作物种植制度下任何季节播种，一般春播在 2～3 月，6～7 月成熟；夏秋播 6～7 月，10～11 月成熟；冬播 12 月下旬至 1 月上旬，4 月下旬成熟。品种多为有限结荚习性，豆粒以黄色、黑色为多。

二、我国大豆生产概况

我国大豆分布很广，东起海滨，西至新疆，南起海南，北至黑龙江，除个别海拔极高的寒冷地区以外均有种植。其自然限制界线大致在全年大于 10℃积温 1900℃以下，年降水量在 250mm 以下无灌溉设施的地区。

我国大豆产量历来最多的省份为黑龙江、吉林、辽宁、河北、山东、河南、江苏、安徽等 8 个省。从国内生产情况看，东北 4 省区（黑龙江、吉林、辽宁及内蒙古）大豆播种面积 400 多万 hm²，占全国大豆总面积 40％以上，产量占全国大豆总产量的 45.7％。安徽、河南、河北、山东等地处黄淮海流域的省份大豆播种面积约 267 万 hm²，占全国大豆总面积 1/3 左右，产量占全国大豆总产量的 30％以上。南方多作大豆产区面积 100 多万 hm²，占全国大豆总面积 15％～20％，产量约占全国大豆总产量的 20％。

我国大豆种植面积在近 50 多年中有很大波动。新中国成立以后，大豆面积迅速恢复，1957 年曾达到 1273 万 hm²，约占全国耕地面积的 11％，总产 1005 万 t。1960 年以后开始下滑，1977 年下降到 706.7 万 hm²，占全国耕地面积的 7％，总产只有 745 万 t。"文化大革命"结束以后，大豆生产逐步恢复，面积有所扩大，单产逐步提高。1981 年种植面积上升到 800 万 hm²，总产量达到 930 万 t。2000 年种植面积为 933.3 万 hm²，总产 1660 万 t。2004 年种植面积 958.9 万 hm²，由于价格高、气候好，大豆获得丰收，总产达到 1740 万 t，创历史最高记录。

我国大豆消费近十多年来不断增长，尽管高蛋白和菜用大豆能满足自需，但油用大豆基本依赖进口，造成大豆自给率大幅下降，国际依存度过高。我国 1995 年开始批量进口大豆，1996 年为出口变进口的转折点，2000 年前进口量在 1000 万 t 以下，2001 年进口量达到 1394 万 t，国内自给率为 52.5%，至此，我国进口量高居不下，2007 年自给率下降到 29.2%。2010 年，全国大豆总产量为 1500 万 t，而进口大豆达到 5480 万 t，自给率只有 20.1%（海关总署统计），进口年增量创下历史最高记录，对我国粮油食品安全、饲料安全造成巨大影响。

三、湖南大豆生产概况

湖南位于长江中游地区，为亚热带季风湿润气候，冬寒冷而夏酷热，春温多变，秋温陡降，春夏多雨，秋冬干旱，年平均降水量在 1200～1700mm，年平均气温 16℃～18℃，光照充足，雨量充沛，为春、夏、秋大豆多作区。根据不同类型大豆品种的生态习性，不同地区气候、土壤、地貌、地势等自然条件、耕作制度和社会经济条件等，湖南大豆划分为四个栽培区域，即湘北春、夏大豆区，湘中、湘东春大豆区，湘南春、秋大豆区，湘西春、夏大豆混合区。

由于大豆适应性较广，无论是丘陵岗地的红黄壤、紫色土，还是盆地的冲积潮泥土均可种植，因此大豆在湖南各地均有分布，而且种植方式多样，既有大面积连片和零星大豆单种，也与多种作物进行间作套种，如玉米间套种大豆、棉田间种大豆、幼龄果茶林园间种大豆、大豆套种甘薯和田埂豆等。种植面积较大的县（市）有永州、安化、沅陵、邵阳、临湘、慈利、平江等。近年菜用大豆在湖南城市郊区发展较快，规模种植县（市）有浏阳、醴陵等。

　　湖南为南方大豆主产区，2000多年前就有大豆栽培和利用，20世纪的前30年大豆生产进入兴盛时期，1933年大豆播种面积达329.9万亩（1亩≈667m²，下同），总产22万多t，1936年以后由于战争频繁播种面积和总产大大减少，1949年，全省大豆播种面积仅64.22万亩，总产2.55万t。1950年以后，大豆生产得到迅速恢复和发展，但由于受单纯强调粮食生产以及大豆价格的影响，大豆生产波动较大。20世纪50年代年平均播种面积218.59万亩，比1949年扩大154.37万亩，总产达7.45万t，单产34.9kg/亩；60年代处于徘徊时期，年平均播种面积212.31万亩，总产7.96万t，单产37.8kg/亩；70年代面积减少，年平均播种面积167.39万亩，但因优良品种的推广单产迅速提高到61.8kg/亩，总产相应增加到10.42万t；80年代以后湖南大豆稳步发展，面积逐步扩大，平均播种面积251.33万亩，总产22.1万t，单产87.8kg/亩；90年代年平均播种面积299.73万亩，总产32.05万t，单产106.6kg/亩。2000～2006年大豆播种面积稳定在300万亩左右，单产在130kg/亩徘徊，总产40万t左右。2007年开始，各地为保水稻面积，加上有粮补的作物受到重视，导致大豆等无良补作物播种面积有所缩小，总产减少，但单产达150kg/亩以上。

第三节　大豆的分类及其形态特征

一、大豆的分类

　　我国栽培大豆品种繁多，是世界上最丰富的国家，按植物学特性，可将大豆分为野生种、半栽培种和栽培种三类。按大豆的播种季节可分为春大豆、夏大豆、秋大豆、冬大豆四类，但以春大豆占多数。按大豆的生育期可分为极早熟大豆、早熟大豆、中熟大豆和晚熟大豆。按籽粒颜色可分为黄豆、青豆、黑豆、褐豆、花色豆等类，其中以黄豆为主。按生长习性分为直立型、半直立型、半蔓生型、蔓生型四类，按株形分为收敛型、开张型、半开张型三类，按结荚习性分为有限结荚习性、无限结荚习性和亚有限结荚习性三类。按大豆的用途则可分为粒用大豆和鲜食大豆两大类。

湖南大豆种植历史悠久，长期以来，为适应不同的耕作栽培制度和光照条件，形成了春、夏、秋大豆不同播季的生态类型，这些不同的生态类型品种具有对光照、温度等反应的不同特点。

（一）春大豆类型

此类型大豆对光照反应不敏感，可在 14 小时以上的光照条件下通过阶段发育，适于从低温到高温的气候条件下生长。一般3 月下旬至 4 月上旬播种，6 月下旬至 7 月上、中旬成熟，全生育期 90～120 天。由于在夏、秋干旱之前即可成熟，稳产保收，因此种植面积较大，目前约占全省大豆总面积的 80%，一般亩产 150kg 左右，如果夏秋播，生育期明显缩短，秋播产量降低，一般亩产 80～100kg。本类型大豆较耐旱、耐瘠、耐酸性土，适于丘陵旱土一年两熟或三熟栽培，主要分布在湘中、湘南的台地、丘陵旱土，以涟邵地区为主产区，湘西山地丘陵、湘北也有种植，目前，湖南已有湘春豆 13（中早熟）、湘春豆 24 和湘春豆 V8（中熟）、湘春豆 26（早熟）等不同成熟期的春大豆配套品种，适于不同地区不同栽培条件的生产需要。

（二）夏大豆类型

此类型大豆对光照反应较敏感，可在 13～14 小时的光照条件下通过阶段发育。一般 5 月中、下旬至 6 月上旬播种，9 月中下旬至 10 月上、中旬成熟，全生育期 120～150 天，在较高的温度条件下通过阶段发育。由于遇夏、秋干旱对产量影响较大，种植面积占大豆总面积的 18% 左右。本类型大豆植株繁茂高大，比较耐肥，不太耐旱，结荚性和丰产性较好，一般亩产可达200kg左右，高于春大豆，如果改为春播，生育期较长，秋播则生育期明显缩短，产量显著下降。此类型大豆主要分布在湘北平原和湘西丘陵山地平原，以武陵山区一带为主产区，湘中、湘南较少，全省各地田塍豆一般以夏大豆较多，旱地种植多与油菜、小麦等轮作一年两熟或与玉米套作。

（三）秋大豆类型

此类型大豆对光照极为敏感，在13.5小时以上的光照条件下即不能通过阶段发育。一般7月中下旬至8月上旬播种，11月上、中旬成熟，全生育期95～115天，改为春夏播则生育期显著延长。此类型大豆主要集中在气温较高的湘南和湘中地区，一般亩产150kg左右。20世纪50年代中期，以湘南的衡阳、零陵、郴州和湘中的长沙、浏阳等县为主产区，主要为稻田复种轮作秋大豆，50年代末期，全省在早、中稻田复种的秋大豆面积曾达200多万亩，60年代末期至70年代，随着农田水利条件的改善和双季稻的发展，秋大豆种植面积逐年减少，目前占大豆总面积的2%左右，以湘秋豆一号和湘秋豆二号为主要当家品种。

二、大豆的形态特征

（一）根和根瘤

1. 根

大豆根属于直根系，由主根、侧根和根毛组成。初生根由胚根发育而成，侧根在发芽后3～7天出现，根的生长一直延续到地上部分不再增长为止。在耕层深厚的土壤条件下，大豆根系发达，根量的80%集中在5～20cm上层内，主根在地表下10cm以内比较粗壮，愈下愈细，几乎与侧根很难分辨，入土深度可达60～80cm。侧根远达30～40cm，然后向下垂直生长，一次侧根还再分生二、三次侧根。根毛是幼根表皮细胞外壁向外突出而形成的，寿命短暂，大约几天更新一次，根毛密生使根具有巨大的吸收表面，一株约 $100m^2$，水分和养分通过根毛来吸收。

2. 根瘤

大豆根系的一大特点就是具有根瘤，大豆根瘤是由大豆根瘤细菌在适宜的环境条件下侵入根毛后产生的，大豆植株与根瘤菌之间是共生关系，大豆供给根瘤菌糖类，根瘤菌供给寄主以氨基酸，有人估计，大豆光合产物的 12％ 左右被根瘤菌所消耗。根瘤菌的活动主要在地面以下的耕作层中，大豆根瘤多集中于 0～20cm 的根上，30cm 以下的根很少有根瘤，大豆出苗后大约 10 天可观察到小根瘤。

3. 固氮

对于大豆根瘤固氮数量的估计差异很大。据研究，当幼苗只有两片真叶时，已可能结根瘤，2周以后开始固氮，但植株生长早期固氮较少，自开花后迅速增长，开花至青粒形成阶段固氮最多，约占总固氮量的 80％，鼓粒期以后，大量养分向繁殖器官输送，根瘤菌的活动受到抑制，固氮能力下降。大豆根瘤固定的氮一部分满足自身的需要，一部分供给

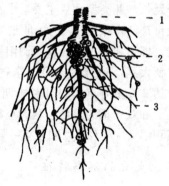

1. 主根 2. 侧根 3. 根毛
图 1-1 大豆的根

大豆植株，大豆产量很大程度上取决于根瘤发育良好的庞大根系（图 1-1）。

（二）茎

大豆的茎近圆柱形略带棱角，包括主茎和分枝。茎发源于种子中的胚轴，下胚轴末端与极小的根原始体相连，上胚轴很短，带有两片胚芽、第一片三出复叶原基和茎尖。在营养生长期间，

茎尖形成叶原始体和腋芽，一些腋芽后来长成主茎上的第一级分枝，第二级分枝比较少见。按主茎生长形态，大豆可分为蔓生型、半直立型和直立型。

大豆主茎基部节的腋芽常分化为分枝，多者可达 10 个以上，少者 1～2 个或不分枝。分枝与主茎所成角度的大小、分枝的多少及强弱决定着大豆栽培品种的株形。按分枝与主茎所成角度大小，可分为开张、半开张和收敛三种类型。按分枝的多少、强弱，又可将株形分为主茎型、中间型、分枝型三种。

大豆茎上长叶处叫节，节与节之间叫节间，有资料表明，单株平均节间长度达 5cm 是倒伏的临界长度。

（三）叶

1. 子叶

是大豆种子胚的组分之一，也称种子叶。在出苗后 10～15 天内，子叶所贮藏的营养物质和自身的光合产物对幼苗的生长是很重要的。

2. 真叶

大豆子叶展开后约 3 天，随着上胚轴伸长，从子叶上部节上长出两片对生的单叶，即为真叶。每片真叶由叶柄、两枚托叶和一片单叶组成。真叶为胚芽内的原生叶，叶面密生茸毛。

3. 复叶

大豆出苗 2～3 周后，在真叶上部长出的完全叶即为复叶，大豆的复叶包括托叶、叶柄和叶片三部分，每一复叶的叶片包括 3 片小叶片，呈三角对称分布，所以大豆复叶称为三出复叶。托叶一对，小而狭，位于叶柄和茎相连处两侧，有保护腋芽的作用。大豆植株不同节位上的叶柄长度不等，有利于复叶镶嵌和合理利用光能，而且大豆复叶的各个小叶以及幼嫩的叶柄还能随日照而转向。

叶片寿命 30～70 天不等，下部叶变黄脱落较早，寿命最短；

上部叶寿命也比较短，因出现晚却又随植株成熟而枯死，中部叶寿命最长。

4. 先出叶（前叶）

除前面提及的子叶、真叶和复叶外，在分枝基部两侧和花序基部两侧各有一对极小的尖叶，称为先出叶，已失去功能。

（四）花和花序

大豆的花序着生在叶腋间或茎顶端，为总状花序。一个花序上的花朵通常是簇生的，俗称花簇。每朵花由苞片、花萼、花冠、雄蕊和雌蕊构成，花冠的颜色分白色、紫色两种。大豆是自花授粉作物，花朵开放前即已完成授粉，天然杂交率不到 1%。

（五）荚和种子

大豆的荚色有草黄、灰褐、褐、深褐以及黑等色，豆荚形状分直形、弯镰形和弯曲程度不同的中间形。

成熟的豆荚中常有发育不全的籽粒，或者只有一个小薄片，通称秕粒。秕粒发生的原因是受精后结合子未得到足够的营养。开花结荚期间，阴雨连绵，天气干旱均会造成秕粒，鼓粒期间改善水分、养分和光照条件有助于克服秕粒。

大豆的种子形状可分为圆形、椭圆形、长椭圆形、扁圆形等。种皮颜色与种皮栅栏组织细胞所含色素有关，可分为黄色、青色、褐色、黑色及双色五种，以黄色居多。

第四节　大豆种植制度与高产栽培

一、大豆种植制度

（一）大豆种植方式

1. 大豆单种

单种即在同一块田地上种植一种作物的种植方式。我国北方和黄淮海地区大豆以单作为主要种植方式，而且集中连片规模大，有利于专业化、区域化生产和机械化作业。我国南方大豆单作主要分布在国营农场，南方红黄壤开发区，川南，云贵北部水稻区，沿海滩涂开发区和农民的少量零量种植。在湖南临湘、新田、道县等该种植方式比较普遍，一般厢宽 2～2.5m，春大豆按行穴距为 33cm×20cm 标准开穴后点播，每亩 1 万穴，早熟品种每穴留苗 3～4 株，中熟品种每穴留苗 2～3 株。

2. 大豆田埂种植

一般在水稻田埂种植，我国南方分布较广，在湖南祁阳、株洲、益阳、常德等规模较大，农民在稻田四周的田埂上种植大豆，一般穴距 20～30cm，每穴播 4～5 粒种子，田埂豆的品种以夏大豆和春大豆为主。田埂种大豆，阳光充足，水肥条件好，而且省工、省本、效益好，一般的栽培条件下，稻田的田埂播种 1kg 大豆可收大豆 25kg 左右。湖南有水田 6000 多万亩，可发展早、晚稻双季田埂豆。

3. 大豆间作套种

我国南方大豆的主要种植方式，我国北方和黄淮海地区有的地方大豆也与玉米实行间作。大豆间作套种能合理利用地力、空间和光能，提高复种指数，实现丰欠互补，增产稳收。一般将共生期占主要作物生育期一半以上的称为间作，少于一半的称为套种。目前湖南大豆间作套种主要有以下几种模式：

（1）大豆与春玉米间套作　大豆与玉米间套种具有明显互补作用。玉米为高秆、喜温光作物，肥水需求量较大，对氮肥的反应比较敏感，吸收氮、磷、钾的时期比较集中；大豆属于矮秆、耐阴、肥水需求量相对较小的作物，其根瘤具有固氮能力，对氮肥的反应迟缓，需氮相对较少，这两种作物间套作，能充分利用土壤肥力与温光条件，较大幅度地提高综合效益，改变单作玉米或单作大豆效益偏低的状况，对大豆面积的增加意义十分重大。

同时，土壤肥力和土壤结构不断得到改善，可真正实现土地的用养结合，是一种较为理想的高效旱土耕作方式。其间作套种模式主要有以下几种：

以玉米为主间作春大豆。水肥条件较好的地块可以玉米为主。玉米采用宽窄行种植，一般宽行 80～100cm，窄行 40～50cm，株距 30cm 左右，在玉米宽行间作 1～2 行春大豆，行距 30cm，穴距 20cm。玉米宽窄行种植间作春大豆，有利两种作物通风透光，边行优势明显，在不影响玉米的同时还可以增收大豆，一般玉米亩产量可达 400～500kg，大豆亦可每亩收 50kg 左右。该种植方式分布在湖南中、南部玉米主产区如新化、江华等。

以大豆为主间作春大豆。肥力水平一般的地块，最好以大豆为主。配置方式为 2：6，即在厢两边各播 1 行玉米，厢中间播 6 行大豆，大豆行距 30cm，穴距 20cm，玉米株距 30cm。这种方式大豆约占间作田面积的 70%，玉米面积约占 30%，管理时对玉米多施肥，可使玉米、大豆获得双丰收。该种植方式主要分布在湖南大豆主产区。

春玉米套作夏大豆。该种植方式主要分布在湘西一带，在西北部的慈利县有比较集中连片的规模种植。一般采用高畦种植，畦宽 1.0m，每畦种 2 行玉米，1 行夏大豆，玉米行距 60cm，穴距 30cm；或畦宽 1.7m，玉米宽窄行种植，宽行 80cm，窄行 40cm，宽行中种 1 行夏大豆。该模式春玉米和夏大豆共生时间短，而且大豆是在玉米宽行中或行边套种，在不影响玉米种植面积的同时，大豆根瘤固氮培肥地力还能促进玉米增产，同时也集成了免耕、秸秆覆盖等抗旱保墒技术，是集省工节本、培肥地力、保持水土及抵御季节性干旱为一体的新型旱地农业发展模式。

玉米大豆带状复合种植新模式。该种植模式是在传统的玉米大豆间套作基础上，以实现玉米大豆双丰收并适应机械化生产为目标，采用玉米大豆带状复合种植标准模式，2m 或 2.2m 开厢，厢面宽 1.8m 或 2m，沟宽 0.2m，玉米按宽窄行种植，宽行1.6m 或 1.8m（在厢两边各种一行，距厢边 0.1m），窄行 0.4m（沟宽 0.2m＋两边各 0.1m），宽行内种 2 行大豆，大豆行距0.4m，大豆行与玉米行的间距 0.6m 或 0.7m，玉米每穴单株，穴距为 0.17～0.2m，密度 3032～3924 株/亩，大豆穴距 0.2m，每穴 3 株苗，密度 9095～10003 株/亩。该模式将一块地当成两块地种，玉米宽窄行种植和玉米大豆 2∶2 配置方式通风透光和边行效应明显，可有效提升间套作大豆和玉米生产能力，同时通过微区分带轮作还有利于减轻大豆的病虫害传播，降低重迎茬带来的产量损失，实现玉米大豆双高产，促进农民增收和农业可持续发展。

（2）春大豆与春玉米、甘薯间套作　2.5m 分厢，2.1m 宽的厢面，在厢的两边按 27cm 株距各播一行玉米，大豆宽窄行播种，每厢种 6 行大豆、4 行红薯，大豆与玉米的行距 20cm，靠近玉米的两边和正中都播两行大豆，窄行宽 18cm，大行宽 48cm，为套种红薯做好预留行。5 月下旬红薯按 27cm 的株距套种在大豆的预留行内和大豆与玉米间。该模式红薯与大豆、玉米共生期40 天左右。

（3）棉田间作春大豆　该模式主要集中在湖南北部平原的棉花主产区，一般 2.4m 开厢，3 月底至 4 月初先在厢中间播种 2～3 行早熟春大豆，行距 30cm，穴距 20cm，每穴留 3～4 株苗，在厢两边 4 月中旬直播或 5 月上旬移栽一行棉花，株距 50～55cm。在不影响棉花产量的同时，每亩可收获大豆 100kg 左右。该模式充分利用棉花封行前的土地空档种植收获一季春大豆，避免了棉花生育前期植株较小造成的行间土地、温光资源的巨大浪费，同时还可减少棉田杂草的危害，发挥大豆的养地作用，实现粮食增产和农民增收。

（4）大豆与棉花、油菜间套作一年三熟种植新模式　随着农村种植业结构的不断调整，棉田间套种模式已多种多样，棉田套种大豆技术也在不断发展。大豆与棉花、油菜间套作模式是在湖南传统的棉花与油菜轮作一年二熟种植制度基础上进行的创新改良，经湖南省作物研究所进行试验，亩产大豆可达 100kg 左右。一般 2.4m 开厢，10 月中下旬以前在厢中间直播或移栽 2 行早熟油菜，行距 40cm，第 2 年油菜收获前后在厢两边按 50～55cm 株距各种 1 行棉花，在厢中间按 20cm 穴距播种 2～3 行耐迟播早熟春大豆或移栽 2～3 行早熟春大豆，每穴留苗 3～4 株。在棉、油轮作区实行大豆、棉花和油菜三种作物间作套种，在原来的基础上增加了一季大豆的产量，可提高农民收入，有效利用自然资源，实现作物间的互利共生和种地与养地的有机结合，大幅度提高单位面积土地的产出率和效益。

（5）幼龄果茶（油茶）林园间作大豆　湖南丘陵山区面积大，历来有利用幼龄果茶（油茶）林园间种大豆的传统，而且随着种植业内部结构调整，果树、油茶林面积扩大，加上坡土退耕还林，幼龄果茶（油茶）林园间作大豆成为湖南省一种较为普遍的大豆种植方式。该模式利用幼龄果茶林园空隙地在树冠外的行间种植大豆，在不影响幼龄果茶林苗正常生长的情况下，一般亩产大豆 90～100kg，不仅能为农民增加收入，弥补长远投资近年无效益的缺陷，还可培肥地力，防止水土流失和抑制杂草生长，改善小气候，促进幼龄果茶（油茶）林园苗的生长，使幼龄果茶（油茶）林园苗生长和大豆生产两者相得益彰，具有很好的经济、生态和社会效益。

（6）大豆与甘蔗间作　甘蔗生长期长，行距大，封行迟，下种或移栽后至封行有 2～3 个月，利用这段时间，在行间种植一季早熟春大豆或菜用大豆，可增加复种指数，提高光能利用率，增加农作物产量，还可提早覆盖地面，减少水分蒸发，防止杂草滋生，改善蔗田生态环境。一般根据当地习惯和甘蔗行的宽窄于3月底至4月初在甘蔗地行间按20cm穴距间种1～3行早熟春大豆，每穴留3～4株苗，每亩可收大豆70～100kg。

（二）大豆复种轮作模式

大豆与其他作物复种轮作在我国具有悠久的历史，复种的方式可以是前后茬作物单作接茬复种，也可以是前后茬作物间套播复种。我国北方地区无霜期短，冬季温度低，不宜冬作，除辽南地区试用麦茬豆一年二熟制外，一般为一年一熟，大豆在春季播种，秋（冬）收获，主要与旱田栽培的玉米、高粱、粟、春小麦、甜菜等作物实行二年至三年轮作。我国黄淮地区大豆以夏播为主，主要与冬小麦、夏春杂粮、棉花等复种轮作，实行二年三熟或一年两熟，偏南地区夏大豆生长期与小麦茬口衔接适宜，大豆与小麦轮作一年两熟制较多。我国南方多熟制区无霜期长，大豆品种类型丰富，耕作方式复杂，复种指数高，有春播、夏播、秋播和冬播，多与水稻、油菜、玉米、小麦、棉花、甘薯、蔬菜等作物复种轮作，实行一年二熟、一年三熟或二年五熟。而随着生产的需要与农业水平的进展，湖南大豆耕作栽培制度结构在作物类别及品种类型上发生了较大变化，目前湖南大豆的复种轮作主要有以下几种模式：

1. 春大豆—晚稻—冬作（或冬闲）

该水旱轮作模式在湖南临湘、新田等地种植规模较大。春大豆多选用早熟高产品种，有利于晚稻及时移栽，早插快发，缓和季节矛盾，避开秋季低温寒潮的影响，充分发挥增产优势，同时稻田肥水条件较好，也为大豆高产提供了有利条件。一般稻谷亩产600kg左右，大豆亩产150kg左右，高产田块亩产可达200kg。此外，在部分山区水稻田种单季稻光温资源得不到充分利用，种双季稻又感到温、光资源有些不足，发展早熟春大豆配晚杂优稻两熟制，能充分利用温光资源，增收一季大豆，获得较好的经济效益。

2. 夏大豆—油菜两熟制

该模式在湖南夏大豆和油菜主产区有一定种植面积，夏大豆选用早熟品种，5月中下旬播种，9月中下旬收获，油菜于大豆收获后整地作厢穴播，一般大豆亩产为200kg左右，油菜亩产为150kg以上。

3. 早稻—秋大豆—冬作（或冬闲）

该模式主要在湖南秋大豆主产区如湘南的衡阳、湘中的浏阳等地区种植，早稻收获后采用免耕法随即在稻茬旁复种轮作秋大豆，一般亩产稻谷400kg左右，秋大豆亩产100kg以上，高的可达190多千克。20世纪50年代末期该模式在全省面积曾达200多万亩，但随着农田水利条件的改善和双季稻的发展，该模式种植地区和种植面积减少，目前除湘南部分地区有少量种植外，其他地区很少栽培。

4. 豆—秧—稻—冬作（或冬闲）

湘南、湘中一些地方在晚稻专用秧田中种一季早熟春大豆，3月中下旬播种大豆，6月25日左右收了大豆做秧田，一般亩产大豆100kg左右，高的可达150kg。

5. 春大豆/春玉米—杂交晚稻—冬作（或冬闲）

该模式由春大豆—晚稻—冬作（或冬闲）发展而来，大豆与玉米间作有以玉米为主和以大豆为主两种方式，采用的大豆和玉米品种熟期必须有利于晚稻适时栽植。

6. 春大豆—甘薯

该模式是湘南永州、郴州等地丘陵山区的传统种植方式，春大豆收获后于7月上中旬栽插甘薯，大豆选用早熟品种有利于甘薯早插，获得高产。

除上述耕作栽培模式外，各地还发展了大豆与烟草、大豆与蔬菜、大豆与花生、大豆与西瓜等多种间套作和复种轮作模式。

二、大豆高产栽培技术

(一)春大豆高产栽培技术

1. 选用合适的良种

品种好坏是决定大豆产量高低的关键,应根据当地温、光、水自然条件、栽培制度、土壤肥力和栽培条件等选择相适应的品种。湖南 3～4 月是春潮,降水量占全年的 14%～24%,5～6 月是梅雨季节,为一年中降水量最多的时期,此期降水量占全年的 24%～27%。7～8 月是伏旱期,此期高温少雨。因此,品种选择除注意丰产性外,要特别注意品种的耐湿性和熟期。一般春大豆品种宜选用在 6 月下旬至 7 月上中旬成熟的品种,种植成熟过迟的品种产量和品质均受影响。作为豆稻两熟的品种,应选择耐湿性和耐肥性强、株高适中的早中熟品种;土壤肥力较高,栽培条件较好的,应选择茎秆粗壮、耐肥抗倒、丰产性强的品种;地力瘠薄,栽培管理粗放的,应选择耐瘠、耐旱、生长繁茂、稳产性较强的品种。

2. 冬耕晒坯冻垡,搞好开沟排水

为创造适于大豆生长发育的土壤环境,使耕作层土壤中水、肥、气、热等主要土壤肥力因素都适合于大豆生长发育的需要。春大豆田尤其是豆稻水旱轮作须在冬前及早耕翻土地、晒坯,四周开好排水沟,播种前再机械旋耕或传统翻耙田块(深度 20cm 左右)后,抢晴碎土,整沟作畦,否则,来年春季临时翻耕,湿耕湿种,土壤板结不透气,播种后遇上低温阴雨,烂种缺苗严重,即使出土的豆苗,也生长黄瘦,发育不良,不利于高产。

3. 适时早播

春大豆播种期对产量和生育期有极显著影响(表 1-2、表 1-3、表 1-4)。湖南春大豆播种期正值低温多雨季节,若过早

21

播种，将受低温渍水影响造成烂种缺苗。春大豆感光性弱，感温性强，播种过迟时生育期显著缩短，营养体生长量不足，产量降低。据湖南省作物研究所的试验结果（2009），不同熟期春大豆每推迟 11 天播种，成熟期延后 5～7 天，全生育期缩短 4～6 天；迟播同时导致生育后期在高温、强日、干旱的条件下，籽粒灌浆受阻，秕荚秕粒大量增加，经济性状显著降低（表 1-2）。各地实践证明，春大豆适时早播，不仅营养生长期延长，也使大豆在结荚期避开本省规律性伏旱，产量增加。湖南春大豆适宜播种期一般为 3 月下旬至 4 月上旬，由于春大豆播种至出苗期往往多雨，一般在土温稳定上升至 12℃ 以上时抢晴天播种，需要浅播薄盖，但盖后不能露籽。

表 1-2   不同播期对春大豆产量性状的影响

（湖南省作物研究所，2009）

品种	播种期（月/日）	饱荚数（个）	总荚数（个）	饱荚率（%）	单株粒数（粒）	单株粒重（g）	百粒重（g）	产量（kg/亩）
湘春豆26	3/26	17.13a	17.77b	96.56a	27.49b	5.53a	20.10a	162.4c
	4/6	17.84a	17.97b	99.25a	32.65ab	6.36a	19.69ab	186.3a
	4/17	17.69a	17.79b	99.42a	32.31ab	6.36a	18.26bc	170.4b
	4/28	16.82ab	18.55ab	90.85a	33.39a	5.24ab	14.30c	156.2d
	5/9	15.30ab	21.07a	73.73b	29.74ab	4.08ab	13.74c	107.9e
	5/20	14.33b	21.73a	66.00b	30.26ab	3.58b	12.97c	114.1e
湘春豆24	3/26	23.80ab	24.67a	96.62a	38.82a	7.39ab	20.96a	199.0b
	4/6	24.87a	25.10a	99.07a	41.12a	7.87a	19.96a	207.9a
	4/17	24.20a	26.07a	92.92ab	40.73a	6.98b	17.18b	185.9c
	4/28	22.67ab	27.80a	81.65bc	39.65a	5.90c	13.12c	150.8d
	5/9	21.81bc	27.41a	80.37bc	37.59a	5.09d	13.67c	142.8e
	5/20	19.75c	26.15a	76.09c	30.16b	4.05e	13.79c	112.6f

表1-3 湘春豆26不同播期的生育期比较

（湖南省作物研究所，2009）

播种期	3月26日	4月6日	4月17日	4月28日
出苗期	4月6日	4月13日	4月24日	5月5日
开花期	5月11日	5月16日	5月24日	6月6日
成熟期	6月29日	7月2日	7月11日	7月18日
全生育期	95	91	86	82

表1-4 湘春豆24不同播期的生育期比较

（湖南省作物研究所，2009）

播种期	3月26日	4月6日	4月17日	4月28日
出苗期	4月6日	4月13日	4月24日	5月5日
开花期	5月14日	5月21日	5月30日	6月10日
成熟期	7月7日	7月13日	7月18日	7月24日
全生育期	103	98	92	87

4. 合理密植

合理密植是大豆生产中的一项重要措施，即在当时当地的条件下，大豆的种植既不过密，又不过稀，达到形成合理的群体结构。种植过密时会导致呼吸作用的消耗量大于同化作用的积累量，从而使产量下降；过稀导致群体偏小，亦不利于大豆高产。确定合理密度要考虑品种特性、土壤肥力和播种期的迟早等。植株繁茂、分枝能力强、株形较松散的品种，种植密度应适当稀；分枝少、主茎结荚型品种宜密。早熟品种生育期短，植株亦较矮，应适当加大种植密度才能获得较高的产量；中迟熟品种种植密度则需要稍稀。早播应适当稀些，迟播则要加大密度。此外，应遵循"肥地宜稀，薄地宜密"的原则。据湖南省作物研究所的试验结果（表1-5）和各地生产经验，湖南春大豆不同类型品种的合理种植密度大至为：春大豆早熟和中早熟品种每亩约 3.0 万株，迟熟品种每亩约 2.0 万株。

表 1-5　　不同密度对春大豆产量性状的影响

（湖南省作物研究所，2009）

品种	密度（万株/亩）	单株饱荚（个）	单株总荚（个）	饱荚率（%）	单株粒数（粒）	单株粒重（g）	百粒重（g）	产量（kg/亩）
湘春豆26	1	42.07a	42.17a	99.77a	85.67a	16.11a	18.83a	137.7c
	2	25.36b	25.49b	99.48a	49.67b	9.04b	18.20a	168.0b
	3	17.84c	17.97c	99.25a	32.65c	6.36c	19.69a	186.3a
	4	14.29d	14.53d	98.31a	25.24d	4.89d	19.39a	187.0a
	5	10.72e	12.79d	84.14b	19.37e	3.97e	20.63a	181.3a
湘春豆24	1	47.67a	48.07a	99.16a	100.90a	19.40a	20.24a	176.3c
	2	34.72b	34.97b	99.32a	59.26b	11.07b	19.83a	193.7b
	3	24.87c	25.10c	99.07a	41.12c	7.87c	19.96a	207.9a
	4	19.37d	19.67d	98.50a	32.53d	5.96d	19.61a	209.5a
	5	15.57d	18.07d	86.96b	24.76e	4.44e	19.64a	210.6a

5. 科学施肥

在一般情况下，大豆能从空气中固定所需氮素的 1/2～2/3，对各种养分的需求量在大豆生长发育的不同阶段有所不同，以开花至鼓粒期对氮、磷、钾的需要量最多。南方诸省大豆的立地条件不好，土壤中有机质贫乏，有效氮、磷、钾含量较低，所以，要提高大豆产量，应特别重视大豆的施肥，注意氮、磷、钾的合理配合。一般每亩用优质土杂肥 1000～1500kg、过磷酸钙 30～50kg 堆沤后作盖种肥。营养生长和生殖生长并旺时期，可根据大豆苗架长势长相和土壤肥力状况确定施肥种类、数量和次数。一般中等肥力的红壤旱土，在开花前 5～7 天内结合中耕除草，每亩追施尿素或复合肥 10kg 左右；在土壤肥力水平很高的情况下，可以不施或少施肥；在瘠薄的田土种植时，应加大施肥量，并对开花结荚期间营养不足，鼓粒期出现早衰趋势的豆苗立即喷施氮、磷结合的叶面肥（用尿素 0.5kg，过磷酸钙 1kg，钼酸铵10g 兑水 50kg 过滤）。苗期追肥可在雨前或雨后撒施在距大豆4～5cm 远的穴行间，切忌肥料接触大豆植株，以防烧苗。对新垦红黄壤还应结合整地适当施用石灰，每亩用量 100kg 左右。

6. 加强田间管理

大豆田间管理除苗期搞好查苋补苗、清沟沥水等工作外，主要抓好中耕除草和病虫害防治。中耕时间应根据大豆幼苗的生长情况和杂草多少而定。第一次中耕宜在第二复叶平展前进行，此时根系小而分布较浅，中耕宜浅。第二次中耕要求在始花前结束，中耕深度应视其土壤结构情况，一般 4～5cm，植株开花后不宜再中耕。大豆生育期间害虫较多，苗期以地老虎、蚜虫、潜叶蝇、豆秆蝇等地下害虫为主，在没有药剂拌种的地块发生地下害虫危害时，用 50% 辛硫磷乳油或 48% 乐斯本乳油每亩 500mL兑水 50kg 喷施防治，或用 1000 倍液的美曲磷酯（敌百虫）拌青菜叶做成毒饵诱杀。开花结荚鼓粒期主要有斜纹夜蛾、卷叶螟、豆荚螟、大豆造桥虫等害虫，可用甲维盐等高效低毒药剂防治。各种病害，主要靠农业综合防治，注意轮作换茬和搞好田间管理工作，抑制病害的发生。若出现大豆霜霉病、细菌性斑点病可用50% 多菌灵可湿性粉剂 500 倍液于发病初期开始喷雾防治，隔 7天用药一次，连续用药两次。若出现菟丝子应与大豆植株一起拔除烧毁，或用鲁保 1 号生物药剂菌粉稀释 500～700 倍进行防治。此外大豆开花至结荚鼓粒期间，需水量增加，遇干旱易造成花荚脱落，适时灌水抗旱乃此期田间管理的关键措施之一。一般下午5～6 时当植株萎蔫不能恢复原状时应及时灌水抗旱，确保鼓粒壮荚少受影响。大豆成熟后抢晴及时收获，防止雨淋导致种子在荚上霉变，是增产的最后一个环节。应在黄熟后期及时收获，此时豆叶大部分枯黄脱落，籽粒与荚壳脱离，摇动豆荚时出现相互碰撞的响声，籽粒呈现出品种固有色泽。收获时间宜在上午 9 时或露水未干之前进行，这样既可防止豆荚炸裂，减少损失，又能提高工效。

（二）夏大豆高产栽培技术

与春大豆相比，夏大豆生育期间的温、光、水等条件有很大差异。这些环境因素会影响夏大豆的生长发育，进而影响夏大豆的产量和品质。湖南夏大豆一般在油菜、麦类等冬播作物收获后于 5 月中下旬至 6 月上旬播种，秋季成熟，一年两熟，或与玉米套作。根据夏大豆品种特性和生长期间的气候特点，夏大豆栽培关键技术如下：

1. 选择适宜品种

为了保证夏大豆与冬播作物在时间上不存在矛盾，不误下茬冬作物适期播种，豆油两熟制宜选择早熟和极早熟夏大豆品种，或用适宜夏播的春大豆品种代替夏大豆品种。若与春玉米套作，则除考虑品种的丰产性外，还要考虑夏大豆品种的生长习性、耐阴性和抗倒性等。

2. 抢墒及时播种

由于油菜、小麦收获后气温高，跑墒快，播种时间紧迫，应在前作收获后及时耕地和整地抢种，或采用浅耕灭茬播种，播前不必耕翻地，只需耙地灭茬，随耙地随播种，或不整地贴茬抢种。为保证大豆出苗所需水分，切记足墒下种，无墒停播或造墒播种。夏大豆播种至出苗期温度较高，无论采用何种播种方法，均要求适当深播厚盖保墒保出苗，覆土厚度以 3～5cm 为宜，过深子叶出土困难，过浅则种子容易落干。

3. 合理密植

夏大豆生长期较长，繁茂性好，密度一般比春大豆小。根据湖南各地实际情况，一般每亩保苗 1.2 万～2.0 万株，在土壤肥沃的湘北平原地区种植，适宜保苗数在 1.2 万～1.5 万株，地力中等土壤种植可保苗 1.5 万～1.8 万株，瘠薄地或晚播的，亩保苗宜在 1.8 万～2.0 万株。一般密植程度的最终控制线是当大豆植株生长最繁茂的时候，群体的叶面积指数不宜超过 6.5。

4. 及早管理

（1）早间苗，匀留苗　夏大豆苗期短，要早间苗和定苗，促进幼苗早发，以防苗弱徒长。间苗时期以第一片复叶出现时较为适宜，间苗和定苗需一次完成。

（2）早中耕　夏大豆苗期气温高，幼苗矮小，不能覆盖地面，此时田间杂草却生长很快，需及时进行中耕除草，以疏松土壤，防止草荒，促进幼苗生长。雨后或灌水后，要及早中耕，以破除土壤板结及防止水分过分蒸发，中耕可进行 2～3 次，需在开花前完成。花荚期间，应拔除豆田大草。

（3）早追肥　土壤肥力差，植株发育不良时，可在夏大豆第一复叶展开时进行追肥，一般每亩追施尿素或复合肥 10～15kg，如遇天旱，可结合浇水进行施肥，可促苗早发健壮。夏大豆开花后，营养生长和生殖生长并进，株高、叶片、根系继续增长，不同节位上开花、结荚、鼓粒同期进行，是生长发育最旺盛的阶段，需水需肥量增加，应在始花前结合中耕追施速效氮肥，一般每亩尿素 7.5～10kg。夏大豆施磷肥的增产效果显著，磷肥宜作基肥施入，也可于苗期结合中耕开沟施入。河南省农业科学院在低产田上进行试验的结果表明，大豆初花期追施氮、磷，增产幅度达 20%～50%。

（4）巧灌水　夏大豆在播种时或在苗期，常遇到干旱，有条件的地方要提早灌水，使土壤水分保持在 20% 左右。花荚期若出现干旱天气，应及时灌水，保持土壤含水量在 30% 左右，否则会影响产量。

5. 及时防治病虫害

南方夏大豆生育期间正处于害虫多发期，主要有蚜虫、红蜘蛛、造桥虫、大豆蜷叶螟、豆荚螟、甜菜夜蛾和斜纹夜蛾等害虫。这些害虫在田间混合发生，世代重叠，危害猖獗，抗药性强，防治一定要以虫情预报期为准。从7月底到8月初特别注意观察田间是否有低龄幼虫啃食的网状和锯齿状叶片出现，一旦发现要及时用药防治，前期可用氯氰菊酯、抑太保、功夫等，生长后期注意用菊酯类防治豆荚螟。

（三）秋大豆高产栽培技术

秋大豆具有与春大豆和夏大豆不同的生物学特性，对短日照反应敏感，在较长光照条件下，往往不能开花结实，因此，生产上秋大豆品种不宜春播或夏播，多在7月中下旬早稻收获后接种，为保证秋大豆获得较高的单位面积产量，应在以下方面加以重视。

1. 品种选择

秋大豆有栽培型和半栽培型泥豆两类品种，因泥豆属进化程度较低的半栽培型大豆，种皮褐色，籽粒小（百粒重3～5g）产量低，品质差，生产上已被栽培型大豆所代替。由于秋大豆品种生育期较长，7月中下旬至8月上旬播种，多在11月中下旬后成熟，影响油菜和小麦等下季作物的种植，因此，近年又发展了春大豆品种秋播，可于10月上中旬成熟。湖南审定育成的栽培型秋大豆品种有湘秋豆1号和湘秋豆2号，目前生产上则多用春大豆品种代替秋大豆品种秋播。

2. 及时开沟整地

秋大豆的前作若为水稻，播种前要在稻田中开"边沟"和"厢沟"，当水稻勾头散籽时开沟排水晒田，播前灌跑马水后进行耕耙再分厢作畦穴播。秋大豆播种正值夏、秋高温季节，因此播种前应精细整地，减少耕层中的非毛细管孔隙，并使土壤表面平整，有较细的土壤覆盖，这样可减少水分蒸发，保蓄耕层水分，但也可在稻田不耕地于稻蔸边点播。

3. 适时播种，适宜密植

在前作水稻收割后要及时抢播秋大豆，以 7 月中下旬至 8 月初为适宜播种期，在此范围内宜早不宜迟，最迟也要在立秋前播种。研究表明，秋大豆立秋前播种的比立秋后至处暑播种的增产 20%～30%（表 1-6）。秋大豆播种方法多采用穴播，行距 27～33cm，穴距 17～20cm，每穴播 4～5 粒种子，一般每亩保苗 2.0万～3.0 万株，春大豆翻秋种植还可适当增加密度。

表 1-6　秋大豆（禾根豆）不同播种期的产量比较

试验地点	年份	播种期（月/日）							品种
		07/23	07/26	07/31	08/07	08/11	08/15	08/21	
福建建阳	1956	105.3		105.6		100.0		89.4	红花豆
湖南衡阳	1956	114.4	108.5	105.6		83.3	100.6	68.5	乌壳豆
湖南衡阳	1957			108.5	100.0	63.2			乌壳豆

注：资料引自《中国大豆育种与栽培》。

4. 加强田间管理

秋大豆生育前期处于高温干旱时期，不利于植株的营养生长，因此，秋大豆田间管理，苗期是关键。秋大豆出苗后，一是要及早间苗、补苗，以保证适当的种植密度促使苗齐、苗匀和苗壮。一般在两叶一心时补苗，两片单叶平展时间苗，第一片复叶全展时定苗。二是及早追肥。秋大豆种植要早施苗肥，争取在较短的时间内达到苗旺节多，搭好丰产架子；中期重施花荚肥，促进开花结荚；后期适施鼓粒肥，防止早衰。同时做到氮、磷、钾结合，补施微肥，特别是硼肥。每亩施肥量一般为纯 N 8～10kg，P_2O_5 和 K_2O 各 5kg。磷钾肥作为基肥在整地时一次性施入，氮肥按基肥：花荚肥：鼓粒肥 3：6：1 比例施用。在开花初期可喷施硼肥，在鼓粒中后期可喷施磷酸二氢钾叶面肥。三是及时灌水抗旱，及时防治病虫害。秋大豆播种期正遇湖南省的伏旱天气，对大豆出苗影响较大。如果播种时土壤过于干燥，播种后次日未下雨，应在傍晚灌一次跑马水，待土壤吸足水后立即排水，但切忌久浸，并将豆田畦沟内的余水彻底排干，也可于播种前进行沟灌，待畦面湿润后再播种，播后放干沟中水。出苗后视旱情进行 2~3 次沟灌抗旱，确保幼苗健壮生长，减少落花落荚，促进荚多粒壮。秋大豆苗期因高温干旱，大豆蚜虫危害严重，可在发生初期用 80％敌敌畏 2000~3000 倍液，或 10％速灭杀丁 2000~3000 倍液等，每亩喷药液 75kg 进行防治。大豆开花结荚期，用甲维盐、氯氰菊酯等防治多种食叶性害虫。四是及时中耕除草。化学除草可取得很好的效果，已逐步在生产中推广，在开沟整地前可用草甘膦清除田间杂草，播种后一二天（大豆未出苗前）在地表湿润的情况下可喷芽前除草剂金都尔封闭土壤，封垄前有杂草时可结合中耕追肥培土进行人工除草，一般在第一复叶出现子叶未落时和苗高 20cm 搭叶未封行时分别进行。

（四）菜用大豆高产栽培技术

菜用大豆是指豆荚鼓粒后采青作为蔬菜的大豆，也叫毛豆或枝豆，一般亩产 500~1000kg，种植效益高于收干籽粒的粒用大豆。长江流域春季早毛豆露地栽培上市期在 6 月份，若采用保护设施栽培 5 月底前即可收获上市。随着人类社会经济文化的发展，人民生活水平不断提高，人们的营养和饮食观念发生了很大转变，菜用大豆因其营养丰富、味感独特而深受国际社会，尤其是日本、韩国等国家及我国东南沿海广大民众的青睐。目前，菜用大豆除加工出口外，国内市场也十分畅销。因此，菜用大豆生产是一项短平快、高效益的种植业，是农民致富的好门路。

菜用大豆不是一般的大粒型大豆品种，而是有专门要求的品种，关于菜用大豆的品质要求和高产高效栽培技术如下：

1. 菜用大豆品质标准

（1）外观品质　外观是菜用大豆最重要的商品品质之一。亚洲蔬菜研究与发展中心（AVRDC）认为菜用大豆外观应具有以下特点：粒大，干籽百粒重不小于30g；荚大，500g鲜荚不超过175个荚；粒多，商品荚每荚粒数应在2粒以上；荚和籽粒颜色浅绿，荚上茸毛稀少且为白色或灰色；脐色较淡。武天龙等对菜用大豆研究认为具有以下特点：干籽百粒重29.72～34.58g，鲜百粒重60.79～70.55g，鲜荚皮宽1.45～1.62cm，鲜荚皮长5.24～5.98cm。

（2）食味品质 食味品质表现在甜度、鲜度、口感、风味、质地和糯性等方面。菜用大豆籽粒含淀粉5.57%（普通大豆3.86%）、总糖6.19%（普通大豆4.82%）、纤维素3.32%（普通大豆5.21%），与普通粒用大豆相比，菜用大豆含有较高的糖分、淀粉量和较低的粗纤维，因而具有柔糯香甜的口感。一般认为，甜度高的菜用大豆口感好，而糖的含量是影响甜度的重要因素，其次为游离氨基酸的含量。Ryoici Mas da研究认为，菜用大豆籽粒中蔗糖、谷氨酸、丙氨酸和葡萄糖含量与食味口感呈正相关。菜用大豆的质地受影响的因素相对复杂，但普遍认为硬度低的菜用大豆易蒸煮，品质相对较好。另外，菜用大豆在加工时产生的挥发性物质也会影响其食味品质，如顺-茉莉酮、芳樟醇等具有花香味，而1-辛烯-3-醇、乙醇、乙醛等则具有豆腥味。

（3）营养品质 菜用大豆的营养品质是决定其利用价值的重要因素。大豆籽粒中含有40%以上的蛋白质和20%左右的脂肪，大豆蛋白质中氨基酸种类齐全，并且包含了赖氨酸、谷氨酸、亮氨酸、精氨酸等10种人体必需的氨基酸，因而具有很高的营养价值。菜用大豆中含有丰富的禾谷类作物所缺乏的赖氨酸，其籽粒中游离氨基酸含量比粒用大豆高出近1倍。此外，还含有Ca、Fe、Mg等矿物质和维生素以及粒用大豆所缺乏的维生素C（27mg/100g）。Mohamed等对菜用大豆的油分进行分析，其油分中不饱和脂肪酸高达84.43%，表明菜用大豆所含脂肪是一种高品质油。因此，菜用大豆是一种营养价值高的天然绿色产品。

（4）菜用大豆品质等级标准　出口菜用大豆要达到的标准是：大荚（两粒或两粒以上的荚）、大粒，茸毛灰白色，种脐无色，荚长大于 4.5cm，荚宽大于 1.3cm，鲜荚每千克不超过 340个。产品可分三级，一是特级品，标准为二、三粒荚在 90％以上，荚形状正常，完全为绿色，没有虫伤和斑点；二是 B 级品，标准为二、三粒荚在 90％以上，荚淡绿色，有 10％以下的微斑点、虫伤或瓢形，并且有短荚或籽粒较小的荚；三是 A 级品，介于特级品与 B 级品之间。在这三个等级品中，都不能混有黄色荚、未鼓粒荚和破粒荚，否则都列为次品。

2. 影响菜用大豆品质的因素

（1）采收期对品质的影响　要获得优质豆荚，首先要注意防治病虫害，因为一旦遭受病虫害后，品质就显著降低。其次要科学掌握采收时间，采收期对口感、荚色和鼓粒程度有很大的影响。游离氨基酸的含量随鼓粒时间的推迟呈下降趋势，尽可能适时收获可获得较高的游离氨基酸含量。总糖含量在花后 35 天时维持较高水平，少于 35 天或多于 35 天的总糖含量都会降低。荚色则以花后 40 天最艳绿。因此，要根据不同品种的生育特性和养分累积的特点，掌握适宜的采收期，才能获得外观、口感风味和营养含量俱佳的菜用大豆。一般来说，采收时间以花后 33～38 天为宜。

（2）保鲜技术对品质的影响　菜用大豆是属于高呼吸速度的蔬菜类型，南方采收菜用大豆后又处于高温季节，因此如何保持其优良品质就十分重要。据研究，采后置 20℃～28℃以下 8 小时，总糖含量下降 18％；24 小时后，下降 32％；48 小时后，下降 52％。置于室温 26℃±2℃、相对湿度 66％以下的环境，菜用大豆的游离氨基酸明显下降，其中丙氨酸和谷氨酸分别减少 2/3和 1/2。若采收后迅速置于 0℃下冷藏，48 小时内总糖含量不变，游离氨基酸也下降较少。采后贮藏的温度愈高，鲜荚失重也愈大。采后用聚乙烯袋包装，置于 5℃ 下冷藏 16 天，鲜重仅减少 1%，而用网袋包装的失重要达 20%。荚色随贮藏温度和时间而变化，贮藏时间愈长，荚色变化愈大，在 0℃ 下贮藏，荚色变化较小。鲜荚用聚乙烯袋包装置于 0℃ 下冷藏，能保持良好的质地。无论采用何种包装和冷藏温度，荚中维生素 C 含量均呈下降趋势，但仍以 0℃ 下冷藏的损失最小。总之，菜用大豆采收后要十分注意保鲜技术，对保持菜用大豆的品质尤其重要。

3. 菜用大豆高产栽培技术

（1）选用良种　优良品种是高产高效的前提。目前，我国尚处于菜用大豆生产的初始阶段，生产上应用的主要品种大多是亚蔬中心（AVRDC）和日本引进，如台 292、台 75、台 74、日本矮脚毛豆等，但近年来国内也已相继育成了一批早熟、高产、优质、抗逆性强、适应性广的菜用大豆新品种，湖南也筛选鉴定了适合本省种植的菜用大豆新品种。

（2）适期早播　菜用大豆适宜在 20℃～30℃ 气温和短于 14 小时光照的短日照条件下生长。长江以南地区每年 2～8 月均可分期分批播种栽培。春毛豆一般海拔 500～800m 地区以 1 月下旬至 3 月中旬播种为宜，海拔 800～1300m 地区以 2 月中旬至 3 月下旬播种为宜，1300m 以上地区以 4 月上旬前播种为宜。春季低温条件下采用保护地栽培，这样既可防止低温烂种，又可保证早出苗、出好苗，同时还能预防春旱和提早成熟（表 1—7）。

表 1-7　菜用大豆不同播种期单株经济性状比较

播种期 （月/日）	总荚数 （个）	饱荚数 （个）	两粒以上 饱荚数 （个）	瘪荚数 （个）	单荚宽 （cm）	百粒重 （g）
03/01	20.42	12.42	5.42	8.00	1.363	32.28
03/15	30.04	25.10	17.40	4.94	1.326	32.15
03/29	22.06	16.45	13.71	5.61	1.323	31.88
04/12	16.03	10.24	4.31	5.79	1.297	22.89
04/26	15.12	4.83	2.03	10.29	1.217	16.23
平均	20.73	13.80	8.53	6.92	1.305	27.08

（3）合理密植　合理群体的种植方式是协调群体与个体之间矛盾，最大限度地保证群体产量的重要措施。合理的种植密度要视土壤肥力和种植方式的不同而定，共同的规律是肥地宜稀、瘠地宜密。衡量种植密度是否适宜，还可以根据叶面系数的变化来确定。据研究，菜用大豆开花期的叶面积系数应达到 3～3.2，结荚期应达到 3.7～4.0，鼓粒采荚时应下降到 3.5 左右。一般每亩播种 0.8 万～1 万穴，每穴播种 3～4 粒。出苗后第一片复叶出现时进行间苗和补苗，每穴留苗 2 株。

（4）科学施肥　菜用大豆是需肥较多的作物，据研究，生产 100kg 青豆荚，需要氮素 1.73kg，有效磷 0.19kg，有效钾 0.94kg，还需要钙、钼、镁、硼等营养元素。大豆生育阶段对氮的吸收一般是两头少中间多，而对磷的吸收则是两头多中间少。因此，菜用大豆栽培时应重施底肥，一般每亩施腐熟有机肥 1000～1500kg（其中：磷肥不少于 50kg）；追肥赶早，2 片子叶平展时即每亩追施尿素 5～10kg，促进幼苗生长；4 片 3 出复叶时每亩再追施 5～10kg 尿素，促进植株分枝；终花期用 0.5% 磷酸二氢钾、0.05% 钼酸氨叶面喷施补肥，促进结荚和鼓粒。对未种过大豆的土地，接种根瘤菌增产效果显著。方法是：菌粉 20g 加水 500mL 拌种 5kg，接种时避免阳光直射，接种后种子微干即可播种。

（5）精耕细作　菜用大豆栽培宜选用土层深厚、疏松肥沃、排灌方便的土壤，翻耕晒白后整畦浅播，切忌连作。结合追肥进行中耕除草，特别要注意苗期锄草和松土。苗期锄草，不但可以及早消灭杂草危害，而且可以疏松土壤，增加土壤通透性，提高土温，促使根瘤尽早形成，有利于大豆根系生长和对养分的吸收，增强抗逆性。另外，开花鼓粒阶段若遇干旱要及时灌溉。

（6）综合防治病虫害　菜用大豆病虫害宜采用综合农业措施进行防治，以防为主。如选用抗病虫良种、使用包衣种子、深耕晒土轮作套种、及时中耕除草加强管理等，创造不利于病虫害孳生的生态环境，减少病虫危害。对害虫可进行诱杀捕捉，药剂防治应采用低毒低残留农药，禁止使用有机磷剧毒农药，注意收获前 20 天禁止使用农药，确保产品质量。可用多菌灵 800 倍液防治根腐病和锈病等，用菜喜 500～800 倍液防治蚜虫、食心虫、豆荚螟、豆芫菁等害虫，用甲基托布津、代森锌、多菌灵等药剂可防治灰斑病等。鼓粒以后，注意防治鼠害，可用 4% 灭雀灵毒饵诱杀。配制方法：取清水 250g 放于容器中，置炉子上煮沸，放入灭雀灵 20g，待充分溶解后，再加入 500g 小麦粒（或米粒），同时加水至高出小麦粒 2～3cm，边加热边搅拌，烧干冷却，在晴天傍晚摆放在田埂边、鼠洞口和大豆植株行间，防鼠效果较好。

（7）适时采收　菜用大豆的品质决定于品种特性和采收时期两个主要因素，过早或过迟采收都会降低品质和口感，因此，一定要严格掌握采收时间。胡军等对菜用大豆采荚适期研究表明，花后 45 天至豆荚转为熟色时为最佳采荚期，但不同品种有差异，应掌握在鼓粒饱满、豆荚皮仍为翠绿色时采收。一天之中早晨和傍晚气温较低，此时采收品质最好。采收后应迅速分检包装，不能堆积，最好用聚乙烯袋封装置于 0℃ 下储藏保鲜，以免营养成分散失和鲜荚失色而影响品质。一般生产地距加工处的中途运输不能超过 6 小时，有条件的可用冷藏车运输。

（五）田埂豆高产栽培技术

南方农民种植田埂豆历史悠久，各省均有一定的田埂豆种植，但省与省之间、城市与城市之间、县与县之间，甚至乡镇与乡镇之间都存在着差异。种植最多的是福建省和江西省。湖南省株洲的醴陵市，永州的祁阳县和常德桃源县等有较多的田埂豆，常德桃源县种植田埂豆曾达 6.9 万亩，田埂利用率高达 76.8%。平均每亩水田的田埂可产豆 3.5kg，近年来发展双季田埂豆，用春大豆作早季田埂豆，秋大豆作晚季田埂豆，取得了较好的经济效益。发展田埂豆不与粮争地，省工省本效益好，增肥又防虫，可达到粮豆双丰收。据福建省将乐县病虫测报站 1983 年调查，田埂种豆后可增加红蚂蚁的数量，这些红蚂蚁会取食三化螟卵块，田边取食率达 61.5%，田中间取食率 24.8%，二者之间取食率 48.1%，使三化螟为害大大减轻。同时，田埂种豆后，豆叶、豆秆可以回田，增加稻田的有机肥。因此，南方发展田埂豆前景广阔，湖南有水田 6000 多万亩，可发展早、晚稻双季田埂豆。田埂豆高产栽培要点如下：

1. 因地制宜，选用良种

山区水田的生态条件极为复杂，形成了各种类型的田埂豆品种，加上大豆引种的适应面较窄（尤其是地方品种的引种），所以，各地应根据本地的条件选用良种种植。目前，育成的田埂豆品种还很少，各地除积极引种试种外，主要从当地的田埂豆地方品种中进行筛选，提纯去杂，从中选出优良的品种进行推广。湖南的田埂豆以夏大豆品种居多，近年来发展了双季田埂豆，用春大豆作早季田埂豆，秋大豆作晚季田埂豆，一年种植两季，取得了很好的增产效果。

2. 掌握季节，适时播种

播种期要根据当地的气候和农事季节而定，各地应根据早稻插秧情况进行安排，抢时间播种，不要延误农时，一般在早稻插秧后种植田埂豆。根据湖南省条件，田埂种植夏大豆一般在立夏至芒种播种较好，南部可适当迟些，西北部可早些，低海拔地区可迟些，高海拔地区要早些。

3. 培育壮苗，剪根移栽

田埂豆最好的种植方法是育苗移栽，它可以培育壮苗，保证一定密度和一定的穴株数，不会种植过稀或过密，是保证田埂豆高产的技术措施之一。

育苗移栽的方法是：选择菜园地或沙壤土的田块，将表土锄松 3～5cm，整成宽 2～3m 的苗床播种。播种要均匀，密度以豆种不重叠为宜，播后用细沙土或火烧土均匀覆盖，以不见种子露面为准。待真叶露顶时起苗移栽，移栽时要把豆苗的主根剪去一些，以免主根太长不便移栽，并且剪断主根后可促进侧根的发展，增强吸肥吸水和抗倒伏的能力。

4. 合理密植，增施磷钾肥

种植田埂豆的田埂要求较宽，离稻田水面较高，一般离水面 20～25cm，这样便于水田操作，以免踏伤豆苗，同时为大豆生长创造好的土壤环境，不会因水分饱和而影响根系生长。移栽前要锄去田埂上和田畔的杂草，预备好火烧土或草木灰等杂肥，堆制 3～5 天，作穴肥施用。移栽时用小锄挖穴，每穴栽苗 2～3 株，用泥浆压根，上盖经堆制的火烧土等土杂肥。种植株距依品种而定，主茎型品种可栽密一些，分枝型的品种则要稀一些，一般株距 25～30cm。待第一复叶展开后，要立即追施一次草木灰，在花芽分化期还要施一次肥，以有机肥混磷肥施用的效果最好。根据江西永新县农业局金中孚等（1984）调查，在大豆花芽分化期每亩田埂施用过冬的细碎牛粪 70～100kg 拌过磷酸钙 60～75kg，或菜籽饼 200kg 拌火烧土 300kg，再加适量人尿调湿后施用，均有显著的增产效果。

5. 加强管理，适时收获

田埂豆移栽一个月左右时，要再将豆株基部和田埂上的杂草除净，并用少量磷肥和土杂肥拌泥镜糊苑，以利根系生长。开花前进行第二次除草，并培土，以防倒伏。苗期和花期注意防治蚜虫、豆青虫等。锈病严重地区，在花前期和结荚初期，用粉锈宁或代森锌喷雾防治。大豆黄熟后，水稻收割前要选择晴天适时收获摊晒。

（六）红黄壤大豆高产栽培技术

红黄壤是南方种植大豆的主要土壤类型，面积约占全国土地总面积的 23%。在特定的地理位置、气候条件和生物等因素的共同作用下形成的红黄壤，具有酸性强、有机质含量低、矿物质养分不足、土质黏重板结和耕性不良等特点，对大豆的生长不利。据检测，新垦红黄壤 pH 值为 4.5～5.0，有机质含量仅 0.29%～0.87%，土质黏重，保水性极差，易板结干旱。经过大豆科研工作者多年的试验研究，已经总结出一套与新垦红黄壤特点相适应的栽培技术。其要点如下：

1. 选用良种

新垦红黄壤缺磷钾，土层薄，酸性大，肥力差，易干旱板结，因此，生产上要选用耐酸、耐瘠、耐旱的高产品种。同时为避开夏季高温干旱，最好选用中早熟春大豆品种，在长江中游区域，可选用耐酸、耐瘠、耐旱性较强的湘春、浙春和中豆系列春大豆品种作为红黄壤开发的先锋作物。

2. 适时早播

新垦红黄壤地一般都没有灌溉设施，大豆所需的水分主要靠降雨提供，加上新垦红黄壤多处于低丘台地，径流严重，保水性能差，因此，要适时早播，充分利用 3～6 月份的雨水条件，保证春大豆有适宜的生育期，并在伏旱来临前的 6 月底或 7 月初能成熟，有利高产。

3. 确定合适密度

新垦红黄壤肥力差，豆苗生长矮小，不容易分枝，因此要适当增加密度，以群体获得高产。据浙江省衢江区农业局 1989～1990 年以浙春 2 号所作的密度试验，每亩 0.75 万～1.2 万穴、每穴留苗 4 株的产量最高。确定密度还要考虑品种的特性（如株形）和红黄壤开垦利用的时间等，株形紧凑或新垦红黄壤的种植密度宜密些，株形较松散或已垦种几年的红黄壤，其种植密度宜稀些。一般红黄壤每亩种植 2.5 万～3.0 万株，新垦红黄壤种植 3 万～4 万株为宜。

4. 适当增施肥料

大豆在新垦红黄壤种植生长发育所需养分主要靠施用肥料，在施肥方法上要以有机肥拌磷肥作底肥，一般每亩施用有机肥 1000～2000kg，磷肥 20～30kg。追肥则以氮、钾为主，每亩总追肥量一般尿素 10～20kg，氯化钾 10～20kg，其中苗肥施用量应占总追肥的 60%～70%，花肥占总追肥量的 30%～40%。在新垦红黄壤还应结合整地适当施用石灰，每亩用量 100kg 左右，可降低土壤酸度。有条件的应进行根瘤菌接种，增产效果也十分显著。据浙江省江山、兰溪、常山等县市试验，浙春 2 号接种根瘤的可比没接种的增产 11.5%。

5. 宜勤中耕松土

新垦红黄壤种植春大豆，苗期中耕的次数要比一般春大豆多些，才能改善土壤环境，有利于根系生长和根瘤菌固氮。有条件的地方，开花前可在晴天中耕 3～4 次，以保持土壤疏松通气，同时要注意防治病虫害和及时收获。

（七）大豆间套作高产高效栽培技术

大豆能肥地养地，耐阴抗倒性较好，而且生育期较短，适合与其他作物间套作。长期以来，农民有很多间套种大豆的经验，大豆间套作的作物种类及方式也多种多样，概括起来湖南大豆间套作模式主要有：大豆与玉米间套作；大豆与春玉米、红薯间套作；春大豆与棉花间作；春大豆与棉、油菜间套作；大豆与幼龄果、茶（油茶）林园间作；大豆与甘蔗间作。为获得大豆与间套作作物的双丰收，将上述间套作模式的高产高效栽培技术总结如下：

1. 大豆与玉米间套作

（1）春大豆与春玉米间作

①间作模式。具体的间作方式应根据水肥基础和对作物要求而定。一般水肥条件较好的地块宜采用以玉米为主的间作方式，肥力水平一般的地块，最好采用以大豆为主的间作方式，为实现玉米大豆和谐共生，玉米双高产，宜采用玉米—大豆带状复合种植新模式。

②品种选择。间作时品种搭配非常关键，要通过试验筛选合适品种。间作大豆品种一定要选择有限结荚习性，株高较低，秆强不倒伏，叶片透光性好，结荚较密，不裂荚，生育期比玉米短或和玉米基本一致，单株产量较高的耐阴性品种，如湘春豆26、湘春豆24、天隆一号等品种。玉米株形紧凑可减轻对大豆的荫蔽危害，利于大豆生长和产量的提高，因此，间作玉米品种宜选择株形紧凑，叶片上举，结穗部位和株高相对较矮的品种，如丰玉8号、临奥1号、三北2号、登海11号等。

③整地做厢。玉米间作大豆的旱土，最好能在年前翻耕，进行晒坯冻垡，加速土壤矿物养分的释放分解。翻耕深度要求达到20～27cm。整地要求土地细碎，松紧适度，厢面平整，无石砾杂草，厢沟通直。耕地杂草过多，先进行化学除草，待杂草枯死

后再整地。

④施足底肥。底肥以有机肥为主，每亩施厩肥 1000～1500kg，同时混施过磷酸钙 50kg、硫酸钾 7.5～10kg，或 25％复混肥 50kg，结合整地时施下。

⑤查苗、间苗、定苗。播种 7 天左右，及时上地查看玉米、大豆的出苗情况，土表较为板结的地块，要轻锄破土助出苗，出苗时要注意预防地老虎危害。出苗后在玉米 3 叶期前后及时间苗、定苗，每蔸留大小整齐一致的玉米苗子一株。大豆一般以每蔸留 2 苗为宜，间苗、定苗与玉米同时进行。

⑥追肥。玉米追肥分苗肥和穗肥，在 5 叶期左右结合中耕培土追施苗肥一次，每亩施尿素 5～7.5kg，大喇叭口期重施穗肥，每亩用尿素 30kg、碳铵 30kg 混合穴施。施肥时应与玉米植株保持一定距离，并及时覆土，避免产生肥害和养分流失。土壤瘠薄、苗子瘦弱的大豆可在第一复叶期酌情追施苗肥，始花期结合中耕每亩施尿素 2.5～5kg，盛花期至结荚期，长势不旺的田块可进行叶面施肥，每亩用 1％的尿素液加 1％磷酸二氢钾喷施。

（2）夏大豆与春玉米套作

①抓好玉米与大豆的品种搭配。玉米与大豆应选择适宜套作品种。玉米宜选用株形紧凑、叶片收敛、中矮秆的早中熟春玉米品种，湖南可选用丰玉 8 号、洛玉 1 号、临奥 1 号、三北 2 号、登海 11 号等品种。若玉米品种株形高大，会使共生期间大豆植株难以充分利用光照而导致幼苗退化，缺窝、缺苗现象严重，使目标密度及产量难以实现。大豆要选用耐阴、抗旱、抗倒的中晚熟夏大豆品种，有利套作大豆光合产物的形成、积累和产量的提高，湖南宜选用慈利冬黄豆和适合当地套种的其他品种。

②优化配置，合理密植。采用高畦东西行向种植，畦宽1.0m，每畦种 2 行玉米，1 行夏大豆，宽窄行种植时，宽行内种1 行夏大豆。播大豆时，穴距 30～40cm，每穴播种 4～5 粒，出

苗后每穴定苗 2～3 株。一般光照偏少地区种植密度宜稀，光照较好地区密度宜大。

③适时播种，确保齐苗。春玉米和套种的夏大豆均以早播为佳，这样有利于避开生长中后期秋旱的影响，增收的指数就大大增加。一般在 3 月中旬播种春玉米，5 月中下旬至 6 月中旬夏播大豆，海拔偏高的播期可适当偏早，海拔偏低的播期可适当偏晚，但均应抓紧雨前雨后抢时播种。

④实施矮化，控旺防倒。为确保玉米与大豆和谐利用光热资源，玉米和大豆可实施矮化控旺防倒。大豆可在播种前用烯效唑干拌种，每千克种子用 5％的烯效唑可湿性粉剂 16～20mg，在塑料袋中来回抖动数次即可，还可在大豆分枝期或初花期每亩用 5％的烯效唑可湿性粉剂 50～70g，兑水 40～50kg 均匀喷施茎叶。玉米可在 10～12 叶展开时喷施玉米健壮素水剂 25～30g，兑水 15～20kg 均匀喷施于玉米的上部叶片上。

⑤适时收获，秸秆还田。过早、过迟采收大豆和玉米均影响产量。大豆应在籽粒干浆、豆荚和茎叶变黄时抢晴及时收获，将收割后的豆株移至晒场晾晒脱粒，籽粒晒干（水分含量低于 13％）存放在干燥的仓库中，凋落的大豆叶还地肥田。玉米在籽粒基部形成黑层，秸秆 80％穗皮黄而不干，植株苞叶变黄松散时将玉米果穗连苞叶一起及时采收，收后挂晒晾干脱粒，玉米秸秆及时砍倒顺放空行或沟中腐熟，增加土壤有机质含量和下茬作物肥效养分。

2. 大豆与春玉米、红薯间套作

（1）因地制宜，选择良种　春玉米、春大豆、红薯间作套种技术，其关键是两季作物品种的配套选用，原则上既要充分利用当地的气候资源、实现两季高产，又要防御早春低温寒潮对玉米、大豆出苗、全苗的危害和红薯迟插影响高产的矛盾。目前春玉米可选择丰玉 8 号、湘玉 1 号、蠡玉 6 号、连玉 15 号、农大

108 等；春大豆可选择湘春豆 26、湘春豆 24、天隆一号等；红薯可选择湘薯 15 号、16 号、南薯 88、豫薯 868、红星 8 号等品种。

（2）整好土地，施好基肥　玉米和大豆、红薯均是旱地作物，加之湖南省春夏雨量集中，排水不畅易造成渍害，烂种缺苗，要选择地下水位低、排水方便的田土，要求土层深厚、结构疏松的沙壤土。做到在冬前深翻耕、早翻，让其晒坯冻垡，低洼地开好排水沟。播种前浅耕一次，并按每亩 230 担农家肥、尿素 10kg，过磷酸钙 40kg 标准施好底肥。

（3）适时播种　为了夺取全年高产，头季玉米、大豆适时播种很重要。玉米、大豆最佳播期在 3 月中、下旬，应抢晴天在清明前后进行玉米、大豆同时播种。玉米每兜播种 2～3 颗，大豆每兜播种 3～4 颗，播后每亩用 60kg 磷肥拌 20 担优质火土灰给玉米、大豆盖种。5 月下旬红薯套种在大豆的预留行内和大豆与玉米间。

（4）加强管理、确保丰收

①查苗补苗，匀苗间苗。大豆出苗后，如发现缺苗即应补种，补种的种子可先在水中浸 3 小时左右，天旱时应带水补种，以保证如期出苗；玉米应用预先育好的预备苗移栽补缺；红薯应在播后 3～5 天内查苗补兜。玉米在出苗后 3 叶期间苗，5 叶期定苗；大豆出苗后在子叶展开到出现真叶时间苗，出现第一复叶时定苗。

②中耕培土，巧施追肥。玉米、大豆出苗后，结合中耕，对玉米每亩追施大粪水 2～3 担作提苗肥。玉米、大豆中耕 2～3 次，玉米在拔节后抽春穗前浅中耕结合培土，以防倒伏；大豆在开花前进行中耕培土；红薯在玉米、大豆收割后，立即挖翻玉米、大豆行的土，同时每亩用栏肥 20 担左右做基肥，开沟做垄。巧施追肥 1～2 次，玉米以氮素化肥为主，重施穗肥；大豆、红

薯以磷酸二氢钾为主,大豆在开花结荚期间,红薯在后期进行2次叶面喷施,长势较差的可加1‰~2‰的尿素液。

③防治病虫,灌溉排水。搞好病虫预测报,如发生病虫害及时防治。多雨季节,应开沟排水,干旱时科学灌水。玉米在抽雄穗前10天到抽雄后的20天对水分相当敏感,大豆在开花结荚时,耗水最多,红薯在植株呈现萎凋现象时,应设法灌水抗旱,做到随灌随排,切忌大水灌溉,或久灌不排。

(5)保护茎叶,辅助授粉 玉米种植在工作行边,进行生产操作时,注意不要损坏其茎叶。玉米在生育后期去掉枯老叶,有利通风透光,同时进行去雄和人工授粉,有良好的增产作用。操作方法是:当玉米雄穗露出1/3时,隔株拔出雄穗。当果穗吐丝盛期时,上午9~10时赶动植株,进行人工授粉。隔2~3天一次,连续2~3次。红薯中耕应在封垄前进行,封垄的及早结束中耕,不翻蔓,以免损伤红薯茎、叶,影响产量。

(6)适时收获,保产保收 玉米穗茎叶变白,大豆大部分叶片脱落,籽粒变硬时,即达到成熟标准,应及时收获,便于红薯生产。红薯没有明显的生长终止期,但应在低温霜害来临前抓紧收获。

3. 棉田间作春大豆

随着杂交棉花在我国长江流域的普及,早熟大豆品种的育成与推广,棉田间种大豆技术不断成熟,种植的主要技术如下:

(1)施足基肥,精细整地 大豆播种前对棉田进行深耕细整,做到地平土细,并结合整地每亩施农家肥1000kg、过磷酸钙或钙镁磷肥50kg、碳铵50kg做底肥,然后开沟做畦,并挖好三沟。

(2)棉花育苗移栽 3月底4月初进行棉花营养钵育苗,4月底5月初移栽至大田,在厢两边各移栽一行,并控制行宽在1.2~1.6m,株距为50~55cm,确保棉花密度在每亩1000~

2000 株。亦可采用 4 月中旬直接点播棉花。棉花品种宜选择湘杂棉 3 号、鄂杂棉 11 号等优质抗虫棉品种。

（3）大豆间作技术

①选用良种，适时播种。大豆应选用与棉花共生期相对较短的湘春豆 26 等早熟高产优质春大豆品种，劳动力充足的近郊区还可选用早熟高产菜用大豆品种。棉花间种菜用大豆是棉田增收的高效间种模式，对棉花影响很小，同时可获得较高的经济效益。4 月初在畦中间点播大豆，播种前接种根瘤菌，以增加根瘤数量，提高固氮能力。出苗后及时间苗，同时做好查漏补缺。中耕除草要早而勤，一般中耕三次，苗前实施化学除草。

②喷施多效唑。在初花期至盛花期，用适宜浓度的多效唑溶液均匀喷施叶片的正反面，这样可抑制营养生长，促进生殖生长，提高单株结荚率和结实率。

③及时巧追肥。在苗期，视苗情适量追施尿素，促使早发苗；开花期应适量追施尿素 3～5kg，磷钾复合肥 20kg。长势差的宜多施，长势健壮茂盛的应少施或不施尿素。结荚鼓粒期叶面喷施磷酸二氢钾、钼酸铵等微肥，每次每亩用磷酸二氢钾 50g、钼酸铵 15g、硼砂 50g，用热水溶解加入 25kg 清水均匀喷施于植株茎叶上。

④病虫害防治。播种后至出苗前要防鼠害和鸟害，应在田边地头投放鼠药和驱鸟剂。大豆病害主要有病毒病、霜霉病、锈病等。病毒病主要通过蚜虫传播，要在防治蚜虫的基础上用病毒灵防治；霜霉病可用百菌清等防治；锈病可用三唑酮或代森锌防治。大豆虫害主要有卷叶螟、斜纹夜蛾、豆荚螟、潜叶蝇、红蜘蛛、蚜虫等。斜纹夜蛾和豆荚螟可用 BT 生物杀虫剂和甲维盐等防治；蚜虫、潜叶蝇和红蜘蛛可用菊酯类等低毒低残留农药和达螨灵等防治。

4. 大豆与棉花、油菜间套作

（1）选择适宜品种　棉花选用湘杂棉 3 号、鄂杂棉 11 号等优质抗虫棉品种；大豆选用春大豆早熟品种如湘春豆 26 等。油菜选用高产、优质、矮秆、中早熟的丰油 701 等品种。

（2）播种时间和方法　10 月中下旬以前在厢中间直播或移栽 2 行油菜，行距 40cm，穴距 24～26cm。第 2 年油菜收获前后在厢两边按 50～55cm 株距各种 1 行棉花，棉花采用直接点播或育苗移栽均可，点播须在 4 月 20 至 25 日间进行，育苗移栽须在 5 月上旬移栽到大田；4 月下旬至 5 月上旬在厢中间按 20cm 穴距移栽 2～3 行早熟春大豆或播种 2～3 行耐迟播早熟春大豆，每穴留苗 3～4 株。

（3）加强田间管理

①合理施肥。油菜大田一般每亩 1000kg 土杂肥、50kg 复合肥、10kg 磷肥和 0.5～1kg 硼砂，充分拌匀后于油菜移栽前施于移栽穴边。油菜提苗肥在移栽 10～15 天后（直播苗 2～3 叶时）亩用尿素 5～8kg 兑水 1500～2000kg 淋施，腊肥在越冬前每亩用 10～15kg 尿素、5～10kg 钾肥择晴天无露水的傍晚撒施，硼肥在 2 月下旬每亩用 50～100g 硼砂或适量硼酸兑水 50kg 选晴天进行叶片喷施，如用硼砂，先用 40℃ 温水溶解后再稀释。棉花苗移栽后 7～10 天，每亩施尿素 2.5kg 作提苗肥，注意重施花铃肥，每亩施 30％复合肥 25～30kg，尿素 10kg 和钾肥 10kg，中后期用硼砂和磷酸二氢钾叶面喷施 2～3 次。大豆苗期视苗情适量追施尿素，开花期每亩施尿素或复合肥 5～7.5kg，结荚鼓粒期叶面喷施磷酸二氢钾。

②培育壮苗。棉花的苗床选择背风向阳，水源方便，靠近大田的地方建床，苗床宽约 1.3m，周围开好排水沟。钵土选择厩肥（经堆制腐熟半个月）过筛，每 500kg 加复合肥 1～1.5kg 碾细拌匀，制钵的前一天浇足水，浇水时用甲基立枯磷或敌克松灭

菌。采用 8～10cm 大钵，每钵播 1～2 粒健籽。苗床管理主要是播后及时搭小拱棚，并掌握好棚内温度和湿度，出苗 80％ 及时小通风，齐苗后控温 25℃，每钵只留 1 株，2～3 片真叶时进行移栽，移栽前 2～3 天揭膜炼苗，移栽时做到不散钵不断根。油菜选择地势较高、土质肥沃、疏松透气的稻田或旱土作苗床，每亩苗床用火土灰或土杂肥 2000～2500kg、人畜粪 1000～1500kg、磷肥 25kg、氯化钾 5～6kg 混合堆沤 7～10 天后作基肥。苗床按 1.5m 分厢开沟，厢面整碎整平。每亩苗床播种量 400～500g，拌适量细土或草木灰均匀播于床土。出苗前遇干旱早晚浇稀薄粪水抗旱，每天至少一次，齐苗后及时间去过密幼苗，保证每亩苗床有 10 万～15 万苗，3 叶期定苗，移栽前 7～10 天，每亩用 15％多效唑 40～50g 兑水 50kg 喷雾，同期每亩施尿素 5～7kg（遇天旱时应兑水 1000～1500kg 泼浇）或适量稀薄人粪尿作追肥。

③注意病、虫、草害防治。油菜栽后 7～10 天或直播苗 6～7 叶期进行一次化学除草。棉花在播种或移栽前用拉索或金都尔在播种行实施封闭除草，然后盖膜，棉花苗期行间如还有禾本科杂草可用精稳杀得、盖能等除草剂。大豆播后要及时用金都尔加适量草甘膦封杀厢面杂草。油菜虫害主要防治菜青虫和蚜虫，可亩用 10％的吡虫啉 2 包（400g）兑水两桶喷雾治蚜虫，亩用 5％高效氯氰菊酯乳油 100g 喷雾治菜青虫。油菜病害主要防治菌核病，坚持以预防为主的防治措施，春后清理好三沟，3 月中下旬及时摘除病老黄叶，在初花期亩用 100g 多菌灵兑水 50kg 喷雾。大豆要注意豆荚螟和斜纹夜蛾的为害，棉花主要防治三四代棉（红）铃虫、红蜘蛛和蚜虫。

5. 幼龄果、茶（油茶）林园间作大豆

利用尚未完全密闭的各种平地或缓坡幼龄果茶（油茶）林园间种一季大豆，既不占用良田，又可发展大豆，增加经济效益，

还能做到覆盖培肥和水土保持兼用，改善幼龄果茶（油茶）林园的微生态环境。间种的关键技术如下：

幼龄果树的树冠和根系较小，但如果间作套种不合理，就会起到事倍功半的效果。一般选择密闭度不到 50% 的幼龄果、茶（油茶）林园在树冠外缘 10cm 之外翻犁起低畦，注意耕作时不伤树根。选用中早熟，分枝性好，耐酸、耐瘠、耐旱性强、适应性广、丰产性好的品种，如湘春豆 24、湘春豆 26、天隆一号等。当气温稳定回升后，将大豆种在树冠外的行间，间种行数依树龄大小而不同，以不影响幼树生长发育为宜。大豆在有效播种期内应适时早播，以延长营养生长期，增加节数，争取单株多荚多粒。一般每亩播种量 5～6kg，采用 33cm×20cm 穴播，每穴播 4 粒，每亩保苗 2.5 万～3.0 万株，还要根据幼龄果、茶（油茶）林苗的生长和土壤肥力情况适当增减。幼龄果茶（油茶）林园间作大豆要特别注意增施磷肥，酸性强时还需要施用一定量的石灰改良土壤。一般每亩施用钙镁磷肥 30～40kg、优质农家肥 1000kg 作基肥，真叶展开后，结合中耕，每亩施用尿素 5～6kg、氯化钾 10～12kg。始花期视苗情酌施氮肥，进入结荚鼓粒期根瘤固氮活力下降，根系吸收能力减弱，可采用根外追肥补充养分，每亩喷施 1% 尿素加钼酸铵 10g 与磷酸二氢钾 100g 的混合液 30kg，以促进籽粒饱满，增加百粒重。果树管理按正常的技术要求，施足底肥，加强管理，并注意综合防治病虫害。大豆收获后的秸秆可覆盖于树盘上，以保持土壤水分，降低土温，促进有益微生物的活动，并可减轻由于暴雨造成的土壤冲刷。

6. 大豆与甘蔗间作

（1）选用早熟良种，适时早播　蔗地间种春大豆，应选用早熟、中矮秆、耐肥、耐阴、株形紧凑和抗倒伏的高产大豆品种（如湘春豆 26 等）适时早播早收，必须在甘蔗培土前收获大豆，保证甘蔗进入伸长期后获得充分的生长。湖南一般在 3 月底至 4

月初播种早熟春大豆，可于 6 月下旬至 7 月上中旬基本结束收获，过迟收获将会影响甘蔗的生长。

（2）间种方式与播种密度　大豆与甘蔗间作时先种甘蔗，后种大豆，在甘蔗行间穴播或条播早熟春大豆或菜用大豆。种植方式及种植密度应根据当地的习惯和蔗行的宽窄来确定，甘蔗种植行距达到 1.3～1.4m 的地方，可以在行间种 2～3 行大豆；甘蔗行距在 90cm 以上蔗地，每行甘蔗间双行豆（1.5 万株/亩左右），大豆产量在 100kg/亩左右；甘蔗行距在 90cm 以下的蔗地，每行甘蔗间种单行豆（0.8 万～1.3 万株/亩），大豆产量 70～90kg/亩，甘蔗大豆均生长良好；每隔行甘蔗间种双行豆（0.8 万～1.3 万株/亩）大豆产量在 80kg/亩左右，这种方式不影响甘蔗苗期的生长发育，还可以在大豆收获之前对甘蔗提前进行培土管理。

（3）合理施肥　在未种植过大豆的田块要接种根瘤菌，种植过大豆的田块接种高效固氮菌也有较好效果。肥力高的地块可不施用肥料，肥力中等地块可以少量施用磷肥；肥力低的地块，可亩施有机肥 1000kg，尿素 5～6kg，重过磷酸钙 30～40kg，硫酸钾 40kg 作基肥，化学肥料要与种子相距 3cm 以上，以免烧苗。根据土壤情况和大豆苗情，可以在花荚期叶面喷施微肥。

（4）加强田间管理　大豆播种后喷洒金都尔封闭除草，喷洒 10 天后进行一次中耕并培土。对缺苗条段可带水栽苗补苗，做到苗匀、苗齐、苗壮，真叶平展时间苗，第一复叶展开时定苗。苗前期结合中耕除草追施复合肥或钾肥 10kg/亩，如苗太弱则可适当加些尿素进行追肥，促使大豆早生快长。春大豆发生的害虫主要有蓟马、蚜虫、豆秆蝇、豆荚螟、夜蛾类等，豆秆蝇主要为害幼苗，在出苗初期用虫克或巴丹进行防治；发现蓟马、蚜虫为害，可用 30g/亩扑矾蚜或 40%乐果乳剂兑水均匀喷雾植株，隔 7 天再喷 1 次；发现豆荚螟和夜蛾类虫害时用甲维盐或菊酯类药剂均匀喷洒植株。

（5）适时早收　春植蔗地间种大豆，在荚色全部转黄，大豆植株叶片脱落时收获为佳。大豆收获后立即进行甘蔗中耕除草和施肥、培土、满足甘蔗后期生长。

三、大豆的收获、贮藏与秋繁

（一）大豆收获时期

收获是保证种子质量的关键，收获不当可能会使种子出现青籽、烂籽、扁籽、发芽率降低，影响种子质量。因此，大豆的适时收获非常重要，俗话说"豆收摇铃响"，其收获通常应等到95％的豆荚转为成熟荚色，豆粒呈现品种的本色及固有形状，而且豆荚与种粒间的白色薄膜已消失，手摇植株豆荚已开始有响声，豆叶已有 3/4 枯黄脱落，茎秆转黄但仍有韧性时为大豆的最适宜收获时期。收获过早或过晚都会对产量和质量产生影响，但在成熟期多雨低温情况下不落叶或落叶性不佳的品种，应看豆荚的颜色及豆荚成熟情况而定。

（二）大豆收获脱粒方法

南方收获大豆，一般都是人工用镰刀收割，最好趁早上露水未干时进行，因为此阶段收割，一方面植株不很刺手，便于收割，另一方面也不容易炸荚掉粒，可减少损失。用机械收获必须在完全成熟和干燥后收获。收获后应及时将豆株摊开带荚暴晒，当荚壳干透有部分爆裂时，再行脱粒，这样不仅可防止种皮发生裂纹和皱缩，而且也有利于大豆种子的安全储藏。目前脱粒有以下几种方法：

1. 人工脱粒

作为繁种来讲，这是一种较为理想的脱粒方法，减少了烂粒、扁粒的产生，种子外观及种子净度均较好。此方法先把豆株摊均匀晒干，用棍、棒棰打，使豆荚裂开而将籽粒脱出，达到脱粒的目的。

2. 机动车（四轮）脱粒

一般农民繁殖的大豆采用这种方法脱粒。在晒场上均匀摊开豆垛，厚度不超过0.33m，再用机车压在豆株上，并用叉子上下翻株，即可将豆荚压开使豆粒脱下。但要注意车轮不要太靠近周围边，以免豆株较薄的地方烂籽。

3. 机械脱粒

用动力带动脱粒机脱粒。利用脱小麦的脱粒机收脱大豆，一定要把滚筒的转速降低到600转/分以下，通过更换成大皮带轮、滚筒轮，来实现降低转速，防止烂籽、扁籽，保证种子质量。

4. 大型机械脱粒

北方农场大面积繁种采用联合收割机边收边脱粒。要掌握好收割时间，宜在晴日上午9～11时，下午太阳就要落时收获。早收有露水，豆粒含水量大不易脱粒，晚收炸荚造成产量损失，割茬高度宜在5～6cm为宜。

（三）大豆种子干燥和贮藏

脱出的豆粒应及时晾晒，避免霉烂，影响发芽率。留种用豆粒除去杂质后，随即晒1～2天，并进行筛选或溜选，剔除虫粒、霉粒、破碎粒及小粒后再晒1～2天，使种子含水量和净度达到国家标准。南方春大豆收获正值高温季节，特别在中午时，地面温度可高达40℃左右，切忌将大豆直接置水泥坪上暴晒，以避免高温烫伤种子，影响种子发芽率和商品价值。大量种子还可用设备烘干。

大豆种子富含蛋白质和脂肪，两者一般占60%～65%，蛋白质是一种吸水力很强的亲水胶体，容易吸收空气中的水汽，增加种子的含水量。大豆种子中不但蛋白质等亲水胶体的含量高，而且种皮薄，种皮和子叶之间空隙较大，种皮透性好，发芽孔大，因而吸湿能力很强，在潮湿的条件下极易吸湿返潮。大豆种子吸湿返潮后，体积膨胀，极易生霉，开始表现豆粒发软，种皮灰暗泛白，出现轻微异味，继而豆粒膨胀，发软程度加重，指捏有柔软感或变形，脐部泛红，破碎粒出现菌落，品质急剧恶化。大量贮藏时料堆逐渐结块，严重时变黑并有腥臭味。料堆大豆吸湿霉变现象多发生在料堆下部或上层，下部主要来自吸湿，上层主要来自结露，深度一般不超过 30cm。吸湿霉变的大豆往往都会出现浸油赤变。一般情况下，大豆水分超过 13％，无论采用何种贮藏方法，豆温超过 25℃时即能发生赤变，其原因是在高温高湿作用下，大豆中的蛋白质凝固变性，破坏了脂肪与蛋白质共存的乳化状态，使脂肪渗出呈游离状态，同时色素逐渐沉积，致使子叶变红，发生赤变，发芽率丧失。

大豆从收获到播种或加工大多都需要经过一段时间的贮藏，由于大豆籽粒贮藏过程中会发生一系列复杂的变化，直接影响大豆的加工性能和产品的质量，若作种用则影响种子发芽率。因此，掌握和控制贮藏变化条件，对防止大豆在贮藏过程中发生质变非常重要。

1. 严格控制入库贮藏水分和温度

在实际生产中安全贮藏水分是很有用处的。大豆种子安全储藏水分含量为 12％，如超过 13％，就有霉变的危险。因此，大豆脱粒后必须对种子进行干燥，使含水量降低到 13％以下，尤其是留作种用的大豆。要达到贮藏的安全水分，一是用采用自然晾晒，二是用烘干设备（烘干机或烘干室）机械化干燥种子。只要气候条件许可，日晒法简单易行，经济实用，但劳动强度大，适合少量种子。机械烘干是降低大豆水分的有效措施之一，具有效率高、降水快、效果好，不受气候限制等优点，但设备投资大，成本高，操作不当易引起焦斑和破粒，而且会使大豆的光泽减退，脂肪酸价升高，大豆蛋白质变性等。因此，在烘干大豆时应根据水分高低采用适宜的温度，通常烘干机出口的豆温应低于

40℃。可用于大豆干燥的设备很多，有滚筒式、气流式热风烘干机，流化床烘干机以及远红外烘干机等。无论是经过晾晒或烘干的大豆种子，均应经过充分冷却降温后方可入仓贮藏。

2. 及时进行通风散热散湿

新收获入库的大豆种子籽粒间水分不均匀，加上还须进行后熟作用，会放出大量湿热并在堆内积聚，如不及时散发，就会引起种子发热霉变。因此，在贮藏过程中要保持良好的通风状态，特别是种子入库 21～28 天时，要经常、及时观察库内温度湿度变化情况，一旦发生温度过高或湿度过大，必须立即进行通风散湿，必要时要倒仓或倒垛，使干燥的低温空气不断地穿过大豆籽粒间，这样可以降低温度，减少水分，以防止出汗发热、霉变、红变等异常情况的发生。通风往往要和干燥配合，通风的方法有自然通风和机械通风两种，自然通风是利用室内外自然温差和压差进行通风，它受气候影响较大，机械通风就是在仓房内设通风地沟、排风口，或者在料堆或筒仓内安装可移动式通风管或分配室，机械通风不受季节影响，效果好，但耗能大。

3. 及时进行低温密封贮藏

大豆种子富含有较高的油分和非常丰富的蛋白质，在高温、高湿、机械损伤及微生物的综合影响下，很容易变性，影响种子生活力。因此，在储藏大豆种子时，必须采取相应的技术措施，才能达到安全储藏的目的。

低温贮藏对大豆品质的变化速率影响较大。低温能够有效地防止微生物和害虫的侵蚀，使种子处于休眠状态，降低呼吸作用。根据试验，温度在 10℃ 以下，害虫及微生物基本停止繁殖，8℃ 以下呈昏迷状态，当达到 0℃ 以下时，能使害虫致死。试验还表明，在 20℃ 恒温条件下，大豆各项品质随贮藏时间延长而缓慢变化，贮藏一年后，水溶性氮指数下降 5％，豆油酸价上升 37％，脂溶性磷指数下降 8％。而 35℃ 恒温条件下，则大豆各项品质随贮藏时间的延长会发生骤变，贮藏 4 个月，发芽率就完全丧失，豆油酸价上升 145％，水溶性氮指数下降 34％，脂溶性磷指数下降 39％。由此可见，大豆是不耐高温的，需要在低温下贮藏才能保持它的品质。安全水分下的大豆，在 20℃ 条件下，能安全贮藏 2 年以上；在 25℃ 条件下能安全贮藏 18 个月左右；在 30℃ 条件下，能安全贮藏 8～10 个月；在 35℃ 条件下，只能安全贮藏 4～6 个月。

低温贮藏主要是通过隔热和降温两种手段来实现的，除冬季可利用自然通风降温以外，一般需要在仓房内设置隔墙、绝热，并附设制冷设备，此法一般费用较高。

密闭贮藏的原理是利用密闭与外界隔绝，以减少环境温度、湿度对大豆籽粒的影响，使其保持稳定的干燥和低温状态，防止虫害侵入。同时，在密闭条件下，由于缺氧，既可以抑制大豆的呼吸，又可以抑制害虫及微生物的繁殖。密闭贮藏法包括全仓密闭和单包装密闭两种。全仓密闭贮藏时建筑要求高，费用多；单包装密闭贮藏，可用塑料薄膜包装，此法用于小规模贮藏效果好，但也要注意水分含量不宜高，否则亦会发生变质。

南方春大豆从 7、8 月收获到次年 3 月播种，贮藏期长达 7 个月，其贮藏期间处在秋、冬、春季节，秋季高温不利于大豆安全贮藏，冬、春多雨，空气湿度大，露置的种子容易吸潮。秋大豆 11 月收获到次年 7 月底 8 月初播种，贮藏期长达 8 个月，其贮藏时间要经过多雨高湿的春季，高温的夏季，种子最易变质。因此，春、秋大豆均应在种子干燥后采用低温密闭贮藏，少量种子最好用坛子、缸子盛装，再用薄膜将坛口密封，压上草纸、木板、砖头等，以防受潮，到播种前 10 天左右启封，再晒一两天即可播种。但要注意装过化肥、农药、食盐的瓦坛均不能用，种子入坛时不能满装，要留一定空间，以保证种子的微弱呼吸。据湖南省作物研究所试验，将含水量 5.7％，发芽率 98％ 的大豆种子放在大瓦缸里密封贮藏 6 个月后，种子的含水量上升到 7.9％，田间发芽率仍有 92％。大量大豆种子只要种子干燥程度好，可用麻袋装好放在防潮的专用仓库里贮藏。种子仓库要具备坚固、防潮、隔热、通风密闭等性能，种子入库前必须对库房进行彻底清扫，并进行熏蒸和消毒。贮藏时麻袋下面应用木头垫好，离地 30cm，堆积高度不能超过 8 袋，贮藏过程中要经常检验种子温度、湿度等情况，发现种子堆温度上升、种子变质等现象，应及时采取降温、降湿等补救措施。

4. 化学贮藏法

化学贮藏法就是大豆贮藏以前或贮藏过程中，在大豆中均匀地加入某种能够钝化酶、杀死害虫的药品，从而达到安全贮藏的目的。这种方法可与密闭法、干燥法等配合使用。化学贮藏法一般成本较高，而且要注意杀虫剂的防污染问题，因此，该法通常只用于特殊条件下的贮藏。

（四）春大豆秋繁高产栽培技术

南方春大豆播种期正值低温多雨季节，加上大豆蛋白质、脂肪含量高，种子的吸湿性强，耐贮性较差，特别是粒大质优的黄种皮大豆，常因贮藏不善，种子生活力不强，造成烂种缺苗，这是当前春大豆生产上存在的突出问题。7 月收获的春大豆种子，晒干后随即播种，10 月再次收获的种子留作第二年春播的大豆种子，即为春大豆秋繁留种，或叫春大豆翻秋留种。秋繁留种是生产高活力种子的一项有效措施，某些品种翻秋留种很有必要。

春大豆秋繁种子，贮藏期为先年 10 月下旬至次年 3 月下旬，贮藏时间只有 150 天左右，比春播种缩短 70 多天，而且在整个贮藏时间气温较凉爽，种子呼吸作用弱，消耗的营养物质少，因此，种子生活力强，播种后出苗率高。据湖南省作物研究所 1980 年春季低温多湿条件下的调查，矮脚早秋繁种子出苗率达 95％，比春播种高 15％；1981 年湖南郴县板桥乡农科站调查，湘豆 5 号秋繁种子出苗率为 89.8%～90.8%，比春播种高 18.8%～29.8%。据湖南衡阳市农业局调查，湘豆 5 号秋繁种子出苗率为 96.3%，比春播种高 32.9%。实践证明，春大豆秋繁留种，出苗率比春播种显著提高，是保证春大豆一播全苗的有效措施。

春大豆品种秋播，温、光、水等外界条件与春播时发生了很大变化。就温度来说，春播时大豆生育期温度是由低到高，秋播时是由高到低；就光照来说，春季的日照时数相对长一些，由营养生长阶段到生殖生长阶段，光照逐渐变长，春大豆秋播所处的日照时数相对短一些，由营养生长阶段到生殖生长阶段逐渐变短；就水分来说，春播生育期间总降水量大，秋播生育期间总降水量少。据湖南省作物研究所（1990）报道，春大豆秋播日平均温度从播种至出苗 29.9℃，比春播高 15℃，播种至出苗天数比春播缩短 4.9 天，缩短 45%；从出苗至开花 28.6℃，比春播高 7.2℃，出苗至开花生育日数比春播缩短 15.2 天，缩短 39.4%；开花至成熟 22.0℃，比春播低 4.4℃，开花至成熟生育日数比春播延长 6.9 天，延长 15.2%。由于这些变化，春大豆秋播的生物学特性也相应发生了一些变化。在正常春季播种条件下，生育期一般是 95～110 天，秋播时由于苗期、花期处于高温强日季节，生育日数大为缩短，只有 80 天左右，比春播时的生育期缩短 20～30 天，主要表现在营养生长期大大缩短，由于营养生长期缩短，导致植株变矮，茎粗变小，叶片数、节数、分枝数均显著减少，单株干物质累积少，后期结荚少，百粒重降低，单株生产力降低。因而，要使春大豆翻秋获得好收成，必须根据上述特点，采取相应的技术措施。

1. 选好秋繁种子地，耕地播种

秋繁种子田地要求土质肥沃，排灌方便，凡是灌水条件不好的高岸田，排水不良的渍水田，土壤瘠薄没有灌溉条件的旱地都不宜作秋繁种子地。也不要用不同品种的春大豆地连作，因为前季春大豆收获时掉粒出苗生长，容易造成种子混杂。同时，秋繁大豆要进行耕地整土做畦播种，这样有利大豆生长。

2. 尽量早播与密植

春大豆一般在 7 月上中旬成熟，收割后要将秋播的种子及时脱粒晒干，抢时间早播，播种太晚，光照太短，大豆营养生长时间短，生长量明显不足，不利高产。1973 年湖南省园艺所用湘豆 3 号在果园内进行春、秋两季种植，春季 3 月 26 日播种，7 月 3 日成熟，脱粒晒种后随即于 7 月 8 日秋播，9 月 24 日成熟，秋播亩产 93kg，比春播只减产 8.19%，1979 年湖南省作物研究所用矮脚早与湘豆 5 号秋播，7 月 27 日播种，每亩 2.0 万株，由于播种期较迟，加上密植不够，单产均比春播减少一半，说明春大豆秋繁要尽可能早播，并且应将种植密度由春播的每亩 3 万株左右，提高到 4.5 万株左右，一般采用穴播，行穴距 26cm×17cm，每穴留 3～4 株苗。

3. 施足基肥，早追苗肥

春大豆秋播，营养生长期仅 20 多天，较同品种春播生育期短 20 天左右，因此，苗期要猛促早管，争取在较短的时间内，把营养体长好，达到苗旺节多。生育期施肥以速效肥基施为主，播种前施用农家肥作基肥，一般每亩猪粪 1000～1500kg，苗期每亩用尿素 7.5～10.0kg，分别于苗后 3 叶期进行追施，促使壮苗早发，争取荚多粒大。为了使肥料能及时分解，供大豆吸收利用，应选在下雨前后进行施肥或将肥料溶于水后浇施。

4. 保证灌溉，加强病虫害防治

春大豆秋播，正值高温干旱季节，在播种后如土壤墒情不足，应在播种后的第 2 天傍晚及时灌出苗水，以保证大豆出苗。苗期、花期、结荚期如遇干旱天气均应及时灌溉，特别是结荚初期进行灌溉，有利壮籽，同时又能有效地抑制豆荚螟危害。灌水量以刚漫上厢面为宜，灌后还要及时排干厢沟中的积水。秋季气温高，危害大豆的病虫害多，特别是食叶性害虫和豆荚螟为害严重，应注意及时喷药防治。

5. 及时收获，颗粒归仓

春大品种秋繁，成熟时气候干燥，易炸荚，应在大豆叶片还没有完全落光前开始收获。

第五节　大豆病虫害及其防治

一、大豆主要病害

（一）大豆花叶病毒病

1. 分布与危害

全国各地均有发生。植株被病毒侵染后的产量损失，根据种植季节、品种抗性、侵染时期及侵染的病毒株系等因素而不同，常年产量损失 5%～7%，重病年损失 10%～20%，个别年份或少数地区产量损失可达 50%。病株减产原因主要是豆荚数少，降低种子百粒重、蛋白质含量及含油量，并影响脂肪酸、蛋白质、微量元素及游离氨基酸的组分等，而且病株根瘤显著减少，病毒感染种子形成病斑，降低种子商品价值和萌发率。

2. 发生规律

大豆病毒病是由大豆花叶病毒侵染发病。其发病程度与品种的抗病性、种子带毒率高低及传毒媒介蚜虫的数量关系很大。

（1）带毒种子是病毒初次传染源，种子带毒率高，当年田间发病就重。

（2）在自然条件下，蚜虫是主要传毒媒介，蚜虫通过吸食带毒植株传染，蚜虫密度越大，发病就越重。

（3）高温少雨，土壤湿度底，有利于蚜虫的繁殖，从而加速病毒的传染、病害加重，相反，病害较轻。

（4）一般重茬地病害重，新茬地病害轻。

3. 主要症状

该病的症状一般表现为种类型即皱缩花叶型、顶枯型、矮化型、黄斑型。其中以皱缩花叶型最为普遍，但以顶枯型为害最重。

（1）皱缩花叶型　病株矮化或稍矮化，叶形小，叶色黄绿相间呈花叶状而皱缩，严重时病叶成狭窄的柳叶状，出现疮状突起，叶脉变褐色而弯曲，病叶向下弯曲。

（2）顶枯型　病株明显矮化，叶片皱缩硬化，脆而易折，顶芽和侧芽变褐，最后枯死，输导组织坏死，很少结荚。

（3）矮化型　节间缩矮，严重矮化，叶片皱缩变脆，很少结荚，或荚变畸形，根系发育不良，输导组织变褐。

（4）黄斑型　叶片产生不规则浅黄色斑块，叶脉变褐，多在结荚期发生，中下部叶不皱缩，上部叶片多呈皱缩花叶状。

4. 防治方法

由于大豆病毒病初次侵染主要是带毒种子，田间病害以蚜虫传染，所以防治该病应用无病种子、抗病品种和治蚜防病的综合防治措施。

（1）建立无病留种田，选用无病种子　在大豆生长期间，经常检查，彻底拔除病株，并治蚜防病，尽量在无病田或在轻病田无病株留种。

（2）推广和选用抗病品种　由于大豆花叶病毒以种子传播为主且品种间抗病能力差异较大，又由于各地花叶病毒生理小种不一，同一品种种植在不同地区其抗病性也不同，因此，应在明确该地区花叶病毒的主要生理小种基础上选育和推广抗病品种。

（3）及时疏田、间苗、培育壮苗　大豆出苗后，对过稠苗和疙瘩苗，及早间苗、疏苗，减少弱苗和高脚苗，增强抗病能力。

（4）轮作换茬　在重病田要进行大豆轮作换茬，可种玉米、棉花、小豆等旱地作物。

（5）防治蚜虫　由于蚜虫是田间花叶病毒的自然传播体，特别是有翅蚜对病毒病远距离传播起较大作用，应根据有翅蚜的消长规律，消除传播介体。化学防治蚜虫的方法是用15%吡虫啉可湿性粉剂2000倍液或20%速灭杀丁2000~3000倍液，叶面喷施，效果良好。

（二）大豆锈病

1. 分布与危害

大豆锈病原来主要分布在东半球热带和亚热带地区，亚洲和大洋洲发生危害较重。近年来在非洲、南美洲和北美洲有逐步扩大和加重的趋势。到目前大豆锈病主要发生国家有39个。我国有23个省报道有大豆锈病发生，发生严重地区主要在北纬27°以南，主要省份有广西、海南、中国台湾地区、广东、福建、云南、贵州、四川、浙江、江西、湖南、湖北及江苏省等，常发生地区还有河南、安徽、山西、山东、陕西、甘肃等。东北三省及河北偶有报道，但生产田中很少发现。大豆锈病一般在秋大豆和冬大豆发生，主要危害叶片、叶柄和茎，叶片两面均可发病，致叶片早枯。在发病地区常年损失大豆产量10%~15%，如遇多雨年份，发病严重地区产量损失可达30%~50%，1971年菲律宾在旱季种植大豆因锈病造成大豆产量30%~80%的损失。我国南方大豆锈病发生和危害严重，常年损失10%~30%，部分地块达到50%，在大豆早期发病甚至可绝产，但不同大豆品种间产量损失存在差别，抗病品种较感病品种损失小。

2. 发生规律

大豆锈病菌是气传、专性寄生真菌，整个生育期内均能被侵染，开花期到鼓粒期更容易感染。病菌的夏孢子为病原传播的主要病原形态，病原菌夏孢子通过气流进行远距离传播感染寄主植物，感病的叶片、叶柄可短距离传播。病原菌夏孢子在水中才能萌发，适宜萌发温度 15℃～26℃。湿度是本病发生流行的决定因素，温暖多雨的天气有利于发病。

3. **主要症状**

大豆锈病是由夏孢子侵染大豆而造成危害，该病主要发生在叶片、叶柄和茎，严重者影响到全株，受侵染叶片变黄脱落，形成瘪荚。在发病初期，大豆叶片出现灰褐色小点，以后病菌侵入叶组织，形成夏孢子堆，叶片出现褐色小斑，夏孢子堆成熟时，病斑隆起，呈红褐色、紫褐及黑褐色。病斑表皮破裂后由夏孢子堆散发出很多锈色夏孢子。在温、湿度适于发病时，夏孢子可多次再侵染。发病后期可产生冬孢子堆，内聚生冬孢子，冬孢子堆表皮不破裂，不产生孢子粉。根据大豆锈病病斑在大豆品种上的反应型分为 3 种类型，即 0 型（免疫或接近免疫）、Tan 型（14 天后病斑呈棕色，大小为 0.4mmP2P，每个病斑产生 2～5 个夏孢子堆，病斑发展快，此类型属感病反应型）、RB 型（14 天后病斑呈红棕色，大小为 0.4mmP2P，每个病斑产生 0～2 个夏孢子堆，病斑发展慢，此类型属抗病反应型）。

4. **防治方法**

（1）大豆抗锈病品种筛选和抗锈病育种　控制大豆锈病最有效的方法是应用耐病、抗病品种，因此，许多大豆锈病重病区的国家开展了大豆抗锈病品种筛选和抗锈病育种研究。

（2）农业防治　合理密植，增加通风透光，降低田间荫蔽度和湿度，从而减轻大豆锈病危害。

（3）化学防治　在大豆锈病发生初期及时选择施用下列药剂：15％粉锈灵 150 倍；75％百菌清 750 倍；25％邻酰胺 250 倍；70％代森锰锌 500 倍，隔 10 天左右喷 1 次，连续喷 2～3 次。

（三）大豆白粉病

1. **分布与危害**

大豆白粉病 1931 年在美国报道，到了 20 世纪 70 年代严重爆发于美国的东南部及中西部；日本在 1982 年报道白粉病的发生，17 年后在九州岛大面积爆发；巴西 1996 年、1997 年大面积出现大豆白粉病；1998 年，韩国、越南、中国台湾等地都相继出现大豆白粉病。

2. 发生规律

大豆白粉病是一种区域性和季节性较强的病害，易于在凉爽、湿度大、早晚温差较大的环境中出现，温度 15℃～20℃ 和相对湿度大于 70% 的天气条件有利于病害发生，氮肥多发病重，中下部叶片比上部叶片发病重。

3. 主要症状

大豆白粉病主要危害叶片，叶柄及茎秆极少发病，先从下部叶片开始发病，后向中上部蔓延。感病叶片正面，初期产生白色圆形小粉斑，具黑暗绿晕圈，扩大后呈边缘不明显的片状白粉斑，严重发病叶片表面撒一层白粉病菌的菌丝体及分生孢子，后期病斑上白粉逐渐由白色转为灰色，长出黑褐色球状颗粒物，最后病叶变黄脱落，严重影响植株生长发育。

4. 防治方法

（1）选用抗病品种。

（2）合理施肥浇水，加强田间管理，培育壮苗。

（3）增施磷钾肥，控制氮肥。

（4）化学防治方法。发病初期及时喷洒 70% 甲基硫菌灵（甲基托布津）可湿性粉 500 倍液防治。当病叶率达到 10% 时，每亩可用 20% 的粉锈宁乳剂 50mL，或 15% 的粉锈宁可湿性粉剂 75 克，兑水 60～80kg 进行喷雾防治。

（四）大豆根腐病

1. 分布与危害

大豆根腐病是大豆苗期根部真菌病害的统称，我国主要有镰刀菌根腐病、腐霉根腐病和疫霉根腐病三种类型。镰刀菌根腐病是发生最普遍的一种，在我国东北、山东、江苏、安徽都有发生，发病轻时后期可恢复正常，病重时病株萎蔫，幼苗枯死。腐霉根腐病在东北及黄淮豆区均有发生，不及镰刀菌根腐病发生普遍，但危害性较大，引起出土前后幼苗猝倒枯死，1995 年被列为国内检疫对象。疫霉根腐病近年来在黑龙江等省零星发生，有上升趋势，发病面积不大，但危害性很大；在华南地区大豆生产区危害日趋严重，且发病特征有别于其他大豆主产区。该病流行严重影响大豆幼苗的生长，条件适宜时在大豆整个生育期都能侵染大豆并造成危害，导致早期大豆烂种、猝倒和中后期根、茎腐烂，使植株逐渐枯萎死亡。严重时感病品种可造成 25%～50% 的损失，个别感病品种损失可达 60%～70% 或更多，甚至绝产。

2. 发生规律

大豆根腐病是典型的土传病害，发生于出苗至开花前期。初侵染源来源于土壤中大豆病残体，病原孢子附着于种子或幼苗根上萌发侵染。发病需要较大的湿度，地势低洼发病重，灌溉可传病害并加重根腐病的发生。在大豆生长期内可多次再侵染，苗期最为感病，随植株的生长发育，抗病性也随着增强。大豆疫霉菌多为有性生殖，以卵孢子为越冬菌源，随土壤和病残体远距离传播，病菌在适宜萌发的条件下，产生芽管直接发育成菌丝侵染寄主，导致大豆植株发病。

3. 主要症状

在出苗前引起种子腐烂，出苗后由于根或茎基部腐烂而萎蔫或立枯，根变褐软化，直达子叶节。真叶期发病，茎上可出现水渍斑，叶黄化、萎蔫、死苗，侧根几乎完全腐烂，主根变为深褐色。成株期发病，枯死较慢，下部叶片脉间变黄，上部叶片褪绿，植株逐渐萎蔫，叶片凋萎但仍悬挂在植株上。后期病茎的皮层及维管束组织变褐。

4. **防治方法**

(1) 农业防治　合理轮作，尽量避免重迎茬。雨后及时排除田间积水，降低土壤湿度，合理密植，及时中耕松土，增加土壤和植株通透性是防治病害发生的关键措施。

(2) 选用对当地小种具抵抗力的抗病品种。

(3) 药剂防治　播种前分别用种子重量 0.2% 的 50% 多菌灵、50% 甲基托布津、50% 施保功进行拌种处理。利用瑞毒霉进行土壤处理防治效果好，进行种子处理可控制早期发病，但对后期无效。

(五) 大豆叶斑病

1. **分布与危害**

大豆叶斑病分布于我国东北、华北、华东、西南等地区，多雨的南方大豆产区受害较重。国外见于美国、俄罗斯、日本等国和朝鲜半岛。主要危害叶片，也侵染幼苗、叶柄、豆荚和籽粒，影响大豆籽粒饱满度。从田间观察到的发病情况，虽然发病普遍，但还没有造成严重的损失。

2. **发生规律**

病菌在种子内或随病残体在土壤内越冬，翌年播种带菌种子，出苗后即发病，成为该病扩展中心。病菌通过伤口或气孔、水孔和皮孔侵入，发病后通过雨水、浇水、昆虫和结露传播。病菌生长温度 1℃～35℃，发育适宜温度 20℃～28℃，39℃停止生长，49℃～50℃致死。空气湿度高或多雨，或夜间结露，多有利于发病。

3. **主要症状**

叶上病斑为淡褐色至灰白色，不规则，边缘深褐色。后期病斑上生出许多小黑点，最后叶片枯死脱落。

4. **防治方法**

(1) 选用抗病品种和无病种子，播种前用种子重量 0.3% 的

47%加瑞农可湿性粉剂拌种。

（2）彻底清除病残落叶，与其他作物进行二年以上轮作。收获后及时深翻，促使病残体加速腐烂。

（3）合理浇水，防止大水漫灌，注意通风降湿，缩短植株表面结露时间，注意在露水干后进行农事操作，及时防治田间害虫。

（4）药剂防治。发病初期可选用5%加瑞农粉尘剂1kg/亩喷粉防治，也可用47%加瑞农可湿性粉剂800倍液，或50%可杀得可湿性粉剂500倍液，或25%二噻农加碱性氯化铜水剂500倍液，或25%噻枯唑300倍液，或用新植霉素5000倍液喷雾防治。

（六）大豆霜霉病

1. 分布与危害

大豆霜霉病属真菌类病害，是大豆的常发病害，分布于全国各大豆产区，主要发生在东北、山西、河南等气候冷凉地区。从大豆苗期到结荚期均可发病，主要危害大豆幼苗、叶片、豆荚和籽粒，发病严重时使大豆植株早期落叶，百粒重下降，油分含量下降，甚至形成霉烂粒，严重影响大豆的产量和品质。

2. 发生规律

病菌以卵孢子在病残体和种子上越冬，成为下一年的初侵染菌源。种子上带菌是最主要的初侵染菌源和远距离传播的主要途径。病残体上的卵孢子侵染机会少，病粒上附着的卵孢子越冬后萌发产生游动孢子，侵染大豆幼苗的胚茎，菌丝随大豆的生长而上升，而后蔓延到真叶和腋芽，形成系统侵染。幼苗被害率与温度有关，附着在种子上的卵孢子在13℃以下可造成40%幼苗发病，而温度在18℃以上便不能侵染。病苗叶片上产生大量孢子囊，孢子囊借风、雨传播，侵染成株期叶片。在侵入后的7～10天，病叶背面可产生大量孢子囊，扩大再侵染。生育期间雨水偏多田间湿度大有利于该病的发生，高温干旱条件发病轻。

3. 发生症状

大豆霜霉病主要表现在叶片和豆粒上。当幼苗第一对真叶展开后，沿叶脉两侧出现退绿斑块，有时整个叶片变淡黄色，天气潮湿时，叶背面密生灰白色霜霉层，即病原菌的孢囊梗和孢子囊。成株期叶片表面出现圆形或不规则形边缘不清晰的黄绿色病斑，后期病斑变褐色，叶背病斑上也生灰白色至灰紫色霜霉层，最后叶片干枯死亡。豆荚表面无明显症状，豆荚内豆粒表面附着一层白色菌丝层，其中含有大量的病菌卵孢子。

4. 防治方法

（1）针对当地流行的生理小种，选用抗病力较强的品种。

（2）农业措施　针对该菌卵孢子可在病茎、叶上、残留在土壤中越冬，提倡实行轮作，减少初侵染源。合理密植，保证通风透光，提高温度和降低湿度。增施磷肥和钾肥，提高植株抗病能力。

（3）严格清除病粒　选用健康无病的种子。

（4）种子药剂处理　播种前用种子重量 0.13％的 90％乙膦铝或 35％甲霜灵（瑞毒霉）可湿性粉剂拌种。

（5）加强田间管理　发病初期及时拔除发病中心病株并移至田外深埋或烧毁，减少田间侵染源。

（6）药剂防治　发病初期开始喷洒 40％百菌清悬浮剂 600倍液、25％甲霜灵可湿性粉剂 800 倍液或 58％甲霜灵锰锌可湿性粉剂 600 倍液、64％杀毒矾可湿性粉剂 500 倍液防治，每隔 10～15 天喷一次。

（七）大豆灰斑病

1. 分布与危害

大豆灰斑病俗名褐斑病，又称蛙眼病，是一种世界性的病害，为我国北方主要病害之一，尤其以黑龙江省的三江平原危害最为严重。灰斑病可以危害大豆的叶、茎、荚、籽粒，但对叶片和籽粒的危害更为严重，可引起叶片枯黄脱落，严重影响产量，由于引起籽粒斑驳，影响大豆商品品质。

2. 发生规律

大豆灰斑病是一种真菌性病害，病菌以分生孢子或菌丝体在种子或病株残体上越冬，带菌种子播种后，病菌侵染子叶引起幼苗发病，在湿润条件下，发病子叶产生分生孢子借气流传播，通过气孔侵入到叶片、茎部，结荚后病菌又侵染豆荚和籽粒形成危害。大豆灰斑病的流行与气象条件、品种抗性及菌量有关。病斑出现始期一般为 6 月末至 7 月初，这时只见到少数病斑，病情发展缓慢，到大豆鼓粒期病情发展迅速。病菌孢子萌发的适宜温度范围为 12℃～28℃，最适温度为 24℃～26℃。病菌苗生长最适温度为 21℃～25℃，高温抑制孢子萌发和菌丝生长，高湿则有利于孢子及苗丝生长。大豆重迎茬和不翻耕地块会使苗潺量增加，发病重，一般重茬地块减产 11.1%～34.6%，病粒率增加 9.7%～13.2%。不同品种间病情发生有明显差异，一般早熟品种发病早而重，反之则轻。在大豆种植密度过大，地势低洼等条件下，发病均重。

3. 发生症状

大豆灰斑病主要危害叶片，也可侵染子叶、茎、荚和种子。植株和部分豆荚被感染后，均形成病斑，成株叶片病斑呈圆形、椭圆形或不规则形，大部分呈灰褐色，也有灰色或赤褐色，病斑周围暗褐色，与健全组织分界明显，此为区分灰斑病与其他叶部病害的主要特征。茎秆上病斑为圆形或纺锤形，中央灰色，边缘黑褐色；豆荚上种皮和子叶上也能形成病斑。此病主要危害成株叶片，病斑最初为褪绿小圆斑，后成为边缘褐色、中央灰色或灰褐色蛙眼状斑，直径 1～5mm，也可为椭圆形或不规则形斑，潮湿时叶背病斑中央部分密生灰色霉层，病重时病斑合并，叶片枯死，脱落。籽粒病斑明显，与叶片病斑相似，为圆形蛙眼状，边缘暗褐色，中部为灰色，严重时病部表面粗糙，可突出种子表面，并生有细小裂纹，轻病粒仅产生褐色小点。

4. 防治方法

（1）选用抗病品种　近年来黑龙江省审定推广的大豆新品种都为抗或高抗灰斑病的优势小种，但要注意在一个地区连续种植一个抗病品种之后，由于品种选择压力作用，会引起生理小种变化，而使抗病品种丧失抗性，因此需要几个品种交替使用，延长品种的使用年限。

（2）农业防治　清除田间病株残体，进行大面积轮作，及时中耕除草，排除田间积水，合理密植等措施均可减轻灰斑病的发病程度。

（3）种子处理　可用种子重量 0.3％的 50％福美双可湿性粉剂或 50％多菌灵可湿性粉剂拌种，能达到防病保苗的效果，但对成株期病害发生和防治作用不大。不同药剂对灰斑病拌种的保苗效果是不同的，福美双、克菌丹的保苗效果较好。

（4）药剂防治　在发病盛期前可采用 40％多苗灵胶悬剂，每亩 100g，稀释成 1000 倍液喷雾；50％多菌灵可湿性粉剂或 70％甲基托布津，每亩用 100～150g 对水稀释成 1000 倍液喷雾；每亩用 40mL2.5％溴氰菊酯乳油与 50％多菌灵可湿性粉剂 100g 混合，可兼防大豆食心虫。药剂防治要抓住时机，田间施药的关键时期是始荚期至盛荚期。

（八）大豆菌核病

1. 分布与危害

大豆菌核病又称白腐病，是一种真菌性病害，全国各地均可发生，黑龙江、内蒙古危害较重，流行年份减产 20％～30％，病害严重的地块甚至绝产。该病危害地上部，在大豆苗期、成株期均可发病，造成苗枯、叶腐、荚腐等症状，但以成株花期发生为主，受害最重。

2. 发生规律

菌核落在土壤里或病株残体以及混在种子内越冬，越冬后的菌核在环境适宜的条件下产生子囊盘和子囊孢子，成为田间的初侵染源。子囊孢子通过风、气流飞散传播蔓延进行初侵染。再侵染则通过病健部接触传播或菌丝碎断传播，条件适宜时，特别是大气和田间湿度高，菌丝迅速增殖，2～3 天后健株即发病。该病发生的适宜温度为 15℃～30℃、相对湿度在 85％以上，一般菌源数量大的连作地或栽植过密、通风透光不良的地块发病重。

3. 发生症状

叶片染病始于植株下部，病斑初期呈暗绿色，湿度大时生白色菌丝，叶片腐烂脱落。茎秆染病，多从主茎中下部分枝处开始，病部水浸状，后褪为浅褐色至近白色，病斑形状不规则，常环绕茎部向上、向下扩展，致使病部以上枯死或倒折，潮湿时病部生絮状白色菌丝，菌丝后期集结成黑色粒状、鼠粪状菌核，病茎髓部变空，菌核充塞其中。后期干燥时茎部皮层纵向撕裂，维管束外露似乱麻，严重的全株枯死，颗粒不收。豆荚染病，出现水浸状不规则病斑，荚内、外均可形成较茎内菌核稍小的菌核，可使荚内种子腐烂、干瘪、无光泽，严重时导致荚内不能结粒。

4. 防治方法

（1）种植抗耐病品种　由于该病菌寄主范围广，致病性强，目前尚没有抗病品种，但株形紧凑、尖叶或叶片上举、通风透光性能好的品种相对耐病。

（2）耕作制度　病区必须避免大豆连作或与向日葵、油菜等寄主作物轮作或邻作，一般与非寄主作物或禾本科作物实行三年以上的轮作可有效地降低菌核病的发生。

（3）栽培管理　发病地块要单独收获，及时清除田间散落的病株残体和根茬，减少初侵染源。根据品种的特性合理密植，不要过密。地块尽量平整，病田收获后应深翻，深度不小于 15cm，这样可以将菌核深埋在土壤中，抑制菌核萌发。同时，在大豆封垄前及时中耕培土，防止菌核萌发形成子囊盘。

（4）水肥管理　及时排除田间积水，降低田间湿度。适当控制氮肥的用量，防止大豆徒长。合理搭配 N、P、K 比例，增施钾肥，培育壮苗，有机肥应经过彻底腐熟后再施用。

（5）药剂防治　在田间出现病株时，及时施用化学药剂，可有效地控制病情的蔓延和流行，一般隔 7 天喷雾一次，效果更好。常用药剂有：50％速克灵可湿性粉剂 1000 倍液或 40％纹枯利可湿性粉剂 800～1200 倍液；40％菌核净可湿性粉剂 1000 倍液；70％甲基硫菌灵可湿性粉剂 500～600 倍液；80％多菌灵可湿性粉剂 600～700 倍液。

（九）大豆立枯病

1. 分布与危害

大豆立枯病俗称"死棵"、"猝倒"、"黑根病"，各大豆产区均有分布，主要发生在苗期，常引起幼苗死亡，轻病田死株率在 5％～10％，重病田死株率高达 30％以上，产量损失 30％～40％，个别田块甚至全部死光，造成绝产。

2. 发生规律

病菌以菌核或厚垣孢子在土壤或病残体中休眠越冬。翌年地温高于 10℃开始萌发，进入腐生阶段。播种后遇有适宜发病条件，病菌从根部的气孔、伤口或表皮直接侵入，引起发病后，病部长出菌丝继续向四周扩展，也有的形成子实体，产生担孢子在夜间飞散，落到植株叶片上以后，产生病斑。此外该病还可通过雨水、灌溉水、肥料或种子传播蔓延。土温 11℃～30℃、土壤湿度 20％～60％均可侵染。高温、连阴雨天多、光照不足、幼苗抗性差，易染病；密度过大，连作发病重。立枯病的病原可由种子传播，种子质量差、发霉变质的种子一定发病重。播种愈早，幼苗田间生长时期长发病愈重。用病残株沤肥未经腐熟，地下害虫多、土质瘠薄、缺肥和大豆长势差的田块发病重。

3. 发生症状

发病时幼苗主根及近地面茎基部出现红褐色稍凹陷的病斑，后变赤褐色。病部皮层开裂呈溃疡状，病菌的菌丝最初无色，以后逐渐变为褐色。病害严重时，病部缢缩，植株折倒枯死；轻病株仍缓慢生长，但地上部分矮黄，茎基部有的缢缩，有的皮层开裂。大豆结荚期，95％以上大豆无荚，植株高度不超过 25cm，全田绝产已成定局。

4. 防治方法

（1）选用抗病品种。

（2）收获后及时清除田间遗留的病株残体，秋季深翻土地，将散落于地表的菌核及病株残体深埋土里，腐烂分解，可减少菌源，减轻下年发病。冬灌可提高地温，有利出苗，减少发病。

（3）实行轮作　与非寄主作物实行 3 年以上轮作，能减轻发病，历年棉花立枯病常发生地块，不宜种植大豆。

（4）药剂拌种　用种子量 0.3％的 40％甲基立枯磷乳油或 50％福美双可湿性粉剂拌种。

（5）加强栽培管理　适时播种，早中耕、深中耕，提高地温，降低土壤湿度。选用排水良好高燥地块种植大豆，低洼地采用垄作或高畦深沟种植等，有利于幼苗和植株健壮生长，可减轻病害发生。雨后及时排水，合理密植，勤中耕除草，改善田间通风透光性。必要时可撒施拌种双或甲基立枯磷药土，施用移栽灵混剂，杀菌力强，同时能促进根系对不利气候条件的抵抗力，从根本上防治立枯病的发生和蔓延。

（6）药剂防治　发病初期喷洒 40％三乙膦酸铝可湿性粉剂 200 倍液；70％乙磷·锰锌可湿性粉剂 500 倍液；58％甲霜灵·锰锌可湿性粉剂 500 倍液；69％安克锰锌可湿性粉剂 1000 倍液，隔 10 天左右 1 次，连续防治 2～3 次，并做到喷匀喷足。

（十）大豆炭疽病

1. 分布与危害

大豆炭疽病普遍发生于我国各大豆产区，近年危害加重，南方重于北方。从苗期至成熟期均可发病，可危害豆荚、豆秆和幼苗，造成幼苗死亡，豆荚干枯不结粒，茎秆枯死，减产 16～26%，同时使种子品质变劣。

2. 发生规律

大豆炭疽病是由真菌引起的。病菌在大豆种子和病残体上越冬，翌年播种后从病种长出的病苗在潮湿条件下产生大量分生孢子，借风雨进行侵染传播。发病适温 25℃～28℃，病菌在 12℃～14℃以下或 34℃～35℃以上不能发育。生产上苗期低温或土壤过分干燥，大豆发芽出土时间延迟，容易造成幼苗发病。生长后期高温多雨的年份发病重，成株期温暖潮湿条件利于该菌侵染。带病种子大部分于出苗前即死于土中，病菌自子叶可侵入幼茎，危害茎及荚，也为害叶片或叶柄。

3. 发生症状

在子叶上病斑圆形，暗褐色，子叶边缘病斑半圆形，病部凹陷，有裂纹。天气潮湿时子叶变水浸状，很快萎蔫、脱落，子叶上的病斑可扩展到幼茎，造成顶芽坏死，幼茎上病斑条形、褐色，稍凹陷，重者幼苗枯死。成株期叶上病斑圆形或不规则形，暗褐色，上面散生小黑点，即病原菌的分生孢子盘；茎上病斑圆形或不规则形，初为暗褐色，以后变为灰白色，病斑扩大包围全茎，使植株枯死。荚上病斑近圆形，灰褐色，病部小点呈轮纹状排列，病荚不能正常发育，种子发霉，暗褐色并皱缩或不能结实。叶柄发病，病斑褐色，不规则形。

4. 防治方法

（1）选用抗病品种，播种前清除有病的种子，减少病害的初侵染来源。

（2）种子处理　用种子量 0.3％的 40％拌种灵可湿性粉剂或 50％福美双可湿性粉剂、40％多菌灵可湿性粉剂拌种。

（3）清除田间菌源　大豆收获后及时清理田间病株残体，集中烧毁或深翻入地下。

（4）轮作倒茬　与其他作物轮作也可减轻发病。

（5）加强田间管理　及时中耕培土，雨后及时排除积水防止湿气滞留；合理密植，避免施氮肥过多，提高植株抗病能力。

（6）药剂防治　开花后，在发病初期喷洒 75％百菌清可湿性粉剂 800～1000 倍液或 70％甲基托布津可湿性粉剂 700 倍液。

二、大豆主要虫害

（一）地老虎

1. 分布与危害

地老虎又称地蚕、土蚕等，属多食性害虫，除危害大豆外，也危害多种其他作物，但以双子叶植物为主，在全国各地均有发生与危害，以雨量丰富、气候湿润的长江流域与东南沿海各省发生较多，在湖南尤以春播作物受害最为严重，常造成缺苗断垄。

2. 发生规律

地老虎分布广，种类繁多，以小地老虎数量大。小地老虎在长江以南一年发生 4～5 代，每代共有 6 龄。1、2、3、4 代分别发生于 3 月下旬至 5 月下旬，5 月下旬至 7 月上中旬，7 月上中旬至 8 月下旬，8 月中旬至翌年 3 月上旬。1 代幼虫危害春大豆、棉花蔬菜等春播作物，1～2 龄常群集在幼苗心叶或在叶背上取食叶肉，留下一层表皮，也咬食成小孔洞或缺刻，因取食量小，不易被发现。3 龄以后幼虫白天潜伏表土下或阴暗处，夜出咬断嫩茎，将嫩茎幼苗拖入穴口取食，造成缺苗。4 龄以后进入暴食期，危害明显。4～6 龄期每头幼虫一夜可咬断豆苗 3～5 株。

3. 防治方法

（1）农业防治　作物收获后及时翻耕冻垡，铲除田间及田周杂草，苗期结合中耕锄草，消灭卵和幼虫。

（2）诱杀　用黑光灯、频振式杀虫灯、糖醋液等诱杀成虫，对高龄幼虫还可用毒饵诱杀，用鲜嫩草或青菜叶 50kg 切碎，将 90％美曲磷酯（敌百虫）50g 溶于 1～1.5kg 温水，均匀喷拌到碎草中，于傍晚将毒草撒于豆田中，亩撒毒草 10～15kg。

（3）人工捕捉高龄幼虫　清晨拨开被咬断幼苗附近的土表进行捕捉。

（4）化学防治　出苗后用青虫地虎清喷雾保苗，当田间出现虫害时，用敌杀死 1∶1000 倍液下午 4 时左右喷药，同时可防蓟马、蛴螬、蚜虫等。

（二）豆荚螟

1. 分布与危害

豆荚螟又称豆蛀虫，属寡食性害虫，寄主仅限于豆科作物，全国各地均有分布，南方危害重于北方，早春、迟秋大豆成荚期是危害高峰。以幼虫蛀食豆荚、花蕾和种子，一般 6～10 月为幼虫危害期，主要以幼虫蛀入豆荚食害豆粒，被害豆粒形成虫孔、破瓣，甚至大部分豆粒被吃光。防治不及时的田块，常常造成十荚七蛀，一般减产可达 30％～50％，严重的减产 70％以上。

2. 发生规律

在南方 1 年可发生 5 代，除第 1 代较整齐外，以后各代有不同程度的世代重叠。一般以老熟幼虫在寄主植物附近或晒场周围的土表下 1.5cm 深处结茧越冬，来年春天温度适合时破土羽化为成虫，成虫日间多栖息于豆株叶背或杂草丛中，傍晚开始活动。成虫有趋光性，喜欢选择多毛大豆品种将卵单产于豆荚上。幼虫老熟后在荚上咬孔洞爬出，落地而潜入植株附近的土下吐丝作茧化蛹。豆荚螟的发生与多种因素有关，高温低湿的环境有利其发生，当土壤水分饱和时可导致幼虫和蛹窒息死亡。南方地区 8 月下旬至 9 月下旬气温高，雨水少，此时正值夏大豆结荚鼓粒期，因此以夏大豆受害最严重。

3. **防治方法**

（1）农业防治 及时清除田间落花落荚集中销毁；在花期和结荚期灌水，可增加入土幼虫死亡率；与非豆科作物轮作并深翻土地，使幼虫和蛹暴露于土表冻死或被鸟类等天敌捕食。

（2）生物防治 在老熟幼虫入土前田间湿度大时，每亩可用 1.5kg 白僵菌粉剂加细土撒施，保护自然天敌，发挥控制作用。

（3）化学防治 成虫发生盛期或卵孵化盛期前田间喷药，可防治成虫和初孵化的幼虫。可用 50％倍硫磷乳剂 1000～1500 倍液、50％杀螟松乳剂 1000 倍液喷雾，每亩用药量为 75kg 稀释液。

（三）大豆蚜虫

1. **分布与危害**

大豆蚜虫俗称腻虫，在我国大豆产区均有发生，尤其在东北、华北、内蒙古等地发生普遍而且较重，主要危害大豆，还可危害野生大豆、鼠李。大豆蚜虫以成、若虫为害生长点、顶叶、嫩叶、嫩茎、幼荚等幼嫩部分，刺吸汁液，由于叶绿素消失，叶片形成蜡黄色的不定形黄斑，继而黄斑扩大并变褐，受害重的豆株，叶蜷缩，根系发育不良、发黄，植株矮小，分枝及结荚数减少，百粒重降低。幼苗期大豆蚜虫发生严重时，可使整株死亡，造成缺苗断垄。多发生年份不及时防治，轻者减产 20％～30％，重者减产达到 50％以上，并且大豆蚜虫还是大豆花叶病毒病的主要传播介体。

2. **发生规律**

大豆蚜虫以卵在鼠李、牛膝等杂草上越冬，次年温度回升后孵化为干母（无翅胎生雌蚜，以后均孤雌胎生），经孤雌胎生繁殖 1～2 代后，产生有翅型胎生蚜。先在鼠李上危害，大豆幼苗出土后即迁入豆田危害。大豆蚜虫繁殖很快，在豆田以孤雌胎生方式繁殖 10 余代，1 头雌蚜可繁殖 50～60 头若虫，若蚜在气候适宜时，5 天内即可成熟而进行生殖，给防治加大了难度。气候条件是影响大豆蚜种群数量波动的关键因素，在 4 月下旬至 5 月中旬，为越冬幼虫成活和成蚜繁殖期，6 月下旬至 7 月上旬为大豆蚜虫盛发前期，此期内如平均气温达 20℃～24℃，相对湿度在 78％以下，极有利于蚜虫繁殖，使大豆受害成灾。花期高温高湿对大豆蚜发生不利，如连续平均气温 25℃以上，蚜虫数量则迅速下降。

3. 防治方法

（1）农业防治　合理进行大豆、玉米间作或混播可以有效减轻大豆蚜的发生。在豆田四周种植一圈高秆的非寄主植物（如高粱），用于防治蚜虫传病毒已证明相当有效。及时铲除田、沟边杂草。

（2）苗期预防　用 4％铁灭克颗粒剂播种时沟施，用量为 2kg/亩（不要与大豆种子接触），可防治苗期蚜虫，对大豆苗期的某些害虫和地下害虫也有一定防效。也可在苗期用 35％伏杀磷乳油喷雾，用药量为 0.13kg/亩，对大豆蚜控制效果显著而不伤天敌。

（3）其他生育期防治　根据虫情调查，在卷叶前施药。用 20％速灭杀丁乳油 2000 倍液，在蚜虫高峰前始花期均匀喷雾，喷药量为 20kg/亩；15％唑蚜威乳油 2000 倍液喷雾，喷药量 10kg/亩；15％吡虫啉可湿性粉剂 2000 倍液喷雾，喷药量 20kg/亩。

（4）生物防治方法　利用赤眼蜂灭卵，于成虫产卵盛期放蜂 1 次，每亩放蜂量 2 万～3 万头，可降低虫食率 43％左右，如增加放蜂次数，尚能提高防治效果。利用白僵菌防治脱荚越冬幼虫，可于幼虫脱荚之前，每亩用16kg白僵菌粉，每千克菌粉加细土或草灰9kg，均匀撒在豆田垄台上，落地幼虫接触白僵菌孢子，以后遇适合温湿度条件时便发病致死。在大豆田释放异色瓢虫，10天后对大豆蚜的防效高达90%。人工释放日本豆蚜茧蜂可使大豆蚜的寄生率达56%以上。

(四) 大豆胞囊线虫病

1. 分布与危害

大豆胞囊线虫病俗称"火龙秧子"，是我国东北和黄淮两个大豆主产区仅次于大豆花叶病毒病的第二大病害，受害轻者减产10%左右，严重年份可减产30%～50%，甚至绝产。大豆胞囊线虫能侵染很多豆科和非豆科植物，是一种土传的定居性内寄生线虫，繁殖能力很强，形成的孢囊有极强的生活力和广泛的适应性，土壤一经感染则极难防治，是一种毁灭性病害。在大豆整个生育期均可危害，主要危害根部。被害植株生长不良，矮小，茎和叶变淡黄色，豆荚和种子萎缩瘪小，甚至不结荚，田间常见成片植株变黄萎缩，拔出植株可见根系不发达，侧根减少，细根增多，根瘤少而小，根上附有白色的球状物（雌虫孢囊）。根系染病被寄生主根一侧鼓包或破裂，露出白色亮晶微如面粉粒的胞囊，由于胞囊撑破根皮，根液外渗，致次生上传根病加重或造成根腐。

2. 发生规律

在东北大豆胞囊线虫一年可发生3～4代，在南方一年可发生4～5代。胞囊线虫以卵、胚胎卵和少量幼虫在胞囊内于土壤中越冬，有的黏附于种子或农具上越冬，成为翌年初侵染源。胞囊角质层厚，在土壤中可存活10年以上。胞囊线虫自身蠕动距离有限，主要通过农事耕作、田间水流或借风携带传播，也可混入未腐熟堆肥或种子携带远距离传播。虫卵越冬后，以2龄幼虫破壳进入土中，遇大豆幼苗根系侵入，寄生于根的皮层中，以口针吸食，虫体露于其外。雌雄交配后，雄虫死亡，雌虫体内形成卵粒，膨大变为胞囊。胞囊落入土中，卵孵化可再侵染。大豆胞囊线虫的发生及危害与耕作制度、温湿度及土壤类型和肥力状况有密切关系。大豆连作发生重，干旱、保水保肥能力差的土壤危害重。在土质疏松，透气性好的土壤上危害严重，黏重及含水量高的土地不利大豆胞囊线虫生存，所以危害较轻。胞囊线虫是在土壤中侵染的，土壤温湿度直接影响它的侵染寄生活动，温度偏高，湿度适中有利于胞囊线虫的发生。最适合的土壤湿度为40%～60%，过湿氧气不足，易使线虫死亡。

3. 防治方法

（1）加强检疫，严禁将病原带入非感染区。

（2）选用抗病品种。

（3）合理轮作　要避免连作、重茬，病田种玉米或水稻后，胞囊量下降 30%以上，是行之有效的农业防治措施。

（4）药剂防治　提倡施用甲基异硫磷水溶性颗粒剂，每亩300～400g 有效成分，于播种时撒在沟内，湿土效果好于干土，中性土比碱性土效果好，要求用器械施不可用手施，更不准溶于水后手沾药施。也可用 8%甲多种衣剂以药种比例为 1∶75 进行种子包衣处理。还可应用生物防治剂大豆保根剂进行防治。

（五）豆秆黑潜蝇

1. 分布与危害

豆秆黑潜蝇别名豆秆蝇、豆秆蛇潜蝇、豆秆钻心虫等，除危害大豆外，还危害绿豆、豌豆等其他豆科作物，是广泛分布在江淮之间大豆产区的一种常发性、多发性害虫，一般可使 70%大豆植株受害，产量损失常年在 15%～30%，重发年份可造成减产 50%。此虫从苗期开始危害，以幼虫在大豆的主茎、侧枝及叶柄处侵入，在主茎内蛀食髓部和木质部，形成弯曲的隧道。受害植株由于上下输导组织被破坏，水分和养分输送受阻，造成植株矮小，叶片发黄，似缺肥缺水状，后期成熟提前，秕荚、秕粒增多，百粒重明显降低，重者茎秆中空，叶脱落，以致死亡。由于此害虫体形较小，活动隐蔽，极易忽视而错过防治。

2. 发生规律

豆秆黑潜蝇一年发生代数因地理纬度不同而有差异，一年发生 4～6 代，以蛹和少量幼虫在豆根茬或豆秆中越冬，来年羽化为成虫。成虫飞翔力弱，有趋光性，在上午 7～9 时活动最盛，多集成在大豆植株上部叶面活动。25℃～30℃是取食交配和产卵的最适温度，成虫产卵在叶背主脉附近组织内，以中上部叶片为多。幼虫孵化后，立即潜入叶背部表皮下食害叶肉，并沿叶脉进入叶柄，再进入茎秆，蛀食髓部和木质部，在髓部中央蛀成蜿蜒隧道，长 17～35cm，像蛇的行迹，故名豆秆蛇潜蝇。一般一茎内有幼虫 2～5 头，多时 6～8 头，茎内充满虫粪，被害轻的植株停止生长，重者呈现枯萎。幼虫老熟后即在秆内化蛹，化蛹前咬一羽化孔。

3. 防治措施

（1）及时清除田边杂草和受害枯死植株，集中处理，同时清除豆田附近的豆科植物，减少虫源。

（2）采取深翻、提早播种、轮作换茬等措施。

（3）夏大豆尽量早播，培育壮苗，可以减轻为害。

（4）化学防治　以防治成虫为主，兼治幼虫，于成虫盛发期，用 50％辛硫磷乳油，50％杀螟硫磷乳油，50％马拉硫磷乳油 1000 倍喷雾，喷后 6～7 天再喷一次。

（六）豆卷叶螟

1. 分布与危害

豆卷叶螟又名大豆卷叶虫，在全国各地都有发生，是南方大豆的主要食叶性害虫，近年来有加重发生的趋势。主要危害大豆、豇豆、绿豆、赤豆、菜豆、扁豆等豆科作物。以幼虫啜叶取食叶片叶肉组织，将豆叶向上卷折，使叶片卷曲，尤其以大豆开花结荚期危害较重，由于营养器官受到破坏，常引起大量落花落荚，秕荚、秕粒增多，造成大豆产量和质量下降。

2. 发生规律

以蛹在残株落叶内越冬，翌年春季气温升高时越冬蛹开始羽化，成虫卵散产于大豆叶片背面，一般2～3粒。初孵幼虫取食叶肉，稍大后即吐丝将豆叶卷折，潜居其中取食，老熟后在卷叶内化蛹，亦可落地在落叶中化蛹。幼虫共有6龄，以6月和8月发生数量较多，成虫昼伏夜出，喜在傍晚活动，有趋光性，喜欢多雨湿润气候，一般干旱年份发生较轻，生长繁茂的豆田重于稀疏田，大叶、宽圆叶、叶毛少的品种重于小叶、窄尖叶、多毛的品种，生长期长的晚熟品种重于生长期短的早熟品种。

3. **防治方法**

（1）及时清除田间落花、落荚和残枝落叶，并摘除被害的卷叶和豆荚，用手捏杀幼虫，减少虫源。

（2）在豆田架设黑光灯，诱杀成虫。

（3）药剂防治　做好虫情测报，根据豆荚螟的卵孵化盛期或在大豆开花盛期，最迟应在3龄幼虫蛀荚前作为最佳喷药适期，选用高效、低毒、低残留无公害环保型药剂喷施。40％灭虫清乳油每亩30mL，兑水50～60kg；5％锐劲特胶悬剂2500倍液，从现蕾开始，每隔10天喷蕾、花1次。如需兼治其他害虫，则应全面喷药，可选用5％锐劲特SC 1000倍液或20％绿得福EC 1500倍液或25％荚喜SC1000倍液或48％乐斯本EC 1500倍液。上述药剂最好交替使用，严格掌握农药安全间隔期。喷药时一定要均匀喷到花蕾、花荚、叶背、叶面至湿润有滴液为度。

（4）在翻耕豆茬地时随犁拾虫，成虫盛发期捕捉成虫，保护和利用天敌，如落叶松毛虫、黑卵蜂等。

（七）斜纹夜蛾

1. 分布与危害

斜纹夜蛾俗称夜盗虫，分布较广，在我国黄淮以及南方大豆产区均有发生，是危害大豆的主要虫种之一。该虫是一种广食性、暴食性害虫，以幼虫咬食叶片及叶柄，也危害花及果实，暴发时能将作物吃成光秆。一般造成损失15%，严重时达到25%～30%。

2. 发生规律

一年5～6代，发育适宜温度为29℃～30℃，夏季高温干旱是大发生的有利气候条件。一般以老熟幼虫入土化蛹越冬，初孵时聚集叶背取食叶肉，是防治最有利时机，2龄后分散危害，3龄前仅食叶肉，残留上表皮及叶脉，叶片似纱窗状，易于识别，3龄以后进入暴食期，和成虫一样，白天躲在叶下土表处或土缝里，傍晚后爬到植株上取食叶片，大发生时可吃光叶片。成虫白天潜伏在叶背或土缝等阴暗处，夜间出来活动，取食，交配，产卵，卵多产在叶背的叶脉分叉处，经5～6天就能孵出幼虫。成虫飞翔能力很强，有强烈的趋光性和趋化性，黑光灯的效果比普通灯的诱蛾效果明显，另外对糖、醋、酒味很敏感。

3. 防治措施

（1）农业防治　结合田间其他农事活动，减少产卵场所，消灭土中的幼虫和蛹，摘除卵块和初孵幼虫的叶片，对于大龄幼虫也可人工捕杀。

（2）物理防治　斜纹夜蛾成虫具有较强的趋光性和趋化性，可利用黑光灯、频振式杀虫灯、性诱剂、糖醋液等进行诱杀。实践证明，诱杀成虫能明显降低田间落卵量和幼虫数量。有条件的可使用频振式杀虫灯进行防治。

（3）保护利用天敌　斜纹夜蛾的天敌种类很多，包括捕食性和寄生性的昆虫、蜘蛛、线虫和病毒微生物等，对斜纹夜蛾的自然控制起着重要的作用，在生产实践中要尽可能加以保护利用。

（4）化学防治　　目前仍是防治斜纹夜蛾的主要手段。由于高龄幼虫具有耐药性强、昼伏夜出、假死性等特点，在化学防治时要注意以下几点。一是确定防治对象田，根据大田虫情普查情况，一般每亩有初孵群集幼虫 2～3 窝，应列为防治田；二是适时用药，一定要在卵孵化盛期，最好在 2 龄幼虫始盛期施药；三是低容量喷雾，喷雾要均匀周到，除了作物植株上要均匀着药以外，植株根际附近地面也要同时喷透，以防滚落地面的幼虫漏治；四是选择高效、低毒、低残留农药，掌握在幼虫 2～3 龄盛发期于每日 10 时以前或 16 时以后喷药效果最好，4 龄后夜出活动，因此施药应在傍晚前进行，以每亩用 5％氟氯氰菊酯乳油 50mL 或 5％虫螨脲 EC（美除）50mL、15％茚虫威 SC（安打）13mL、5％氟啶脲 EC（抑太保）35mL、8000～16000IU/mg 苏云金杆菌 WP2kg（用纱布包药粉拍施）等防效较理想。在进行化学防治时，还应注意与生物防治措施相配合，尽可能使用对天敌杀伤力小的选择性药剂，并注意在田间防治其他病虫害的药剂选择时，要尽量选用生物制剂或低毒农药，利用天敌的控制作用。由于斜纹夜蛾迁移性强，为害作物品种多，作物生育期不一致，农民又千家万户分散生产等，故其漏治现象普遍，因而在防治上尽可能开展统一防治，以提高效果。

（八）大豆造桥虫

1. 分布与危害

大豆造桥虫也叫打弓虫，是多种造桥虫的总称，其中对大豆危害较重的有大豆小夜蛾和银纹夜蛾，均属暴发性害虫，在全国各大豆产区均有发生，以黄淮和长江流域受害较重。常以幼虫咬食大豆叶肉，造成孔洞和缺口，严重时可吃光大豆叶片，造成落花、落荚，减产 10％～15％。

2. 发生规律

低龄幼虫先从植株中下部开始，取食嫩叶叶肉，留下表皮，形成透明点；3 龄幼虫多吃叶肉，沿叶脉或叶缘咬成孔洞缺刻；4 龄后进入暴食期，转移到植株中上部叶片，食害全叶，枝叶破烂不堪，甚至吃成光秆。长江流域一年发生 4～5 代，以蛹在土中越冬。第 2～4 代卵期 5～8 天，幼虫期 18～20 天，蛹期 8～10 天，成虫寿命 6～8 天，完成 1 代需 32～42 天。成虫羽化后 1～3 天交配，第 2 天产卵，多产在地面、土缝及草秆上，大发生时枝干、叶上都可产卵，数十粒至百余粒成堆。初孵幼虫可吐丝随风飘移转移危害，成虫昼伏夜出，趋光性强，幼虫在寄主植株上常作拟态，呈嫩枝状。

3. 防治方法

(1) 农业防治　作物收获后，及时将枯枝落叶收集干净，并清理出田外深埋或烧毁，消灭藏匿在其中的幼虫、卵块和蛹，以压低虫口基数。结合翻耕土壤亦能有效降低虫蛹数量。

(2) 物理防治　利用成虫趋光性，在羽化期安装黑光灯或频振式杀虫灯诱杀成虫；利用成虫的趋化性，在田间插杨树枝，或用柳树、刺槐、紫穗槐等枝条插在植株行间，每亩插 10 把，每天捉蛾。

(3) 化学防治　掌握大豆造桥虫幼虫盛发期，控制在 3 龄前施药效果最好，喷药时重点为植株中下部叶片背面，可供选择农药种类有 2.5%溴氰菊酯乳油、10%氯氰菊酯乳油、20%氰戊菊酯乳油、20%甲氰菊酯乳油等拟除虫菊酯类农药 2000～3000 倍液、1.8%阿维菌素 2000 倍液、25%除虫脲可湿性粉剂 1000 倍液、10%除尽悬浮剂 2000 倍液、16000 单位 Bt 可湿性粉剂 1000 倍液。

(4) 天敌鸟类和天敌昆虫　麻雀、大山雀是大造桥虫的主要天敌鸟类，中华大刀螂是主要天敌昆虫。据观察，中华大刀螂 3

龄后开始捕捉大造桥虫，平均每昼夜能食大造桥幼虫 3～5 条，一生约食掉大造桥虫 180 条，保护利用中华大刀螂是生物防治的重要手段。

（九）豆天蛾

1. 分布与危害

豆天蛾俗名豆虫，主要分布于我国黄淮流域和长江流域及华南地区，主要寄主植物有大豆、绿豆、豇豆和刺槐等。以幼虫取食大豆叶，低龄幼虫吃成网孔和缺刻，高龄幼虫食量增大，严重时，可将豆株吃成光秆，使之不能结荚。

2. 发生规律

豆天蛾每年发生 1～2 代，一般黄淮流域发生一代，长江流域和华南地区发生 2 代，在 2 代区，第一代幼虫以危害春大豆为主，第二代幼虫以危害夏大豆为主。以末龄幼虫在土中 9～12cm 深处越冬，来年开始化蛹，羽化，产卵，越冬场所多在豆田及其附近土堆边、田埂等向阳地。成虫昼伏夜出，白天栖息于生长茂盛的作物茎秆中部，傍晚开始活动，飞翔力强，可作远距离高飞，有喜食花蜜的习性，对黑光灯有较强的趋性。卵多散产于豆株叶背面，少数产在叶正面和茎秆上，每叶上可产 1～2 粒卵。初孵幼虫有背光性，白天潜伏于叶背，枝、茎上危害，1～2 龄幼虫一般不转株危害，3～4 龄因食量增大则有转株危害习性。豆天蛾在化蛹和羽化期间，雨水适中且分布均匀时发生重，雨水过多则发生期推迟；天气干旱不利于豆天蛾的发生；在植株生长茂密，地势低洼，土壤肥沃的淤地发生较重。大豆品种不同受害程度也有异，以早熟，秆叶柔软，含蛋白质和脂肪量多的品种受害较重。豆天蛾的天敌有赤眼蜂、寄生蝇、草蛉、瓢虫等，对豆天蛾的发生有一定控制作用。

3. 防治方法

（1）农业防治　选种抗虫品种，选用成熟晚、秆硬、皮厚、抗涝性强的品种,可以减轻豆天蛾的危害;及时秋耕冬灌,降低越冬基数;水旱轮作,尽量避免连作豆科植物,可以减轻危害。

(2)物理防治 利用成虫较强的趋光性,设置黑光灯诱杀成虫,可以减少豆田的落卵量。

(3)生物防治 用杀螟杆菌或青虫菌(每克含孢子量80亿~100亿)稀释500~700倍液,每亩用菌液50kg。

(4)药剂防治 喷粉用2%西维因粉剂,每亩喷2~2.5kg;喷雾用45%马拉硫磷乳油1000倍,或50%辛硫磷乳油1500倍,或4.5%溴氰菊酯乳剂5000倍液,每亩喷药液75kg。

(5)人工捕捉 利用豆天蛾羽化后怕光的习性,早晨起来或小雨过后对豆天蛾进行捕捉,效果很好。可于成虫盛发期或四龄幼虫期间人工捕捉,在发生严重年份可发动群众在豆田耕地时随时拾虫,以控制越冬虫口基数。

(十)大豆食心虫

1. 分布与危害

大豆食心虫别名大豆蛀荚蛾,在华北、东北、西北、华东等地均有发生,是我国北方大豆产区的重要害虫。大豆食心虫的食性单纯,仅危害大豆一种作物,以幼虫蛀入大豆荚内食害豆粒,轻者吃成兔嘴,重者可把豆粒吃成大半,形成虫口破瓣,严重时豆粒被吃光。主要发生区一般年份虫食率在5%~10%,严重年份虫食率高达30%~60%,甚至80%以上,不但产量降低,而且影响商品价值。

2. 发生规律

掌握好大豆食心虫的防治时期和方法,可将虫食率控制在2%~3%以下。大豆食心虫一年发生一代,以老熟的幼虫在土中结茧越冬,第二年7月下旬上浮到表土层,陆续化蛹,7月末8月初开始羽化为成虫,8月中旬为羽化盛期,8月中下旬为产卵盛期。成虫交尾后在嫩荚上产卵,卵经6~7天孵化为幼虫,幼虫在荚上爬行数小时即入荚危害，9 月份开始脱荚入土，结茧越冬。

3. 防治方法

（1）成虫发生盛期防治　当田间蛾量突然增多，出现打团现象即是成虫盛发期。防治方法第一种是采用敌敌畏药棍熏蒸，每亩用 80％敌敌畏乳油 100～150mL，将玉米穗轴或向日葵秆瓤截成约 5cm 长段，浸足敌敌畏药液，按每隔 4 垄前进 5m 一个药棍的密度，将药棍夹在大豆枝杈上，这种熏蒸法适用于大豆长势繁茂、垄间郁蔽的大豆田，防效可达 90％以上。第二种方法是喷雾，用 25％快杀灵乳油或其他菊酯类药剂，每亩 25～30mL 兑水用喷雾器将喷头朝上从豆根部向上喷，使下部枝叶和顶部叶片背面着药。这种方法防治成虫，无论大豆长势怎样效果都很好。

（2）幼虫入荚前防治　大豆食心虫幼虫孵化后，在豆荚上爬行的时间一般不超过 8 小时，当大豆荚上见卵时即可喷药。防治幼虫一般采用菊酯类药剂兑水喷雾，喷雾要均匀，特别是结荚部位都要着药，这种方法防治幼虫效果可达 80％左右。

（3）大豆收获后防治　北方大豆一般进入 9 月份收获，此时还有部分食心虫未脱荚，如果不及时脱粒，食心虫在荚内还可继续危害，并陆续脱荚入土，因此可采取边收边脱粒，这样可以防止食心虫收获后在荚内继续危害。此外，在大豆收获期进入场院前，用灭杀毙乳油 1500 倍液或其他杀虫剂浇湿大豆垛底土，湿土层深 3cm 左右，然后用木碌压实，再将收回的大豆垛在上面，这样可将后期脱荚的食心虫杀死在垛底的药土层中。

（十一）二条叶甲

1. 分布与危害

二条叶甲俗称地蹦子，分布在全国各大豆产区及日本、朝鲜、俄罗斯、西伯利亚东南部。主要危害大豆，还危害小豆、水稻、甜菜等作物。以越冬成虫在苗期食害大豆子叶、真叶、生长点及嫩茎，将子叶吃成凹坑状，将真叶吃成空洞状，严重时幼苗被毁，造成缺苗断垄。第一代成虫除了取食大豆植株的嫩叶、嫩茎外，尤喜食大豆花的雌蕊，造成落花，使大豆结荚数减少。幼虫主要在根部危害取食大豆根瘤，将头蛀入根瘤内部取食根瘤内容物，仅剩空壳或腐烂，影响根瘤固氮和植株生长，发生严重地块 0～10cm 深土层内的大豆根瘤几乎全部被吃光，造成植株矮化，严重影响大豆产量和品质。

2. 发生规律

大豆二条叶甲以成虫在大豆根部周围 5～6cm 土层深处和杂草中越冬。大田豆苗出土后，成虫迁移到大豆地取食危害，干旱时危害重。5月下旬至6月上旬为越冬代成虫产卵盛期，6月中下旬卵孵化为幼虫，7月下旬至8月上旬出现第一代成虫，8月中旬第一代成虫产卵，8月中下旬孵化为幼虫，9月上、中旬幼虫陆续化蛹，9月中、下旬羽化为第二代成虫，并以第二代成虫越冬。成虫具有昼伏夜出和假死性，飞翔能力弱，卵多产于大豆植株附近土表 1～2cm 处，幼虫孵化后，就近在土中为害根瘤，并有转株危害习性。

3. 防治方法

（1）农业防治　秋收后及时清除豆田杂草和枯枝落叶，集中烧毁或深埋，秋季翻耙豆茬地，破坏成虫越冬场所，消灭越冬成虫量，减轻来年危害。进行田间调查，及时、有效预报预测。二条叶甲的发生与气候关系密切，由于其成虫大多产卵于豆田的表土层中，如遇干旱，表土层湿度低，则影响卵的孵化。因此在制定防治措施时，要结合气候资料，以求用最低的成本获得较好的防虫效果，提高大豆产量。

（2）药剂防治　用 35% 多克福种衣剂进行包衣，一般按药种比为 1∶75 拌种。田间发现成虫危害时，及时喷药防治，每亩用 48% 乐斯本乳油 50mL，或 4.5% 高效氯氰菊酯乳油 80mL，或 25％功夫乳油 25～30 毫升，兑水 40kg 均匀喷雾。还可使用 10％氯氰菊酯乳油、5％大风雷颗粒剂进行大豆播前的土壤或种子处理。

（3）生态调控　保护天敌，合理使用农药，以便利用自然控制因素调控二条叶甲种群数量在经济损害水平以下，达到防治指标后要合理施用农药，不盲目增加用药次数和加大用药量，尽量少用或不用广谱、剧毒、高残留药剂如甲胺磷、3911、1605 等。

（十二）金龟子

1. 分布与危害

金龟子成虫俗称栗子虫、黄虫，幼虫统称蛴螬，为典型的地下害虫。其种类繁多，分布甚广，幼虫（蛴螬）取食地下部分，包括根部、茎的地下部分以及萌动的种子，可以咬断茎、根，吃光种子，造成幼苗死亡或种子不能萌发，以致造成缺苗断垄。成虫可取食叶片，轻者吃成孔洞或缺刻，重者可以把叶片吃光。幼虫蛴螬属多食性害虫，除危害大豆外，还危害花生、玉米等作物。

2. 发生规律

一般一年发生一代，以幼虫或成虫在土壤深处越冬。其活动危害与土温关系密切，春季气温回升时升至表土层活动危害，夏季气温高，土壤干燥，则潜入土壤较深处活动。秋季气温下降，又上升至表土层活动继续危害。10 月天气变冷，气温明显下降，又陆续潜入土壤 30cm 左右深处越冬。土壤湿度与其发育关系密切，最适含水量为 20％左右，过干过湿均会造成大量死亡。中性或微酸性土壤，土壤结构疏松，有机质多，保水性能好，有利于该虫害发生，施用未腐熟的农家肥一般发生较重。

3. 防治方法

（1）农业防治　改变耕作制度，实行水旱轮作，能防治蛴螬地下害虫，降低虫害。秋季及时深耕，可杀伤部分害虫，并破坏蛴螬的生活环境，增加其致死的机会，结合耕作随时拣拾消灭翻出的蛴螬。适时灌水，可淹死蛴螬减轻危害；及时消除田间杂草，可防止金龟子在其间交尾产卵，以降低田间虫口密度。在田埂种植蓖麻，金龟子取食后可被蓖麻碱麻醉致死；种植天竺葵亦有同样杀虫效果。

（2）化学防治 下种前土壤处理，按每亩施菌虫净50%可湿粉剂1.5kg的用量搅拌成药土，均匀撒在地表后深翻整地处理土壤。以75%辛硫磷按种子重量0.1%～0.2%用量拌种，在阴凉处晾干（切忌日晒）后播种。如在拌种的基础上，再以每亩25kg炉渣辛硫磷颗粒剂（即75%辛硫磷25g加水5kg，拌炉渣25kg）与种子混播，效果更好。辛硫磷拌种不仅防治蛴螬，而且还可兼治蝼蛄。一般在5月中下旬至6月上旬进行幼虫期药剂防治，用75%辛硫磷乳油2000倍液，或50%二嗪农乳油500倍液喷施。成虫期防治用75%辛硫磷乳油1000倍液，或50%杀螟松乳油600倍液，或90%美曲磷酯（晶体敌百虫）500倍液加适量的糖拌匀，在金龟子成虫出土盛期的下午撒在圃地上，杀虫率可达70%左右。

（3）诱杀 毒饵诱杀用红薯或胡萝卜切碎煮熟后发酵至带酸味，加适量水和0.5kg醋调成糊状，再加美曲磷酯（敌百虫）50g配成诱液，盛在盆（钵、碗）中放到田间，盆距地面0.6～1m高，白天加盖，夜晚打开进行诱杀。将杨树带叶的鲜枝条，用1000倍美曲磷酯（敌百虫）液浸渍后，堆积在路边诱杀。黑光灯诱杀：1支20瓦黑光灯可控制50亩左右的圃地，全年可诱杀金龟子成虫1万多只。每晚20～23时开灯，如遇有成虫出现盛期可适当延长。在黑光灯周围半径10m范围内的地面，喷美曲磷酯与干土混合的毒土，以杀死落地的金龟子，每隔3～5天喷洒1次，雨天后重喷，金龟子出土盛期，喷药范围适当扩大，必要时辅以人工扑杀。

（4）人工捕捉　在其成虫发生期，于清晨或傍晚人工捕捉，可压低虫口密度，减轻危害。

（十三）豆芫菁

1. 分布与危害

豆芫菁从南到北分布于我国很多省（市），成虫夏季在中海拔以下山区极为普遍，寄主植物除大豆外，还有花生、棉花、马铃薯、甜菜、麻、番茄、苋菜、蕹菜等。成虫经常成群出现在茎叶或花上啃食，尤喜食幼嫩部位，受害植株叶片轻则被咬成孔洞或缺刻，重则叶肉全被吃光，只剩网状叶脉，猖獗时可吃光全株叶片，导致植株不能开花，严重影响产量。豆芫菁也能食害嫩茎和花瓣，有的还吃豆粒，使其不能结实，对产量影响大。

2. 发生规律

豆芫菁在东北、华北一年发生一代，在长江流域及长江流域以南各省每年发生2代。以第5龄幼虫（假蛹）在土中越冬，翌年春季脱皮成6龄虫。一代越冬幼虫6月中旬化蛹，成虫于6月下旬至8月中旬出现危害，8月份为严重危害时期，尤以大豆开花前后最重。二代越冬成虫于5～6月间发生，集中危害早播大豆。第一代成虫危害大豆最重，以后数量逐渐减少，并转至蔬菜上危害。一般田间呈点片危害状，一头成虫每天可食豆叶4～6片，而且在一地危害后，又群集迁飞，转移他地危害。豆类单株一般3～4头，多者8～10头。成虫白天活动，近中午时最盛，在豆株叶枝上群集危害，活泼善爬。成虫受惊时迅速散开或坠落地面，且能从腿节末端分泌含有芫菁素的黄色液体，如触及人体皮肤，能引起红肿发泡。成虫羽化后4～5天开始交配，交配后的雌虫继续取食一段时间，而后产卵于土中约5cm处，每条雌虫可产400～500粒。豆芫菁成虫为植食害虫，但幼虫为肉食性，以蝗卵及土蜂巢内幼虫为食，是蝗虫的重要天敌。一般一个蝗虫卵块可供1头幼虫食用，以4龄幼虫食量最大。幼虫孵出后分散觅食，如未遇食，10 天内则饥饿而死。

3. 防治方法

（1）搞好预测预报　从 6 月中旬起结合气象预报、作物长势、天敌资源等因素进行综合分析，6 月中下旬发出豆芫菁发生趋势预报。

（2）农业防治　豆芫菁幼虫以蝗卵为食，治蝗可兼治豆芫菁。头一年土蝗防治彻底，次年豆芫菁明显减少。可在冬季翻耕豆田，使越冬的伪蛹暴露于土表冻死或被天敌吃掉，减少翌年虫源基数。合理轮换茬口，可抑制豆芫菁的发生危害。利用成虫有群集危害的习性，在清晨用网捕成虫，集中消灭，可收到良好的防效。

（3）化学防治措施　用 4.5%高效氯氰菊酯乳油 1000～1500 倍液或 25%快杀灵乳油 1500～2000 倍液，37%高氰马乳油、50%的太灵乳油 1000～1500 倍液喷雾防治。山坡丘陵区也可用 2.5%美曲磷酯（敌百虫）粉剂喷粉防治。

（4）保护和利用天敌　豆芫菁的天敌主要是鸟类、寄生性和捕食性昆虫，如多型虎甲、红翅亚种、多型虎甲铜翅亚种等。

（十四）大豆红蜘蛛

1. 分布与危害

大豆红蜘蛛俗名火龙、火蜘蛛，危害豆类、棉花、瓜类及禾谷类等作物，是一种杂食性害虫，在全国各大豆产区均有发生，但干旱少雨地区或季节发生危害较重。大豆整个生育期均可发生，成虫、若虫以刺吸性口器危害叶片，多在叶片背面结网，并吸食大豆汁液，受害叶片最初出现黄白色斑点，以后随红蜘蛛繁殖增多，叶面出现红色大型斑块且有大量红蜘蛛潜伏，重者全叶卷缩、枯黄、脱落。受害豆株生长迟缓、矮化，叶片早落，结实率低，豆粒变小，甚至造成田间呈点、块状成片枯死，对产量影响较大，一般可使大豆减产 5%～20%，严重时减产 20%～

60%，甚至绝收。

2. 发生规律

大豆红蜘蛛一年发生 10 代左右，发生代数与气象条件关系密切，以成虫在寄主枯枝下、杂草根部或土缝里越冬，第二年气温回升后，先在小蓟、车前草等杂草上繁殖危害，6～7 月转移到大豆上危害。随着气温升高，繁殖速度加快，迅速蔓延进入危害盛期，到 9 月份随气温下降，开始转移到越冬场所。其繁殖最适宜温度为 28℃～30℃，最适宜湿度为 35%～55%，低温、多雨、大风不利于大豆红蜘蛛发生。

3. 防治方法

（1）农业防治　施足底肥，增加磷钾肥，后期不脱肥，及时除净杂草，干旱及时灌水，有条件的进行水旱轮作，能减轻发病。

（2）化学防治　在红蜘蛛点片发生，而气候有利其繁殖时，应及时采用化学防治，控制蔓延，一般大豆卷叶株率 10% 时应立即用药防治，可结合防治蚜虫选用 73% 灭螨净 3000 倍液或40% 二氯杀螨醇 1000 倍液或 25% 克螨特乳油 3000 倍液或 20%扫螨净、螨克乳油 2000 倍液等喷雾，连喷 2～3 次。为避免产生抗药性，应交替用药或混合用药。还可选用生物药剂防治，如1.8% 阿维菌素乳油、0.3% 印楝素乳油 1500～2000 倍液，或10% 浏阳霉素乳油 1000～1500 倍液、2.5% 华光霉素 400～600倍液、仿生农药 1.8% 农克螨乳油 2000 倍液喷雾。

（3）生物防治　田间红蜘蛛的天敌很多，注意保护天敌可以降低红蜘蛛的虫口密度。

（十五）白粉虱

1. 发生与危害

白粉虱以成虫和幼虫群集于叶背，吸食叶片汁液，并能分泌大量蜜露，堆积于叶面和果实上，引起煤污。成虫有趋黄和趋嫩习性，不同虫态在作物上分布层次明显，自上而下的分布为：卵、初龄若虫、老龄若虫、伪蛹、新羽化成虫。白粉虱的发生与温度有密切的关系，近几年气候变化异常，冬暖、夏旱给白粉虱带来有利的繁殖气候环境，特别是春、夏干旱少雨，平均气温在10℃～26℃是白粉虱繁殖的最适宜温度，而6～8月份温度平均在20℃～23℃，气温高缩短了该虫世代历期。白粉虱是孤雌生殖，在短期内大量繁殖，加之冬季温暖和温室大棚面积的扩大，有利于该虫越冬繁殖，造成了虫源增多，进而扩散发生。

2. 综合防治

（1）农业防治　利用白粉虱的趋黄性，在保护地内设 1m×0.17m 的硬纸板或纤维板，涂成橙黄色，再涂上些机油或少许黄油，7～10 天重涂一次。再加上一次烟雾剂（敌敌畏烟剂）熏蒸，先驱散白粉虱有利其飞向黄板，提高诱虫效果。加强栽培管理，摘除带虫老叶携至室外处理，消灭杂草、寄主、清洁田园；严格杜绝虫源，护益控害，对连续生产的保护地清除处理后充分密封进行熏蒸，每亩用 80％的敌敌畏乳油 250～300g，持续 24 小时。

（2）生物防治　利用白粉虱的天敌（分为捕食性天敌和寄生性天敌两大类）和真菌病原微生物。生产上可以利用的天敌有丽蚜小蜂，人工释放草蛉、螳螂也可防治白粉虱。

（3）化学防治　我国目前白粉虱的防治以化学防治为主，将其消灭于产卵初期。当植株上明显见到成虫时开始用药，8～10 天打一次，2～3 次即可得到控制。内吸性杀虫剂吡虫啉 10％可湿性粉剂，以每亩为 5～10g 在白粉虱初卵期或 1～2 龄幼虫喷施，药效高达 90％～100％，持效期可达 15～30 天。由于幼虫高度堆积于叶背，喷药效果不佳，可采用蘸叶法或涂抹法，可用25％扑虱灵 1000～1500 倍液。阿维菌素、丁硫克百威对温室白粉虱有较好的防治作用，在 2000～3000 倍液时，能有效控制虫口密度的增长，持效期均为 10 天以上，并且对作物安全。用熏蚜颗粒剂Ⅱ号防治白粉虱平均杀虫效果 90%，一般条件下持效期 20～30 天，低温条件下 40～50 天。应在虫口密度小时尽早施药，避免种群过大增加防治难度。

第六节　大豆主要优良品种介绍

1. 湘春豆 21

系湖南省农科院作物所采用系谱法育成的高油中熟春大豆新品种，2004 年通过湖南省农作物品种审定委员会审定。湖南省春大豆区试各点平均亩产 170.2kg，比对照湘春豆 15 号和湘春豆 18 号分别增产 8.96%、7.25%；在湖南省不同生态区进行生产试验，各点平均亩产 173.9kg，比湘春豆 18 号增产 11.12%。据农业部油料及制品质量监督检验测试中心和农业部作物品种资源监督检验测试中心化验分析，平均蛋白质含量 38.75%，脂肪含量 22.64%，为高油大豆品种。全生育期平均 104 天，属南方春大豆中熟品种，对大豆花叶病毒病、霜霉病、细菌性斑点病等主要病害表现高抗，并具有耐旱、耐瘠、耐肥抗倒的优良特性。株高 60cm 左右，荚熟时浅褐色，籽粒椭圆形，种皮黄色，百粒重 19g 左右。湖南各地及南方类似地区均可种植。

2. 湘春豆 22

系湖南省农科院作物所采用系谱法育成的高油中熟春大豆品种，2004 年经湖南省农作物品种审定委员会审定。在湖南省春大豆区试和生产试验中平均亩产分别为 167.5kg 和 164.2kg，均比对照显著增产；2004 年和 2005 年参加国家长江流域春大豆区试，2 年 13 点平均亩产 173.8kg，比对照增产 5%，2006 年参加国家生产试验平均亩产 174.8kg，比对照湘春豆 10 号增产 9.3%，南方地区种植亩产潜力可达 200kg 以上。经农业部谷物品质监督检验测试中心化验，在 2004 年和 2005 两年国家长江流域春大豆区试中，各点混样平均蛋白质含量 41.40％，脂肪含量 21.81％，蛋白质、脂肪合计含量 63.21％，为高油和蛋白质、脂肪双高优质品种。湖南各地播种至成熟 97～116 天，株高 60cm 左右，荚熟时浅褐色，籽粒椭圆形，种皮黄色，百粒重 20g 左右，田间表现较抗大豆花叶病毒病、霜霉病、细菌性斑点病等，耐旱、耐瘠性较好，适于湖南及长江流域中下游湖北、四川、江苏、浙江杭州、江西九江等地区种植。

3. **湘春豆** 24

系湖南省农科院作物所采用系谱法育成的优质、高产春大豆中熟偏早品种，2006 年通过湖南省农作物品种审定委员会审定。省区试各点平均亩产 174.5kg，不同区域进行生产示范，平均亩产 178.9kg，均比对照显著增产，高产潜力 200kg/亩以上。湖南各地种植全生育期 100 天左右，株高 60～80cm，分枝 3 个以上，有限结荚习性，叶椭圆形，白花，灰毛，荚呈浅褐色，籽粒椭圆形，种皮黄色，脐黑色，百粒重 20g 左右；经农业部谷物品质监督检验测试中心化验，蛋白质含量 40.82％，脂肪含量 22.77％，蛋、脂合计含量 63.59％，既是高油又是蛋白、脂肪双高优质品种。该品种丰产稳产性好，分枝性强，田间表现对大豆花叶病毒病、霜霉病、细菌性斑点病等主要病害具有较好的抗性，耐旱、耐瘠、抗倒伏性均较强，品质优，湖南各地及南方类似地区均可种植。

4. **湘春豆** 26

系湖南省农科院作物所育成的极早熟优质高产春大豆新品种，2008 年通过国家农作物品种审定委员会审定。国家长江流域春大豆区域试验，平均亩产 154.5kg，比同类型早熟对照鄂豆 4 号增产 14.9％；国家长江流域春大豆生产试验，平均亩产 148.1kg，比鄂豆 4 号增产 15.7％，最高亩产达 229.1kg。区试

平均全生育期 95 天，与对照鄂豆 4 号相同；平均蛋白质含量
41.87％，脂肪含量 21.61％，蛋白质＋脂肪总含量 63.48％，为
蛋白、脂肪双高优质品种，同时又是高油品种。该品种株高
50cm 左右，荚熟时浅褐色，籽粒椭圆形，种皮黄色，脐黑色，
百粒重 19.3g，其突出特点是生育期短，与其他作物间套轮作可
早让茬，缩短共生期，缓解季节矛盾，增加后茬产量，同时鼓粒
成熟期还避过了高温干旱，丰产性稳产性表现好，田间表现抗性
好，综合性状优，较耐迟播、耐肥抗倒、耐阴性较好，适应性
广，尤其适合复种指数较高的南方地区与棉花、甘蔗、玉米、幼
龄果茶园等间作套。

5. 湘春豆 V8

系湖南省农科院作物所采用改良摘荚法和系谱法相结合育成
的高产高蛋白中熟春大豆新品种，2014 年通过湖南省农作物品
种审定委员会审定。在湖南春大豆品种区域试验中平均亩产
184.1kg，比对照湘春豆 24 增产 10.9％；不同区域进行生产试
验，平均亩产 180.3kg，比对照湘春豆 24 增产 5.6％。区试平均
全生育期 102 天，属南方春大豆中熟品种。经农业部谷物品质监
督检验测试中心检验，平均蛋白质含量 45.66％，脂肪含量
17.92％，蛋白质＋脂肪总含量为 63.58％，按国家标准为高蛋
白大豆品种。该品种为有限结荚习性，株形收敛，株高 60.6cm，
分枝 3 个以上，叶椭圆形，白花，灰毛，荚熟浅褐色，籽粒大小
均匀整齐，椭圆形，种皮黄色，脐褐色，百粒重 18.0g 左右，抗
倒伏和落叶性好，不裂荚，耐旱耐瘠性较强。人工接种鉴定和田
间自然发病情况调查，抗大豆花叶病毒病。适合湖南各地及南方
类似地区种植。

6. 天隆 1 号

系中国农业科学院油料作物研究所采用系谱法育成的高产优
质中熟春大豆新品种，2008 年通过国家农作物品种审定委员会

审定。国家长江流域春大豆品种区域试验，平均亩产 171.6kg，比同类型中熟对照湘春豆 10 号增产 13.2%；国家生产试验平均亩产 164.5kg，比对照增产 20.5%。区试平均全生育期 110 天，比对照湘春豆 10 号迟熟 2 天；粗蛋白质含量 43.50%，粗脂肪含量 21.00%，蛋白质＋脂肪总含量 64.5%，为蛋白、脂肪双高优质品种。该品种白花、灰毛，株高 56.0cm，荚熟时浅褐色，籽粒椭圆形，种皮黄色，种脐淡褐色，百粒重 18.1g。适宜在重庆、湖北、安徽、江苏、江西、湖南、四川等省种植。

7. 中豆 36

系中国农业科学院油料作物研究所育成的高产优质早熟春大豆新品种，2006 年通过国家农作物品种审定委员会审定。国家长江流域春大豆品种区域试验，平均亩产 153.6kg，比同类型早熟对照鄂豆 4 号增产 21.7%；国家生产试验平均亩产 151.2kg，比对照增产 32.7%。区试平均全生育期 97 天，比对照鄂豆 4 号迟熟 3 天；粗蛋白质含量 45.15%，粗脂肪含量 18.68%，蛋白质＋脂肪总含量 63.83%，为高蛋白优质品种。该品种白花、灰毛，株高 49.3cm，荚熟时浅褐色，籽粒随圆形，种皮黄色，种脐淡褐色，百粒重 22.6g。适宜在湖北、江苏长江沿岸，浙江、江西和湖南北部，四川盆地及东部丘陵地区春播种植。

8. 湘秋豆 2 号

系湖南省农科院作物所以秋豆 1 号作母本、金华直立作父本杂交育成，1984 年经湖南省农作物品种审定委员会审定推广。湖南省区试平均每亩产 104.1kg，从播种到成熟 94～115 天，属南方秋大豆中熟品种。蛋白质含量 41.4%，脂肪含量 17.9%。该品种属有限结荚习性，株高 50～60cm，主茎 12～13 节，分枝 2～3 个，叶中等大小，椭圆形，花紫色，茸毛灰色，荚熟时呈褐色。籽粒圆形，种皮黄色，脐褐色，百粒重 25～26 克。该品种耐肥抗倒伏，不裂荚，抗角斑病，对锈病抗性较差。主要分布在湖南省中、南部地区，适于水田稻豆耕作制。

9. 毛豆305

从台湾省引进的菜用大豆专用型品种。属有限结荚习性，春作株高60～65cm，秋作株高55～60cm，主茎8～9节，分枝3～4个。株形较紧凑，叶椭圆，花紫色，茸毛白色。成品荚长5.2～5.5cm，荚宽1.3～1.4cm，二、三粒荚占总荚数85%左右。干籽粒种皮黄色，脐浅黄色，百粒重35g左右。出苗至成熟日数春作120天，秋作90天左右，属南方春毛豆中熟品种。茎秆粗硬，耐肥不倒伏。

10. 毛豆75

从台湾省引进的菜用大豆专用型品种。该品种属亚有限结荚习性，株高75～80cm，主茎9～10节，分枝4～5个。株形半开张，叶大椭圆形，花白色，茸毛灰色，鲜荚翠绿色，平均荚长6.2～6.4cm，荚宽1.4～1.6cm，以2粒荚为主，占总荚数65%左右。干籽粒种皮黄绿色，脐浅黄色，百粒重38～40g。出苗至采青期90～95天。较耐肥，忌涝渍，成熟前落叶性较差，中抗霜霉病，不抗灰斑病。干籽粒蛋白质含量38.1%，脂肪含量18.3%。

11. 交大02-89

系上海交通大学以台湾88作母本，宝丰8号作父本杂交育成的菜用大豆专用型品种，2008通过国家农作物品种审定委员会审定。国家鲜食大豆春播组品种区域试验，平均亩产鲜荚847.8kg，比对照增产12.0%；国家鲜食大豆春播组生产试验，平均亩产鲜荚983.8kg，比对照增产8.3%。区试平均生育期88天，紫花、灰毛，株高36.8cm，主茎节数9.3个，分枝数2.7个，单株荚数27.7个，单株鲜荚重44.7g，每500g标准荚数188个，荚长×荚宽为5.3cm×1.3cm，标准荚率67.9%，百粒鲜重68.1g。感观品质鉴定属香甜柔糯型，鲜荚绿色，种皮黄色。接种鉴定高抗 SMVSC3 株系。适宜在北京、天津、江苏、安徽、浙江、湖北、湖南、江西、福建、广东、广西、海南、四川、贵州、云南等地作春播鲜食大豆种植。

12. **中豆** 37

系中国农业科学院油料作物研究所以新六青作母本，溧阳大青豆作父本杂交育成的菜用大豆专用型品种，2008 通过国家农作物品种审定委员会审定。国家鲜食大豆夏播组品种区域试验，平均亩产鲜荚 732.0kg，比对照增产 9.8%；国家鲜食大豆夏播组生产试验，亩产鲜荚 868.3kg，比对照增产 17.8%。区试平均生育期 82 天，紫花、灰毛，株高 53.7cm，主茎节数 12.3 个，分枝数 2.1 个，单株荚数 38.2 个，单株鲜荚重 65.4g。每 500g 标准荚数 224 个，荚长、荚宽为 4.8cm×1.2cm，标准荚率 59.8%，百粒鲜重 58.7g。感观品质鉴定属香甜柔糯型，鲜荚绿色，种皮绿色，子叶黄色。接种鉴定，抗大豆花叶病毒病 SC3 株系。适宜在安徽、江苏、江西、湖北省作夏播鲜食大豆种植。

第二章　绿豆高产栽培技术

第一节　概　述

　　绿豆，又名青小豆，古名菉豆、植豆，属豆科蝶形花亚科菜豆族豇豆属植物中的一个栽培种。绿豆在我国已有 2000 多年的栽培历史，早在《吕氏春秋》和《齐民要术》等古农书上就有关于绿豆栽培的记载。

　　绿豆属喜温作物，主要分布在温带、亚热带及热带地区，在印度、中国、泰国、缅甸和菲律宾等东南亚国家广泛种植。近年来在美国、巴西、澳大利亚及其他一些非洲、欧洲、美洲国家绿豆种植面积也在不断扩大。世界上最大的绿豆生产国是印度，其次是中国。我国绿豆主要种植省份有内蒙古、吉林、河南、河北、陕西、安徽、山西等地，在山东、湖南、江西、重庆、四川、湖北和辽宁等地也有一定的种植面积。

　　绿豆是我国主要食用豆类作物，分布较广。绿豆的经济价值高，属高蛋白、低脂肪、中淀粉、医食同源作物，其用途很多，被誉为"绿色珍珠"，广泛应用于食品工业、酿造工业和医药工业等。绿豆籽粒含蛋白质 24.5% 左右，人体所必需氨基酸 0.2%～2.4%，淀粉约 52.5%，脂肪 1% 以下，纤维素 5%。其蛋白质含量是小麦面粉的 2.3 倍，小米的 2.7 倍，大米的 3.2 倍。另外，绿豆还含有丰富的维生素、矿物质等营养。其维生素

B_1 含量是鸡肉的 17.5 倍，维生素 B_2 含量是禾谷类的 2.4 倍，钙是禾谷类的 4 倍、鸡肉的 7 倍，铁是鸡肉的 4 倍，磷是禾谷类及猪肉、鸡肉、鱼、鸡蛋的 2 倍。绿豆含有生物碱、香豆素、植物甾醇等生理活性物质，对人类和动物的生理代谢活动具有重要的促进作用。绿豆皮中含有 0.05% 左右的单宁物质，能凝固微生物原生质，故有抗菌、保护创面和局部止血作用。单宁同时具有收敛性，能与重金属结合生成沉淀，进而起到解毒作用。绿豆的药理及药用价值在《本草纲目》、《随息居饮食谱》、《中药大辞典》和《食物营养与人体健康》等古今医药、营养学书籍中都有详细介绍。绿豆营养丰富，医食同源，且食用加工技术简便，是人们理想的营养保健食品。随着农业耕作制度调整和人们饮食结构的改变，绿豆种植面积和市场需求量越来越大，已成为当前农业种植结构调整和经济欠发达地区农民脱贫致富的首选作物。

绿豆适应性广，抗逆性强，耐旱、耐瘠、耐荫蔽，生育期短，播种适期长；并有固氮养地能力，是禾谷类作物、棉花、薯类间作套种的适宜作物和良好前茬；在农业种植结构调整和高产、优质、高效农业发展中具有其他作物不可替代的重要作用。

第二节 我国绿豆分布特点及生产概况

一、我国绿豆种植区划

根据自然生态条件和耕作制度的差异，我国绿豆可分为四个栽培生态区。

1. 北方春绿豆区

本区包括黑龙江、吉林、辽宁、内蒙古的东南部、河北张家口与承德、山西大同与朔州、陕西榆林与延安和甘肃庆阳等地。该区春季干旱，日照率较高，无霜期较短，雨量集中在 7、8 月。

通常在 4 月下旬到 5 月上旬播种，8 月下旬至 9 月上中旬收获。

2. 北方夏绿豆区

本区包括我国冬小麦主产区及淮河以北地区。此区年降雨量 600～800mm，雨量多集中在 7、8、9 三个月，日照充足，无霜期 180 天以上，年平均温度在 12℃左右。绿豆通常在 6 月上中旬麦收后播种，9 月上中旬收获。

3. 南方夏绿豆区

本区包括长江中下游广大地区。本区气温较高，无霜期长，雨量较多，日照率较低。绿豆多在 5 月末至 6 月初油菜、麦类等作物收获后播种，8 月中下旬收获。

4. 南方夏秋绿豆区

本区包括北纬 24°以南的岭南亚热带地区及台湾、海南两省。本区高温多雨，年平均温度在 20℃～25℃，年降雨量1500～2000mm，无霜期在 300 天以上。绿豆在春、夏、秋三季均可播种，为一年三熟制绿豆产区。

二、我国绿豆生产概况

我国绿豆主要产区在黄河、淮河流域及东北地区。从近年绿豆生产情况来看，以内蒙古、吉林、安徽、河南、山西、陕西、湖南、黑龙江、湖北、河北等省（区）种植较多。其产量以吉林、内蒙古、河南较多；其次是山西、湖南、安徽、湖北、陕西、四川、重庆、黑龙江、江苏、河北、山东等省（市）。从单位面积产量看，湖南、四川和山东都在 2000kg/hm² 以上，位居全国前列，而主产区内蒙古却远低于全国平均水平。根据种植的绿豆品种类型，大致可以分为两个大区，即吉林、内蒙古的明绿豆产区和河南、山东、陕西、山西、河北、安徽等地的杂绿豆产区。

20 世纪 50 年代初，我国绿豆栽培面积、总产量和出口量曾居世界首位，其中 1957 年播种面积 $163.9\times10^4\,hm^2$，产量约为 $80\times10^4\,t$，由于品种混杂退化，栽培技术落后，单产仅为 488kg/ hm^2。20 世纪 50 年代末栽培面积开始减少，在 60 至 70 年代温饱问题尚未解决，粮食生产主要种植高产作物小麦、稻谷等，绿豆因为产量低，其发展受到一定的限制，到 20 世纪 70 年代中期只有零星种植。70 年代后期，随着农村联产承包责任制的实施，粮食生产得到高速增长，农村温饱问题基本解决，加之农民经营自主权扩大，品质优良的小杂粮——绿豆种植面积逐步扩大，国家开始收购绿豆并向城市居民供应，部分农民也直接将生产的绿豆拉到城镇销售，绿豆逐渐成为不可缺少的市场交易品种，促进了绿豆生产的发展。20 世纪 80 年代后期，随着绿豆改良品种的推广利用，我国绿豆生产有了突飞猛进的发展。1993 年全国绿豆种植面积达到 $94.3\times10^4\,hm^2$。加入世界贸易组织后，农业种植结构调整步伐不断加快，绿豆生产又得到进一步发展，2002 年绿豆年种植面积达到 $97.1\times10^4\,hm^2$，总产量约为 $119\times10^4\,t$，单产水平上升到 1226kg/ hm^2。2002 年以后，由于绿豆收购价格相对较低，绿豆种植面积出现下降，2009 年绿豆播种面积下降到 $69.3\times10^4\,hm^2$，总产量也下降到 $76.9\times10^4\,t$。2010 年绿豆价格创历史最高，绿豆的播种面积上升到 $74.2\times10^4\,hm^2$，产量也增加到 $95.4\times10^4\,t$（表 2-1，表 2-2）。

表 2-1 2010 年中国主要绿豆产区生产概况

省份	播种面积 ($\times10^4\,hm^2$)	总产 ($\times10^4\,t$)	省份	播种面积 ($\times10^4\,hm^2$)	总产 ($\times10^4\,t$)
内蒙古自治区	18.34	16.9	湖北省	2.06	3.5
吉林省	14.84	23.4	四川省	1.8	3.6
安徽省	6.62	2.3	河北省	1.67	1.7
河南省	5.33	6.4	广西区	1.37	2.6

省份	播种面积 （×10⁴hm²）	总产 （×10⁴t）	省份	播种面积 （×10⁴hm²）	总产 （×10⁴t）
山西省	5.08	4.2	江西省	0.93	1.6
陕西省	3.21	3.3	山东省	0.64	1.4
湖南省	2.45	6.1	辽宁省	0.61	1.7
黑龙江省	2.10	2.6	江苏省	0.40	1.0
重庆市	2.09	3.8	其 他	4.68	9.3
小 计	60.06	69.0	合 计	74.22	95.4

注：数据来源于中华人民共和国农业部《中国农业统计资料》2010 年。

表 2-2　　　中国绿豆历年生产情况

年份	播种 面积 （×10⁴hm²）	总产 （×10⁴t）	单产 （kg）	年份	播种 面积 （×10⁴hm²）	总产 （×10⁴t）	单产 （kg）
1957	163.9	80.0	495.0	2000	77.2	89.1	1154.4
1986	54.7	50.0	915.0	2002	97.1	119.0	1226.0
1993	94.2	72.9	772.5	2003	93.3	118.6	1271.2
1998	71.8	86.1	1199.0	2004	70.6	100.5	1424.3

注：数据来源于中华人民共和国农业部《中国农业统计资料》1986～
2005 年以及中国绿豆会议统计资料。

三、湖南绿豆生产概况

　　湖南地处亚热带季风湿润气候区，夏季炎热暑湿重，地形东
西南三面环山，中北部低落，境内多为丘陵山地。绿豆具有清热
解毒去湿的功效，是防暑佳品，很受湖南人欢迎。绿豆因其适应
性广、抗逆性强、耐旱、耐瘠、耐荫蔽、生育期短、播种适期
长，并有固氮养地能力，在湖南分布很广，农民有好种植绿豆的
习惯，常在田边地头、房前屋后、山冲谷坳种植绿豆。既充分利
用土地，又增加了收成。湖南绿豆生产变化趋势和全国一致，在

20 世纪 50 年代，湖南的绿豆种植面积达到 $2.5 \times 10^4 hm^2$，到了60 至 70 年代，绿豆只有农民在自留地里零星种植；80 年代初期，随着温饱问题的解决，绿豆生产得到快速发展，至 90 年代中期，绿豆种植面积稳定在 $2.0 \times 10^4 hm^2$ 左右，随后绿豆种植面积缓慢增长，至 2003 年湖南绿豆播种面积为 $2.6 \times 10^4 hm^2$，总产达 $4.4 \times 10^4 t$。在 1995 年湖南未进入全国绿豆主要生产省前十，2000 年湖南上升至第八位，到 2003 年便上升至第七位。湖南绿豆生产特点：种植分散，单产水平差异大，品种类型多而杂，大部分自繁自种。

（注：数据来源于中华人民共和国农业部《中国农业统计资料》1995，2000，2003 年。）

第三节　绿豆的分类及其生态特征特性

一、绿豆的分类

（1）根据籽粒颜色分类　绿豆可分为绿色（深绿、浅绿、黄绿）、黄色、褐色和蓝青色四种类型。

（2）根据种皮光泽度　绿豆可分为有光泽有蜡质的明绿豆和无光泽无蜡质的毛绿豆两类。

（3）根据绿豆籽粒大小　绿豆可分为大、中、小粒 3 种类型，一般百粒重在 6g 以上者为大粒型，$4 \sim 6g$ 为中粒型，4g 以下为小粒型。

（4）根据结荚习性　绿豆可分为有限型、亚有限型和无限型三类。

（5）根据生长习性　绿豆可分为直立型、半直立型和蔓生型。

二、绿豆的生物学特征

1. 根

绿豆的根系由主根、侧根、根毛和根瘤等几部分组成。主根由胚根发育而成，垂直向下生长，入土较浅。主根上长有侧根，侧根细长而发达，向四周水平延伸。次生根较短，侧根的梢部长有根毛。

绿豆的根系有两种类型：一种为中生植物类型，主根不发达，有许多侧根，属浅根系，多为蔓生品种；另一种为旱生植物类型，主根扎得较深，侧根向斜下方伸展，多为直立或半蔓生品种。

绿豆根上长有许多根瘤。绿豆出苗 7 天后开始有根瘤形成，初生根瘤为绿色或淡褐色，以后逐渐变为淡红色直至深褐色。主根上部的根瘤体形较大，固氮能力最强。苗期根瘤固氮能力很弱，随着植株的生长发育，根瘤菌的固氮能力逐步增强，到开花盛期达到高峰。

2. 茎

绿豆种子萌发后，其幼芽伸长形成茎。绿豆茎秆比较坚韧，外表近似圆形。幼茎有紫色和绿色两种。成熟茎多呈灰黄、深褐和暗褐色。茎上有绒毛，也有无绒毛品种。按其长相可分为直立型、半直立型和蔓生型三种。

植株高度（主茎高）因品种而异，一般 40～100cm，高者可达 150cm，矮者仅 20～30cm。绿豆主茎和分枝上都有节，主茎一般 10～15 节，每节生一复叶，在其叶腋部长出分枝或花梗。主茎一级分枝 3～5 个，分枝上还可长出 2 级分枝或花梗。节与节之间叫节间，在同一植株上，上部节间长，下部节间短。一般在茎基部第 1～5 节上着生分枝，第 6～7 节以上着生花梗，在花梗的节瘤上着生花和豆荚。

3. 叶

绿豆叶有子叶和真叶两种。子叶两枚，白色，呈椭圆形或倒卵圆形，出土 7 天后枯干脱落。真叶有两种，从子叶上面第 1 节长出的两片对生的披针形真叶是单叶，又叫初生真叶，无叶柄，是胚芽内的原胚叶；随幼茎生长在两片单叶上面又长出三片复叶。复叶互生，由叶片、托叶、叶柄三部分组成。绿豆叶片较大，一般长 5～10cm，宽 2.5～7.5cm，绿色，卵圆或阔卵圆形，全缘，也有三裂或缺刻型，两面被毛。托叶一对，呈狭长三角形或盾状，长 1cm 左右。叶柄较长，被有绒毛，基部膨大部分为叶枕。

4. 花

绿豆为总状花序，花黄色，着生在主茎或分枝的叶腋和顶端花梗上。花梗密被灰白色或褐色绒毛。绿豆小花由苞片、花萼、花冠、雄蕊和雌蕊 5 部分组成。苞片位于花萼管基部两侧，长椭圆形，顶端急尖，边缘有长毛。花萼着生在花朵的最外边，钟状，绿色，萼齿 4 个，边缘有长毛。花冠蝶形，5 片联合，位于花萼内层，旗瓣肾形，顶端微缺，基部心脏型。翼瓣 2 片，较短小，有渐尖的爪。龙骨瓣 2 片联合，着生在花冠内，呈弯曲状楔形，雄蕊 10 枚，为（9＋1）二体雄蕊，由花丝和花药组成。花丝细长，顶端弯曲有尖喙，花药黄绿色，花粉粒有网状刻纹。雌蕊 1 枚，位于雄蕊中间，由柱头、花柱和子房组成，子房无柄，密被长绒毛，花柱细长，顶端弯曲，柱头球形有尖喙。

5. 果实

绿豆的果实为荚果，由荚柄、荚皮和种子组成。绿豆的单株结荚数因品种和生长条件而异，少者 10 多个，多者可达 150 个以上，一般 30 个左右。豆荚细长，具褐色或灰白色绒毛，也有无毛品种。成熟荚黑色、褐色或褐黄色，呈圆筒形或扁圆筒形，稍弯。荚长 6～16cm，宽 0.4～0.6cm. 单荚粒数一般 12～14 粒。

三、绿豆的生态特性

绿豆起源于温带和亚热带，属于短日照植物，对光照的反应不敏感。绿豆喜温暖湿润的气候，耐高温，日平均温度 30℃～36℃生长旺盛，8℃～12℃发芽，最适宜生长温度为 25℃～30℃，需有效积温为 1600℃～2400℃，结荚后怕霜冻，0℃时，植株会冻死。绿豆较耐旱，绿豆每日需水量平均为 3.2mm，和玉米的需水量相当；怕涝，地面积水 2～3 天，会造成植株死亡。绿豆对土壤要求不严格，以壤土或石灰性冲积土为宜，在红壤和黏土中亦能生长。适宜的 pH 值一般不能低于 5.5，耐微酸和微碱。怕盐碱，在土壤含盐量为 0.2% 能生长，但产量低。

第四节　绿豆种植制度与高产栽培

一、绿豆种植制度

1. 种植方式

绿豆植株矮小，且较耐荫蔽，可与高秆或前期生长缓慢的作物进行间作套种或混种，不仅能多收一季绿豆，还能培肥地力、提高主栽作物产量。绿豆的种植方式有间种、套种、混种、复种和纯种 5 种。

（1）间种　绿豆对光照不是很敏感，较耐荫蔽。利用其株矮、根瘤固氮增肥的特点，常与高秆作物间作，以光补肥和通风透光，有利于提高主作物的产量，可一地两熟，达到既增收又养地的目的。间作模式有两种：

①以绿豆为主间作高秆作物，2 行高秆作物间 4 行绿豆或 2 行高秆作物间 6 行绿豆。

②以高秆作物为主间作绿豆，4 行高秆作物间 2 行绿豆或 6

行高秆作物间 2 行绿豆。

（2）套种

①绿豆套甘薯。垄上栽甘薯，沟内穴播或条播 1 行绿豆，每公顷可多收 600～750kg 绿豆，甘薯不少收。

②棉花套绿豆。宽行 1.2m 种绿豆，窄行 0.5m 种棉花，棉花绿豆同期播种，在棉花铃期收完绿豆。

（3）混种　一般在玉米高粱行间或株间撒种绿豆。通常用于玉米等主栽作物补缺，使缺苗主栽作物少减收，并可通过绿豆培肥瘠薄地，达到增收目的。

（4）复种　复种主要是在多熟地区，在其他作物下茬种植绿豆，实行一地多收，提高土地利用率。

（5）纯种　纯种即在当季生产中，只种绿豆，不与其他作物间套混作，也叫清种。

2. 种植制度

绿豆生育期短，耐瘠耐旱，且固氮养地，多在一些生长季节短、干旱、新垦薄地或因遭受旱涝灾害而延误其他作物播种的地区进行填闲种植，或与禾谷类及其他非豆科作物轮作。用绿豆与稻、麦、玉米等作物轮作，能明显提高单位面积上的粮食产量。绿豆轮作种植制度有：

（1）一年一作，如绿豆—马铃薯、高粱或玉米。

（2）一年两作，如油菜—绿豆，绿豆—小麦。

（3）两年三作，如棉花—小麦—绿豆。

（4）三年五作，如小麦—绿豆—春甘薯—春玉米、小麦—绿豆。

3. 绿豆与其他作物进行间套作栽培模式

（1）绿豆与甘薯间套作技术

①绿豆与甘薯套种，一般甘薯大行距（60cm）隔一沟套种一行绿豆，采取 2∶1 的种植组合。在 4 月上中旬种绿豆，5 月

中旬种甘薯，7 月收完绿豆，不影响甘薯后期生长。

②绿豆与甘薯间作，垄距 70～80cm，隔一沟间种 1 行绿豆。绿豆在 5 月中旬与甘薯一起栽种，以甘薯封垄前绿豆能成熟为好。绿豆条播株距 10～15cm，单株留苗。点播穴距 30cm 左右，每穴 2～3 株，每公顷 47500～60000 株。

（2）绿豆与棉花套种技术：绿豆与棉花套种，棉花采用大小行种植，宽行 80cm，窄行 50cm，4 月中下旬在棉花播种时在宽行套种 1 行绿豆，在棉花花铃期绿豆收获。

（3）绿豆与玉米间套种技术

①绿豆与春玉米套种技术，春玉米采取大小行种植，大行 1m，小行 45cm，株距 30cm，每公顷 45000 株左右；或大行 1.5m，小行 45cm，株距 25cm，每公顷 41000 株左右。玉米定苗后，在大行间套种 2 行或 4 行生长期短、株形紧凑、结荚集中的早熟绿豆。行比为 2∶4 或者 1∶1，即双行春玉米行间套 4 行单行绿豆或单行春玉米行间套单行绿豆。

②绿豆与夏玉米间作技术，夏玉米大小垄种植，在大行间套种 3 行早熟绿豆。如果麦田套种玉米间绿豆，则绿豆可在麦收后立即灭茬播种；若麦收后复种玉米，绿豆可与玉米以 3∶2 的形式同时播种。

（4）绿豆与夏芝麻混作技术：小麦或油菜收后，绿豆与芝麻同时混种，芝麻收获后正值绿豆盛花、结荚期，光照充足，有利于绿豆生长和籽粒饱满。

（5）绿豆与幼龄果园套种技术：由于绿豆是套种在小果树林里，在管理果园的同时，加强绿豆的管理。当绿豆出苗后达到 2 叶 1 心时，要剔除弱苗。4 片叶时定苗，株距 13～16cm，单作行距在 40cm 左右，留苗 15 万～18 万/hm² 为宜。同时应及时中耕除草，一般锄 2～3 遍，中耕深度由浅到深再到浅。

二、绿豆高产栽培技术

1. 选地整地

绿豆虽然有一定的耐瘠性，但高肥水地更适合其生长发育。因此，应选择地势高、耕作层深厚、富含有机质、排灌方便、保水保肥能力好的地块种植。为了减少病虫害发生，切忌重茬迎茬，以大白菜、油菜、芝麻及非豆类作物地块作前茬，壤土、轻沙壤土种植。要求远离工厂以防止污染（一般直线距离在 500m 以上）。

绿豆子叶较大，顶土能力较弱，整地要求深耕细耙，上虚下实，无土块，深浅一致，地平土碎。土壤通透性好，利于根瘤菌发育和土壤微生物活动。整地时施足基肥，基肥每公顷 25％复合肥 600kg 或 45％的复合肥 350kg。如果使用农家土杂肥，一般每公顷施土杂肥 12～15t，加碳酸氢铵 375kg 和过磷酸钙 225kg 即可。

2. 适期播种

（1）种子处理

①选种。利用风选、水选或机选。清除秕粒、小粒、杂质、草籽，选留干净的大粒种子播种。

②晒种。播前选晴天中午将种子薄摊席上，翻晒 1～2 天。增强活力，提高发芽势。

③擦种。将种子摊于容器内用新砖来回轻擦搓，使种皮稍有破损，容易发芽和出苗。

④接种根瘤菌。接种方式有土壤接种和种子接种。土壤接种采用上年绿豆地表层土，均匀撒于绿豆新植地。种子接种系在播种前将菌肥或根瘤加水调成菌液，慢慢拌上种子；或在种子上洒少量水，将菌剂撒于湿种子上拌匀，随拌随用。根瘤菌肥勿与化肥、杀菌剂同时使用。常用固氮菌每克固体菌剂含根瘤菌 3 亿

个，每公顷用量为 1875g，每克固体菌肥含根瘤菌 1.5 亿，每公顷用量为 3750g。

（2）播种期的确定与品种选择　绿豆生育期短，播种适期长，既可春播又可夏播。一般在地温达 16℃～20℃ 时即可播种。湖南春播在 4 月中旬，在湘南秋播最晚可延至 8 月初播种。北方春播自 4 月下旬至 5 月上旬，夏播在 5 月下旬至 6 月上旬。前茬收获后应尽量早播，播期越早，产量越高。

我国南方（以秦岭、淮河为界，不包括西南地区）绿豆的播种期可从 4 月初到 8 月 1 日之间，但广东、广西和福建等省（自治区）由于冬季来临时间较迟，可根据具体情况适当推迟 1～2 周种植。一般早播宜选用中绿 1 号和苏绿 1 号等中熟品种，迟播或套作需要生育期较短，适宜选用苏绿 3 号等早熟品种。

（3）播种方法　有条播、穴播和撒播，以条播为多。条播要防止覆土过深、下籽过稠和漏播。间作套种和零星种植多为穴播，每穴 4～5 粒，行距 50cm，穴距 25cm。撒播要防止稀密不匀，播量依据品种特性、气候条件和土壤肥力等因地制宜确定。整地质量好，籽小播量可少些，反之则多。

3. **科学施肥**

绿豆的施肥原则是：以农家肥为主，无机肥为辅；农家肥和无机肥混合施用；施足基肥，适当追肥。田间施肥量应视土壤肥力情况和生产水平而定。绿豆每生产 100kg 籽粒，需吸收氮（N）9.68kg，磷（P_2O_5）2.93kg，钾（K_2O）3.51kg，其中除了氮素有 1/3 来自大气外，其余养分都要从土壤中吸收。在土壤含氮量偏低的情况下，施用少量氮肥有利于根瘤形成，能促使绿豆苗期植株健壮生长。在土壤肥力较高的条件下，不施氮肥。春播绿豆结合春耕一次性作为底肥施入土壤之中，夏播绿豆往往来不及施底肥，可用 30～75kg/hm² 尿素或 75kg/hm² 复合肥作种肥。基肥以人粪尿、草木灰、炕土以及腐熟的猪、鸡、羊粪等农家土杂肥为最好，每公顷施 10~15t。追肥要适时适量，宜于苗期和绿豆初花期（肥料最大效应期）追肥，肥料种类以氮磷配合施用为好，在行间开沟施入，每公顷分别施尿素或复合肥 75~150kg 或 120~225kg。开花结荚期叶面喷肥有明显增产效果，可喷钼酸铵、磷酸二氢钾 0.1%~0.3% 溶液，能增产 7%~14%。

4. 田间管理技术

（1）合理密植　为使幼苗分布均匀，个体发育良好，应在第 1 片复叶展开后间苗，在第 2 片复叶展开后定苗。按既定的密度要求，去弱苗、病苗、小苗、杂苗，留壮苗、大苗，条播实行单株留苗，穴播留苗 2~3 株。绿豆种植密度因区域、播种时间、品种、地力和栽培方式不同而异，湖南夏绿豆留苗 12 万~15 万株/hm^2，秋播绿豆因气温较高，生长期短，群体在 15 万~20 万株/hm^2。间作套种的留苗密度，应根据主栽作物的种类、品种、种植形式及绿豆的实际播种面积进行相应的调整。

（2）中耕培土　在绿豆生长初期，田间易生杂草。在开花封垄前应中耕 2~3 次，即在第 1 片复叶展开后结合间苗进行第 1 次浅锄；在第 2 片复叶展开后，开始定苗并进行第 2 次中耕；到分枝期进行第 3 次深中耕并进行培土。有条件的地方可使用除草剂，针对绿豆田杂草可用 5% 精喹禾灵乳油 750~1125mL/hm^2 或 10.5% 高效盖草能乳油 300~600mL/hm^2，兑水 450kg/hm^2 均匀喷施。施药时视草情、土壤湿度确定用药量。草大、干旱时适当加大用药量。

（3）适期灌水与排涝　绿豆比较耐旱，但对水分反应较敏感，在不同的水分条件下，产量相差很大。当田间持水量由 50% 提高到 70% 时，绿豆籽粒产量可增加 59%；当田间持水量由 50% 提高到 90% 时，绿豆产量可增加 1~2 倍。绿豆耐旱主要表现在苗期，三叶以后需水量逐渐增加，现蕾期为绿豆的需水临界期，花荚期达到需水高峰。在有条件的地区灌水可以增加单株荚数及单荚粒数；在没有灌溉条件的地区，可适当调节播种期使绿豆花荚期赶在雨季。

绿豆不耐涝。如苗期水分过多，会使根病加重，引起烂根死苗，或发生徒长导致后期倒伏。后期遇涝，根系及植株生长不良，出现早衰，花荚脱落，产量下降。地面积水 2～3 天，会导致植株死亡。采用深沟高垄开厢种植或开花前培土是绿豆高产的一项重要措施。

（4）根外施肥　对绿豆苗架长势较弱的田块，初花期每公顷用磷酸二氢钾 600～900g、钼酸铵 375～525g、硼砂 225～375g，各兑水 225～300kg，分别叶面喷雾。每 10 天左右一次，连续 2～3 次，或在每次摘豆荚的前两天喷一次，对提高产量和品质有明显的效果。

5. 主要增产措施

（1）起垄种植和封垄前培土　起垄种植和封垄前培土是最主要的增产措施，一般可增产 15％左右。垄宽 60cm 左右，垄上种植两行。

（2）分枝期追施尿素　油、麦茬绿豆分枝期在出苗后的 35 天左右，每公顷追施尿素 45～75kg，可显著提高绿豆产量和品质。

（3）延长采摘期　绿豆夏播一般 68 天左右就能成熟，但是如果条件适宜如采用叶面喷肥，采摘期可延长到 120 天以上，能形成 2～3 次开花高峰，能增加产量 20％～60％。

（4）叶面喷肥　花荚期喷施 40％多菌灵可湿性粉剂 1500 倍液，有防花荚脱落、防早衰防病作用；在绿豆生长后期进行叶面喷肥，能延长叶片功能期，明显提高绿豆产量。根据绿豆生长情况，全生育期可喷肥 2～3 次。一般第一次喷肥在现蕾期，第二次喷肥在第一批荚采摘后，第三次喷肥在第二批荚采摘后进行。喷肥的种类视情而定，若分枝期未追施氮肥，第一、二次喷肥时，每公顷可用磷酸二氢钾 3kg、尿素 1.5kg，兑水 2250kg 喷施。如分枝期已追施氮肥，在第一次喷肥时则不加尿素。在第三次喷肥时，每公顷可用尿素 3.75kg，兑水 2250kg。喷肥应在晴天上午 10 点前或下午 3 点后进行，亦可与药液同时喷洒。

6. 灾后补种绿豆技术

绿豆生长期短，可作救灾作物。1998 年湖南发生特大洪涝灾害时，绿豆等短季节作物充当了抗洪救灾的先锋作物。1993年江苏省 7 月中旬发生特大洪水导致 2 万余 hm^2 作物受淹严重，而其中近 1.5 万 hm^2 全部补种了绿豆，当年每公顷新收绿豆1500kg 左右，挽回损失 5000 万元；同时豆科作物的根瘤菌固氮也带来了很好的生态效益。在江苏以南的广大南方地区，绿豆播种的临界期在 8 月 5 日至 10 日，即在这个时间以前播种合适的绿豆品种仍然能够正常收获绿豆种子，不影响下茬油菜、小麦、蚕豆等冬季作物的种植。如要提早绿豆的成熟期和减少收获次数，可在田间 60％绿豆荚成熟时均匀喷施 40％乙烯利水剂2250g/hm^2 于绿豆植株上，一周后豆叶脱落，可进行一次性或机械化收获。

（1）绿豆受洪涝灾害田间管理措施

①清理沟渠，排除积水。在雨停 1～2 周后结合松土适当施用肥料。如田间积水已经排干，可以进行农事操作，适当进行根部松土和除草，并每公顷使用 45％三元复合肥 150kg 进行根部追肥。

②查漏补苗。在田间进行仔细排查，如发现缺苗较多的田块可就地补苗，方法为挖 4～5cm 小穴，每穴补种 2 粒发芽率良好的绿豆种子。

③及时防治病虫害。大雨过后，各种病害如白粉病、叶斑病、病毒病发生较重，一般可在发病初期选用 75％百菌清 600倍液，或 50％多菌灵粉剂 800 倍液或 20％病毒 A 500 倍液喷雾

防治，隔 7～10 天喷 1 次，连喷 2 次。如田间出现蚜虫、红蜘蛛、小夜蛾、豆荚螟、棉铃虫等害虫时，虫害较轻时可用豆虫清600～800 倍液或 40％氧化乐果 1000 倍液进行防治，或使用 50％敌敌畏乳油 1200 倍液、90％敌百虫可溶性粉剂 800 倍液、10％氯氰菊酯乳油 1000 倍液等杀虫剂。在虫害较重时采用两种以上杀虫剂混合防治。

（2）田间农作物全部淹死或绝收，补种绿豆

①选用早熟品种。一般可选用中绿 5 号、冀绿 7 号等早熟品种。

②及时抢早播种。在田间积水排干、土壤湿度达到一定要求后，尽早播种。一般不要迟于 8 月 10 日，以免影响后茬作物种植。

③适当密植。由于播期推迟和生长期较短等原因而导致个体分枝数不多，建议适当加大播种密度。一般每公顷播种量37.5～45kg 左右，播深 3～5cm，行距 40～50cm，株距 10～20cm，每公顷留苗 18 万～27 万株。

④适当追肥。苗期渍害较重田块，待田间积水排干后，每公顷施尿素 75kg 和钾肥 105kg 对水根施。其他管理措施同常规。

7. 绿豆垄作栽培技术

渍涝主要影响绿豆根系，围绕着养根护根，进行绿豆高垄栽培。

（1）品种选择　选择根系发达、耐渍性较强、丰产潜力大、抗叶斑病的品种，如中绿 5 号、中绿 8 号、冀绿 7 号等。

（2）重施底肥　绿豆起垄栽培后，中耕追肥容易破坏垄的结构，所以绿豆生育期所需的肥料尽量以底肥的形式施入。底肥应以有机肥为主，化肥为辅，每公顷施腐熟有机肥 15～22.5t；施用化肥时必须注意化肥的施入量，由于垄作根系发达，使绿豆植株生长较旺盛，化肥一旦过量很容易造成旺长，导致倒伏或不能

正常进入生殖生长，最终影响产量。纯氮的施入量应根据土地肥力情况，一般每公顷施 45～90kg，并加施过磷酸钙 300kg、硫酸钾 150kg 作基肥，整个生育期间原则上不再进行根系追肥。

（3）起垄播种　起垄主要目的是防涝，另外还有增加耕层土壤厚度，提高土壤通透性等作用。因此绿豆在垄作时应根据土壤状况选择不同的垄作方式，通透性差的黏性地块，应选用单垄单行的播种方式；通透性好肥力较差的沙质地块，应采用一垄双行或多行的宽垄播种方式。单垄单行，垄距 50cm，垄宽 20cm，垄高 15cm，垄上播 1 行绿豆，绿豆行距 50cm，株距 15cm；一垄 2 行，垄距 1m，垄宽 80cm，垄高 10cm，垄上播 2 行绿豆，绿豆行距 50cm，株距 15cm。

（4）及时间、定苗　由于垄作田的受光面积较平作田大，所以垄作绿豆田苗期土壤温度较平作田高，绿豆生长迅速，间、定苗一旦不及时，很容易形成"高脚苗"，影响分枝的形成及植株的抗倒伏能力。因此，间、定苗一定要及早、及时。1 叶期间苗，2 叶期定苗。苗期虫害发生较轻的田块定苗可以在 2 叶以前完成。

（5）化学调控　绿豆垄作栽培集中了肥、热资源，一旦雨量充足，绿豆的营养生长会加速进行，发生旺长的概率较大。因此，垄作绿豆，特别是土壤较肥沃的绿豆田在雨水充足时必须进行化控。化控应在分枝期和开花期进行，分枝期每公顷用缩节胺 45g 加水 750kg 喷施；如植株已经出现旺长，基部节间较长，每公顷用缩节胺 60g 加水 750kg 喷施；现蕾期可喷施 150mg/L 的多效唑溶液，加速绿豆向生殖生长转化。

8. 收获与仓贮

（1）分批收获　绿豆有分期开花、成熟和第一批荚果采摘后继续开花、结荚习性。一般植株上有 60% 左右的荚成熟后，开始采摘，以后每隔 6～8 天采摘一次效果最好，产量也最高。

（2）一次性收获　采取一次性机械化收获，播期应延迟，以缩小分枝和主茎豆荚发育速度上的差异。在群体中黄荚和黑荚两者之和达到70％时，均匀喷施40％乙烯利水剂2250g/hm² 于绿豆植株上，一周后豆叶脱落，可进行机械化收获。收获时不要连根拔，否则拔除了根瘤，不利于培肥地力。

（3）晾晒与保存　收获的绿豆应及时晾晒、脱粒、清选，保存时重点注意豆象危害。绿豆象是绿豆主要仓库害虫，其危害可降低种子重量的三成左右，且质量很差，严重时，整仓遭受毁灭性危害，损失巨大。保存时比较实用的防治方法有，草木灰覆盖法（将草木灰覆盖在贮藏的绿豆种子表面，可以防止外来绿豆象成虫在种子表面产卵）、低温杀虫法（-5℃以下放15天时间）、沸水防治法（将绿豆种子放入沸水中15～20秒，然后迅速捞出晾晒干，能杀死所有成幼虫）、磷化铝熏蒸（仓库封闭后用磷化铝熏蒸5天，如作种子用，熏蒸时仓库内温度不能超过36℃，否则会降低种子发芽率）等。

第五节　绿豆病虫害及其防治

一、绿豆病害及其防治

绿豆病害主要有根腐病、病毒病、叶斑病、白粉病等，注意前期防治。

1. 绿豆根腐病

发病初期心叶变黄，拔出根系，茎下部及主根上部黑褐色，剖开茎可见维管束变成暗褐色。根大部分腐烂，植株枯萎死亡。

防治方法：发病初期选用75％百菌清600倍液，或15％腐烂灵600倍液，或70％甲基托布津1000倍液喷施或灌根，隔7～10天再施一次，连续施用2次。

2. 病毒病

以苗期发病较多,主要是虫害引起并传播。在田间主要表现为花叶斑驳、皱缩花叶等。发病轻时,幼苗期出现花叶和斑驳症状的植株。发病重时,幼苗出现皱缩小叶丛生的花叶植株,叶片畸形、皱缩、叶肉隆起,形成疱斑,有明显的黄绿相间皱缩花叶。

防治方法:①选用抗病毒病品种。②蚜虫迁入豆田时要及时喷洒药剂进行防治,以减少传毒。可用40%氧化乐果1000倍液或豆虫清600~800倍液,喷雾防治蚜虫等虫害。③药剂防治,在发病初期用50%多菌灵粉剂700倍液或20%病毒A 500倍液喷雾防治,间隔7~10天喷1次,一般喷2次。

3. 叶斑病

该病是我国及亚洲绿豆生产上毁灭性病害。我国安徽、河南、河北、陕西等省发病重,以开花结荚期受害严重。发病初期叶片上现水渍状褐色小点,扩展后形成边缘红褐色至红棕色、中间浅灰色至浅褐色近圆形病斑。湿度大时,病斑上密生灰色霉层,即病原菌的分生孢子梗和分生孢子。病情严重时,病斑融合成片,很快干枯。轻者减产20%~50%,严重的高达90%。病原菌以菌丝体和分生孢子在种子或病残体中越冬,成为翌年初侵染源。生长季节为害叶片,开花前后扩展较快,借风雨传播蔓延。炎热潮湿条件下,经分生孢子多次再侵染,病原菌大量积累,遇有适宜条件即流行。高温高湿有利于该病发生和流行,尤以秋季多雨、连作地或反季节栽培发病重。

防治方法:①选用抗叶斑病品种。选无病株留种,播前用45℃温水浸种10分钟消毒。②发病地收获后进行深耕,有条件的实行轮作。③发病初期选用喷洒50%多·霉威(多菌灵加乙霉威)可湿性粉剂1000~1500倍液或75%百菌清可湿性粉剂600倍液、12%绿乳铜乳油600倍液、80%大生M-45可湿性粉

119

剂 600 倍液、47％加瑞农可湿性粉剂 800 倍液、50％混杀硫悬浮剂 500～600 倍液、30％碱式硫酸铜悬浮剂 400 倍液、1∶1∶200 倍式波尔多液，隔 7～10 天 1 次，连续防治 2～3 次。

4. 白粉病

为害叶片、茎秆和荚。发病初期在病部表面产生一层白色粉状物，开始点片发生，后扩展到全叶，后期密生很多黑色小点，即病原菌的闭囊壳。发生严重时，叶片变黄，提早脱落。病原菌以闭囊壳在土表病残体上越冬，翌年条件适宜散出子囊孢子进行初侵染。发病后，病部产生分生孢子，靠气流传播进行再侵染，经多次重复侵染，扩大为害。在潮湿、多雨或田间积水、植株生长茂密的情况下易发病；干旱少雨条件下植株往往生长不良，抗病力弱，但病菌分生孢子仍可萌发侵入，尤其是干、湿交替利于该病扩展，发病重。

防治方法：①选用抗白粉病品种。②收获后及时清除病残体，集中深埋或烧毁。③提倡施用酵素菌沤制的堆肥或充分腐熟有机肥，采用配方施肥技术，加强管理，提高抗病力。④发病初期选用喷洒 2％武夷菌素 200 倍液或 10％施良灵胶悬剂 1000 倍液、60％防霉宝 2 号水溶性粉剂 1000 倍液、30％碱式硫酸铜悬浮剂 300～400 倍液、20％三唑酮乳油 2000 倍液、5％乐必耕可湿性粉剂 1000～1500 倍液、12.5％速保利可湿性粉剂 2000～2500 倍液、25％敌力脱乳油 4000 倍液、40％福星乳油 8000 倍液。隔 7～10 天喷 1 次，连喷 2 次。

5. 绿豆轮纹病

主要为害叶片。出苗后即可染病，但后期发病多。叶片染病，初生褐色圆形病斑，边缘红褐色。病斑上现明显的同心轮纹，后期病斑上生出许多褐色小点，即病菌的分生孢子器。病斑干燥时易破碎，发病严重的叶片早期脱落，影响结实。个别地块受害重。病原菌以菌丝体和分生孢子器在病部或随病残体遗落土中越冬或越夏，以分生孢子借雨水溅射传播，进行初侵染和再侵染。在生长季节，如天气温暖高湿，或过度密植株间湿度大，均利于本病发生。此外，偏施氮肥植株长势过旺或肥料不足植株长势衰弱，引致寄主抗病力下降，发病重。

防治方法：①重病地于生长季节结束时要彻底收集病残物烧毁，并深耕晒土，有条件时实行轮作。②发病初期可选用喷洒1：1：200 倍式波尔多液或 77％可杀得可湿性微粒粉剂 500 倍液、30％碱式硫酸铜悬浮剂 400～500 倍液、47％加瑞农可湿性粉剂 800～900 倍液、70％甲基硫菌灵可湿性粉剂 1000 倍液加75％百菌清可湿性粉剂 1000 倍液、40％多·硫悬浮剂 500 倍液，隔7～10 天 1 次，共防 2～3 次。

6. 绿豆炭疽病

主要为害叶、茎及荚果。叶片染病初呈红褐色条斑，后变黑褐色或黑色，并扩展为多角形网状斑。叶柄和茎染病病斑凹陷龟裂，呈褐锈色细条形斑，病斑连合形成长条状。豆荚染病初现褐色小点，扩大后呈褐色至黑褐色圆形或椭圆形斑，周缘稍隆起，四周常具红褐或紫色晕环，中间凹陷，湿度大时，溢出粉红色黏稠物，内含大量分生孢子。种子染病出现黄褐色大小不等的凹陷斑。病原菌主要以潜伏在种子内和附在种子上的菌丝体越冬。播种带菌种子，幼苗染病，在子叶或幼茎上产生分生孢子，借雨水、昆虫传播。该菌也可以菌丝体在病残体内越冬，翌春产生分生孢子，通过雨水飞溅进行初侵染，分生孢子萌发后产生芽管，从伤口或直接侵入，经 4～7 天潜育出现症状，并进行再侵染。温度 17℃，相对湿度达 100％时利于发病；温度高于 27℃，相对湿度低于 92％，则少发生；低于 13℃病情停止发展。该病在多雨、多露、多雾冷凉多湿地区，种植过密、土壤黏重、湿度大的地块发病重。

防治方法：①选用抗病品种。②用无病种子，注意从无病荚上采种；或进行种子处理，用种子重量 0.4％的 50％多菌灵或福美双可湿性粉剂拌种，亦可用 40％多·硫悬浮剂或 60％防霉宝超微粉 600 倍液浸种 30 分钟，洗净晾干播种。③实行 2 年以上轮作。④发病初选用喷洒 25％炭特灵可湿性粉剂 500 倍液或 80％大生 M-45 可湿性粉剂 600 倍液、75％百菌清可湿性粉剂 600 倍液、70％甲基硫菌灵（甲基托布津）可湿性粉剂 500 倍液、80％炭疽福美可湿性粉剂 800 倍液、70％甲基硫菌灵可湿性粉剂 800 倍液加 75％百菌清可湿性粉剂 800 倍液，隔 7～10 天 1 次，连续防治 2～3 次。

7. 绿豆细菌性疫病

又称细菌性斑点病，主要发生在春夏或夏秋之雨季。叶片染病，病叶上出现褐色圆形至不规则形水泡状斑点，初为水渍状，后呈坏疽状，严重的变为木栓化，经常可见多个病斑聚集成大坏疽型病斑。叶柄、豆荚染病亦生褐色小斑点或呈条状斑。此病菌除侵染绿豆外，还侵染豇豆、扁豆、小豆、菜豆。病原细菌主要在种子内部或黏附在种子外部越冬。播种带菌种子，幼苗长出后即发病，病部渗出的菌脓借风雨或昆虫传播，从气孔、水孔或伤口侵入，经 2～5 天潜育，即引致茎叶发病。病菌在种子内能存活 2～3 年，在土壤中病残体腐烂后即失活。气温 24℃～32℃、叶上有水滴是本病发生的重要温湿条件。一般高温多湿、雾大露重或暴风雨后转晴的天气，最易诱发本病。此外，栽培管理不当，大水漫灌或肥力不足、偏施氮肥，造成长势差或徒长，皆易加重发病。

防治方法：①实行 3 年以上轮作。②选留无病种子，从无病地采种，对带菌种子用 45℃恒温水浸种 15 分钟捞出后移入冷水中冷却，或用种子重量 0.3％的 95％敌克松原粉或 50％福美双拌种，或用硫酸链霉素 500 倍液浸种 24 小时。③加强栽培管理，避免田间湿度过大，减少田间结露。④发病初期选用喷洒 72％

杜邦克露可湿性粉剂 800 倍液或 12％绿乳铜乳油 600 倍液、47％加瑞农可湿性粉剂 700 倍液、77％可杀得可湿性微粒粉剂 500 倍液、50％琥胶肥酸铜可湿性粉剂 500 倍液、72％农用硫酸链霉素可溶性粉剂 3000～4000 倍液、新植霉素 4000 倍液、抗菌剂"401"800～1000 倍液，隔 7～10 天 1 次，连续防治 2～3 次。

8. 绿豆立枯病

在受害植株茎基部产生黄褐色病斑，逐渐扩展至整个茎基部，病部明显缢缩，致幼苗枯萎死亡。湿度大时，病部长出蛛丝状褐色霉状物，即病原菌菌丝。该菌能在土壤中存活 2～3 年，也可在病残体或其他作物、杂草上越冬，成为本病初侵染源。在土壤中的菌丝体可通过农田操作、耕作及灌溉水、昆虫传播等进行再侵染。植株生长不良或遇有长期低温阴雨天气易发病，多年连作田块、地势低洼、地下水位高、排水不良的地方发病重。

防治方法：①实行 2～3 年以上轮作，不能轮作的重病地应进行深耕改土，以减少该病发生。②种植密度适当，注意通风透光，低洼地应实行高垄栽培，雨后及时排水，收获后及时清园。③发病初期选用喷洒 3.2％恶甲水剂（克枯星）300 倍液或 20％甲基立枯磷乳油 1200 倍液、36％甲基硫菌灵悬浮剂 600 倍液。

9. 绿豆锈病

为害叶片、茎秆和豆荚，以叶片为主。叶片染病散生或聚生许多近圆形小斑点，病叶背面现锈色小隆起，后表皮破裂外翻，散出红褐色粉末，即病原菌的夏孢子。秋季可见黑色隆起与小长点混生，表皮裂开后散出黑褐色粉末，即病菌冬孢子。发病重的，致叶片早期脱落。南方该病菌主要以夏孢子越季，成为该病初侵染源，一年四季辗转传播蔓延；北方主要以冬孢子在病残体上越冬，翌年条件适宜时产生担子和担孢子。担孢子侵入寄主形成锈子腔阶段，产生的锈孢子侵染绿豆并形成疱状夏孢子堆，散出夏孢子进行再侵染，病害得以蔓延扩大，深秋产生冬孢子堆及冬孢子越冬。北方该病主要发生在夏秋两季，尤其是叶面结露及叶面上的水滴是锈菌孢子萌发和侵入的先决条件。夏孢子形成和侵入适温为 15℃～24℃，10℃～30℃均可萌发，其中以 16℃～22℃最适。日均温 25℃，相对湿度 85％潜育期约 10 天，绿豆进入开花结英期，气温 20℃以上，高湿、昼夜温差大及结露持续时间长易流行，秋播绿豆及连作地发病重。南方一些地区春播常较秋播发病重。

防治方法：①种植抗病品种。②提倡施用日本酵素菌沤制的堆肥或充分腐熟有机肥。③春播宜早，必要时可采用育苗移栽避病。④清理田园，加强管理，适当密植。⑤发病初期选用喷洒 15％三唑酮可湿性粉剂 1000～1500 倍液或 50％萎锈灵乳油 800 倍液、50％硫黄悬浮剂 300 倍液、70％代森锰锌可湿性粉剂 1000 倍液加 15％三唑酮可湿性粉剂 2000 倍液、12.5％速保利可湿性粉剂 2000～3000 倍液、10％抑多威乳油 3000 倍液、80％新万生可湿性粉剂 500～600 倍液、5％乐必耕可湿性粉剂 1000～1500 倍液、40％杜邦福星乳油 9000 倍液，隔 15 天左右一次，防治 1 次或 2 次。

二、绿豆虫害及其防治

绿豆常发生的虫害主要有地老虎、蚜虫、红蜘蛛、豆荚螟、棉铃虫、豆象等，注意及时防治。在虫害较轻时可用豆虫清 600～800 倍液或 40％氧化乐果 1000 倍液，或使用 50％敌敌畏乳油 1200 倍液进行防治，在虫害较重时采用两种以上杀虫剂混合防治。防治关键在"防"字上，绿豆现蕾至开花中期是虫害防治的关键期。

1. 豆蚜

豆蚜属同翅目，蚜科，成虫和若虫刺吸嫩叶、嫩茎、花及豆荚的汁液，使生长点枯萎，叶片卷曲、皱缩、发黄，嫩荚变黄，甚至枯萎死亡。豆蚜能够以半持久或持久方式传播许多病毒，是豆类作物的最重要传毒介体。目前在我国除西藏未见报道外，其余各省、自治区均有豆蚜分布。

有翅胎生蚜体长 1.6～1.8mm，翅展 5～6mm；虫体黑绿色带有光泽；触角第 3 节有 5～8 个圆形感觉圈，排列成行；腹管较长，末端黑色。无翅胎生蚜体长 2mm；虫体黑色或紫黑色有光泽；触角第 3 节无感觉圈；腹管较长，末端黑色。

一年发生 20～30 代，完成一代需 4～17 天，冬季在紫云英、豌豆上取食。每年以 5～6 月和 10～11 月发生较多，在温度 24℃～26℃，相对湿度 60％～70％时，豆蚜繁殖力强，每头无翅胎生蚜可产若蚜 100 余头。

防治方法：①药剂防治，选用喷施 50％辟蚜雾可湿性粉剂 2000 倍液、10％吡虫啉可湿性粉剂 2500 倍液、绿浪 1500 倍液、20％康福多浓 4000 倍液或 2.5％保得乳油 2000 倍液。②栽培防治，清除栽培田地四周杂草，消灭其中虫源。

2. 红蜘蛛

红蜘蛛属蛛形纲前气门目叶螨科，常见有 3 个近似种，主要为害茄科、葫芦科、豆科、百合科等多种蔬菜作物。其寄主广泛，包括枣树、棉花、玉米、豆类及多种杂草和蔬菜。国内分布于河北、河南、辽东、江苏、湖南、广东、广西等地。国外分布于日本、泰国、菲律宾等国。

红蜘蛛成虫长 0.42～0.52mm，体色变化大，一般为红色，梨形，体背两侧各有黑长斑一块。雌成虫深红色，体两侧有黑斑，椭圆形。卵为圆球形，光滑，越冬卵红色，非越冬卵淡黄色。幼虫近圆形，有足 3 对。越冬代幼虫红色，非越冬代幼虫黄色。越冬代若虫红色，非越冬代若虫黄色，体两侧有黑斑。

红蜘蛛一年最多可发生 13 代，一次产卵约 100 只，以卵越冬。卵主要在树干皮缝、地面土缝和杂草基部等地越冬，越冬卵一般在 3 月初开始孵化，4 月初全部孵化完毕，越冬后 1～3 代主要在地面杂草上繁殖为害，4 代以后即同时在枣树、田间作物和杂草上为害，10 月中下旬开始进入越冬期。

防治方法：①在树干涂白（石灰水）杀死大部分越冬卵。②早春进行翻地，清除地面杂草，保持越冬卵孵化期间田间没有杂草，使红蜘蛛因找不到食物而死亡。③应选用螨危 4000～5000 倍液（每瓶 100mL 对水 400～500kg），40％三氯杀螨醇乳油 1000～1500 倍液，20％螨死净可湿性粉剂 2000 倍液，15％哒螨灵乳油 2000 倍液，1.8％齐螨素乳油 6000～8000 倍液等均匀喷雾，可达到理想的防治效果。

3. 桃蚜

桃蚜又名赤蚜、菜蚜，同翅目，蚜科。桃蚜是广食性害虫，寄主植物约有 74 科 285 种。以成虫、若虫群集芽、叶、嫩梢上刺吸汁液，被害叶向背面不规则地卷曲皱缩。蚜虫排泄大量蜜露诱致霉污病发生。桃蚜也是豆类作物病毒病的重要传毒介体之一。桃蚜广泛分布于全国各地。

无翅孤雌蚜体长约 2.6mm，宽 1.1mm；虫体有黄绿色、淡红色；腹管长筒形，是尾片的 2.37 倍；尾片黑褐色，尾片两侧各有 3 根长毛。有翅胎生雌蚜体长 1.6～2.1mm；头胸部、腹管、尾片均黑色，腹部色泽变异较大，有淡绿、黄绿、红褐至褐色；卵长椭圆形，初淡绿后变黑色。

桃蚜在北方一年发生 20～30 代，南方发生 30～40 代。在北方，桃蚜以卵在桃、李、杏等越冬寄主的芽侧、枝干裂缝、小枝杈等处越冬；春季卵孵化孤雌蚜，群集嫩芽为害；寄主叶片展开后迁移至叶背和嫩梢上为害、繁殖，陆续产生有翅胎生雌蚜并向杂草及各种田间作物寄主上迁飞扩散；5 月上旬为繁殖高峰期，田间为害最重，并产生有翅蚜和有性蚜，交尾产卵越冬。

防治方法：①清除虫源植物，播种前和生产中要清除田间及周边的杂草；加强田间管理，创造湿润而不利于蚜虫滋生的田间小气候。②选用喷施 50％辟蚜雾（抗蚜威）2000 倍液、50％灭蚜松乳油 1500 倍液、21％菊马合乳油 4000 倍液等均有良好效果。

4. 豆荚螟

豆荚螟又名豆荚斑螟，鳞翅目，螟蛾科。幼虫蛀荚为害，影响产量和品质。除西藏外，豆荚螟广泛分布我国各地。成虫体长 10～12mm，翅展 20～24mm；头、胸褐黄色，前翅褐黄色，沿翅前脉有一条白色纹，前翅中室内侧有棕红至金黄色宽带横纹；后翅灰白，边缘色泽较深；卵为椭圆形，初产乳白色，后转红黄色。幼虫共 5 龄，初为黄色，后转绿色，老熟幼虫背面紫红色，前胸背板近前缘中央有"人"字形黑斑，其两侧各有黑斑 1 个，后缘中央有小黑斑 2 个；气门黑色，腹足趾钩双环序；蛹长 9～10mm，黄褐色，臀刺 6 根。

广东一年发生 7 代，无明显越冬现象 4～5 月开始为害，6～9 月为害绿豆、豌豆等及豆科绿肥，10～11 月为害秋播大豆。干旱条件下发生量多，为害较重。成虫夜出，卵产于花瓣或嫩荚上，散产或数粒一起，每头雌成虫产卵 80～90 粒。幼虫孵化后，先在荚上吐丝做一丝囊，然后蛀入荚内，取食籽粒。老熟幼虫落于表土中结茧化蛹。卵期 3～6 天，幼虫期 9～12 天，成虫寿命 6～7 天。

防治方法：①及时清除田间的落花、落荚，摘除被害的卷叶和豆荚。②在豆田设黑光灯诱杀成虫。③用 1.8％阿维菌素乳油 2000 倍液或 40％灭虫清乳油每公顷 450mL，兑水 750～900kg 喷施。药剂防治从植株现蕾期开始，每隔 10 天喷蕾、花 1 次，可以有效控制为害。

5. 斜纹夜蛾

斜纹夜蛾又名莲纹夜蛾，鳞翅目，夜蛾科。幼虫取食叶片、花蕾、花及果实，严重时可将整片作物吃光。初孵幼虫群集取食，3龄前仅取食叶片的下表皮和叶肉，残留上表皮和叶脉，使被害叶片呈现网状。斜纹夜蛾在全国各地都有分布。成虫体长14～20mm，翅展35～40mm；头、胸、腹均深褐色，胸部背面有白色丛毛，腹部前数节背面中央具暗褐色丛毛；前翅灰褐色，内横线及外横线灰白色，波浪形，中间有白色条纹，自前缘向后缘外方有3条白色斜线，故名斜纹夜蛾；后翅白色，无斑纹；卵初产黄白色，后转淡绿，孵化前紫黑色。老熟幼虫体长35～47mm，头部黑褐色，腹部体色因寄主和虫口密度不同而异：土黄色、青黄色、灰褐色或暗绿色。

在我国华北地区一年发生4～5代，长江流域5～6代，福建6～9代。长江流域多在7～8月大发生，黄河流域多在8～9月大发生。成虫夜间活动，有趋光性，并对糖醋酒液及发酵的胡萝卜、麦芽、豆饼、牛粪等有趋性。卵多产于高大、茂密、浓绿的边际作物上，以植株中部叶片背面叶脉分叉处最多。初孵幼虫取食后形成透明的网状叶，易于识别；4龄后进入暴食期，多在傍晚出来为害。幼虫共6龄。老熟幼虫在1～3cm表土内筑土室化蛹，土壤板结时可在枯叶下化蛹。

防治方法：①采用黑光灯诱杀成虫。②利用成虫趋化性，在田间设置糖醋盆诱杀。③通常在幼虫3龄前为点片发生阶段，进行挑治，不必全田喷药。幼虫3龄后扩散，夜间活动，因此施药应在傍晚前后进。可选用15%菜虫净乳油1500倍液、5%抑太保乳油2000倍液防治。在卵孵化盛期可用20%除虫脲或25%灭幼脲悬浮剂500～1000倍液喷施。2～3龄幼虫用15%杜邦安打悬浮剂4000倍液或2.5%菜喜5000倍液喷雾。

6. 豆银纹夜蛾

豆银纹夜蛾又名黑点银纹夜蛾，鳞翅目，夜蛾科。幼虫取食叶片造成孔洞或缺刻，影响作物生长。豆银纹夜蛾分布于东北三省及河北、江苏、河南、陕西、宁夏、四川、湖南等省、自治区。成虫体长约 17mm，翅展 34mm，黑褐色。后胸及第 1、3 腹节背面有褐色毛块，前翅中央具显著的银色斑点及 U 形银纹，后翅淡褐色，外缘黑褐色。卵半球形，黄绿色，表面具纵横网格。末龄幼虫体长 32mm，头部褐色，两颊具黑斑，胸部黄绿色，背面具 8 条淡色纵纹，气门线淡黄色，胸足 3 对、黑色，腹足 2 对，尾足 1 对、黄绿色。我国北方地区一年发生 2～3 代。成虫在 6～8 月出现。有趋光性，卵散产或成块产于叶背，幼虫 6～8 月间为害绿豆、大豆、甘蓝、白菜、莴苣、向日葵等植物叶片。老熟幼虫在植株上结薄茧化蛹。

防治方法：可用 10％吡虫啉可湿性粉剂 2500 倍液或 2.5％抑太保乳油 2000 倍液，在幼虫低龄期喷施，隔 20 天喷 1 次，连续喷施 2 次。

7. 棉铃虫

棉铃虫又名棉铃实夜蛾，鳞翅目，夜蛾科。幼虫取食嫩叶，导致叶片缺刻或孔洞。棉铃虫广泛分布于全国各地。成虫体长 14～18mm，翅展 30～38mm，灰褐色。前翅具褐色环状纹及肾形纹，肾纹前方的前缘脉上有二褐斑纹，肾纹外侧为褐色宽横带，端区各脉间有黑点。后翅黄白色或淡褐色，端区褐色或黑色。老熟幼虫体长 30～42mm，体色变化很大，由淡绿、淡红至红褐乃至黑紫色，常见为绿色及红褐色。头部黄褐色，背线、亚背线和气门上线呈深色纵线，气门白色，腹足趾钩为双序中带。蛹长 17～21mm，黄褐色。

华北及黄河流域一年发生 4 代，长江流域 4～5 代，华南 6～8 代。以滞育蛹在土中越冬。黄河流域越冬代成虫于 4 月下旬始见，第一代幼虫主要为害小麦、豌豆等，其中麦田占总量70％～80％。第二代成虫始见于 7 月上中旬。成虫在夜间交配产卵，每头雌成虫平均产卵 1000 粒。幼虫经过 6 龄发育，3 龄以上幼虫常互相残杀。老熟幼虫在 3～9cm 表土层筑土室化蛹。

防治方法：①作物收获后进行冬耕冬灌，消灭越冬蛹。②推行棉麦套种，充分发挥天敌对棉铃虫的控制作用；使用 Bt 制剂及棉铃虫病毒制剂等生物药剂防治。③利用灯光或杨树枝把诱杀成虫。④在成虫产卵盛期，可选用喷施 2.5％抑太保 2000 倍液或卡死克乳油 1000 倍液、75％硫双灭多威可湿性粉剂 1500～2500 倍液、2.5％天王星乳油 3000 倍液、20％农绿宝乳油 1500 倍液。

8. 豆元菁

豆元菁又名白条芫菁、锯角豆芫菁。鞘翅目，芫菁科。成虫群聚，大量取食叶片及花瓣，影响结实。豆芫菁分布广泛，北起黑龙江、内蒙古、新疆，南至海南、广东、广西。成虫体长 10.5～18.5mm，宽 2.6～4.6mm，体和足黑色，头红色，具 1 对光亮的黑瘤。前胸背板中央和每个鞘翅中央各有一条由灰白毛组成的宽纵纹，小盾片、翅侧缘、端缘和中缝、胸部腹面两侧和各足腿节均被白毛，各腹节后缘有一条由白毛组成的宽横纹；触角黑色，基部 4 节粉红色。雄虫前足腿节端半部腹面密布金黄色毛，第一跗节基部细捧状，端部腹面向下强烈展宽呈斧状；雌虫的端部则不明显展宽。幼虫复变态，各龄幼虫形态不同。

在华北地区一年发生 1 代，湖北、湖南一年发生 2 代，均以 5 龄幼虫（伪蛹）在土中越冬，春季蜕皮后发育成 6 龄幼虫，再发育化蛹。成虫白昼活动，中午为活动高峰期，群聚为害，喜食嫩叶、心叶和花。成虫羽化后 4～5 天开始交配，交配后的雌虫继续取食一段时间，而后在地面 5cm 深的土穴产卵。卵期 18～21 天。孵化的幼虫从土穴内爬出，行动敏捷，4 龄幼虫食量最大，5～6 龄不需取食。

防治方法：①根据豆芫菁幼虫在土中越冬的习性，秋收后翻耕豆田，增加越冬幼虫的死亡率；根据成虫群集为害习性，可在清晨用网捕成虫，集中消灭。②药剂防治，可喷撒 2％杀螟松粉剂或 2.5％美曲磷酯（敌百虫）粉剂，每公顷用量 22.5～37.5kg；喷施 80％敌敌畏乳油 1000 倍液、90％美曲磷酯（晶体敌百虫）1000～2500 倍液。

9. 蛴螬

蛴螬是金龟子类害虫的幼虫，鞘翅目，金龟科。蛴螬取食豆类的须根和主根，虫量多时可将须根和主根外皮吃光，咬断，地下部食物不足时夜间出土为害近地面茎秆表皮，造成地上部枯黄。蛴螬分布全国各地。大黑鳃金龟成虫体长 16～21mm，体宽 8～11mm，长椭圆形，黑色或黑褐色，有光泽。触角 10 节，鳃片部 3 节呈黄褐色或赤褐色。前胸背板两侧缘呈弧状外扩，最宽处在中间。鞘翅上散生小刻点，每侧有 4 条明显的纵肋。腹部末端外露。老熟幼虫体长 35～45mm，身体弯曲，多皱纹。头部黄褐色，胸腹部乳白色，胸足 3 对。头部前顶刚毛，每侧各 3 根成一纵列，肛门孔三裂，腹毛区钩状刚毛散生。

大黑鳃金龟子在我国各地多为 2 年发生 1 代，分别以成虫和幼虫越冬。成虫在土下 30～50cm 处越冬，羽化的成虫当年不出土，一直在化蛹土室内匿伏越冬，到 4 月中下旬地温上升到 14℃以上时，开始出土活动。幼虫一般在土下 55～145cm 处越冬，越冬幼虫第 2 年 5 月上旬开始为害幼苗地下部分。连作地块发生较重，轮作田块发生较轻。

防治方法：①彻底清除沟渠及田边杂草，消灭蛴螬的繁殖场所。②适时浇水抗旱，可以降低卵孵化成活率，减少其为害。化学防治前先灌水抗旱，可极显著地提高化学防治效果。③轮作倒茬，可进行水旱轮作，能显著减轻为害。④药剂防治以播种期防治与幼虫孵化期防治为重点，配合成虫盛发期药剂防治，效果较好。播种时药剂处理，用 50％辛硫磷乳油进行种子拌种，是保护种子和幼苗免遭地下害虫为害的有效方法；或在播种时撒施 3％呋喃丹。作物生长期间防治蛴螬可进行土壤处理或灌根。每公顷50%辛硫磷乳油4500g，结合灌水施入土中；或用50%辛硫磷乳油3750g，加水15000～22500kg；或90%美曲磷酯（敌百虫）800倍液，在豆株旁开沟进行灌注，可取得良好的防治效果。

10. 大豆卷叶螟

大豆卷叶螟又名大豆卷叶虫、豆卷叶螟、豆蚀叶野螟。鳞翅目，螟蛾科。大豆卷叶螟以幼虫为害。幼虫将豆叶卷折，潜伏在其中取食叶肉，造成缺刻或使叶片穿孔，影响光合作用，组织受损后植株不能正常生长而减产。大豆卷叶螟成虫体长12mm左右，翅展25～26mm，前翅黄白色，外横线略呈锯齿形灰黑色纹，内横线亦有黑色波纹，中至外缘有一暗色斑。卵椭圆形或不正形，常两粒在一起。幼虫绿色，腹部背面毛片为两排，前排4个，中央2个稍大，后排2个稍小。蛹褐色，长15mm，腹部第5～7节背面各有4个突起，尾端有4个钩状刺。

大豆卷叶螟北方一年发生两代，南方4～5代。在北方6月上旬出现越冬代成虫，7月中下旬至8月末为产卵盛期，与下一代卵相重叠。幼虫为害盛期7月下旬至8月上旬，田间卷叶株率增加，发生严重的田块卷叶株率可达80%以上。8月中下旬进入化蛹盛期。成虫有趋光性，卵多产在植株下部叶片，第2代产卵部位多在绿豆上部叶片，卵期4～5天。幼虫3龄前喜食叶肉，不卷叶，1～3龄约10天左右。3龄后开始卷叶，4龄幼虫则将叶片全卷成筒状，潜伏其中取食为害，食量大增，有时把几片叶片卷缩一起。幼虫有转移为害习性，幼虫老熟后在卷叶内化蛹。大豆卷叶螟喜多雨湿润气候，一般干旱年份发生较轻。

防治方法：①种植早熟或叶毛较多的抗虫品种。②清除田间及周边杂草，减少虫源和虫卵寄生地。③在卵孵化盛期可选用25%天达灭幼脲1500倍液、50%杀螟松800～1000倍液、2.5%高效氯氟氰菊酯1500倍液、90%美曲磷酯（晶体敌百虫）1500

倍液等药剂喷雾防治。

11. **绿豆象**

绿豆象属鞘翅目，豆象科，分布全国各地。幼虫蛀荚，食豆粒，或在仓内蛀食贮藏的豆粒。绿豆象身体长椭圆形，长 3～4mm，宽 1.5～2mm。体色不一，有淡色型和暗色型之分，但多数是背面颜色大部分为褐色的淡色型绿豆象。复眼大，凸出。前胸背扳的前缘较后缘多，略成三角形，后缘中叶有 1 对被白色毛的瘤状突起，中部两侧各有一个灰白色毛斑。小盾片被有灰白色毛。触角 11 节，雄虫的触角为梳状，雌虫的触角为锯齿状，容易识别。幼虫长约 3.6mm，肥大弯曲，乳白色。多横皱纹。

绿豆象北方一年发生 4～5 代，南方可发生 9～11 代，成虫与幼虫均可越冬。成虫可在仓内豆粒上或田间豆荚上产卵，卵长约 0.6mm，椭圆形，淡黄色，半透明，略有光泽。每次可产 70～80 粒。成虫善飞翔，并有假死习性。幼虫孵化后即蛀入豆荚豆粒。蛹长 3.4～3.6mm，椭圆形，黄色，头部向下弯，足和翅痕明显。

防治方法：①绿豆量较少时，可将磷化铝装入小布袋内，放入绿豆中，密封在一个桶内保存。若存贮量较大，可按贮存空间每立方米用 1～2 片磷化铝的比例，在密封的仓库或熏蒸室内熏蒸，不仅能杀死成虫，还可杀死幼虫和卵，且不影响种子发芽。②也可在绿豆收获后，抓紧时间晒干或烘干，使种子含水量在 14% 以下，并且可使各种虫态的绿豆象在高温下致死。家庭贮存绿豆，可将绿豆装于小口大肚密封容器内，如可口可乐瓶、干爆瓶等，用时取出，不用时再密封，保存效果很好。

12. **大灰象甲**

大灰象甲又名大灰象虫、象鼻虫，鞘翅目，象虫科。分布全国各地。以成虫为害豆类、瓜类等作物的茎秆和叶片，严重时致植株死亡。大灰象甲成虫体长 7.3～12.1mm，宽 3.2～5.2mm，雌虫椭圆形，雄虫宽卵形。体淡褐色，密被灰白色、灰黄色或褐色鳞片。褐色鳞片在前胸中间和两侧形成 3 条纵纹；鞘翅卵圆形，末端尖锐，中间有 1 条白色横带，鞘翅各具 10 条刻点列。小盾片半圆形，中央具 1 条纵沟。前足胫节有端齿，内缘有 1 列小齿。雄虫胸部窄长，鞘翅末端不缢缩，钝圆锥形；雌虫腹部膨大，胸部宽短，鞘翅末端缢缩，且较尖锐。

大灰象甲 2 年发生 1 代，以成虫和幼虫在土中越冬。4 月中下旬越冬成虫出土活动，群集于桑树取食刚萌发的桑芽和幼叶。5 月下旬成虫产卵于土中，卵期 10～11 天，6 月上旬陆续孵化为幼虫。9 月下旬幼虫在土壤深处做土室越冬，一个世代需历时 2 年。成虫不能飞翔，有假死性、隐蔽性和群居性，取食时间多在 10 时以前和傍晚，以 16～22 时取食最多。

防治方法：①利用其群居性和假死性，人工捕捉。②虫口密度大时，可选用喷洒 90％美曲磷酯（晶体敌百虫）或 80％敌敌畏乳油 1000 倍液，50％辛硫磷乳油或 50％杀螟松乳油 1500 倍液。

13. **根蛆**

根蛆又名地蛆，是葱蝇、萝卜蝇、小萝卜蝇的总称，可为害多种蔬菜、豆类。成虫喜欢在未腐熟有机物上产卵。双翅目，花蝇科。幼虫从根部钻入，引起幼茎死亡，严重时造成整行成垄的缺苗。分布于全国各地。成虫比家蝇小，体长约 6mm；暗褐色，头部银灰色，胸背上有 3 条褐色纵纹，全身有黑色刚毛。翅透明，翅脉黄褐色。卵长椭圆形，稍弯曲，乳白色，表面有网纹。幼虫似粪蛆，乳黄色，体长 7～9mm，尾端有 7 对肉质突起。蛹长 4～5mm，椭圆形，黄褐或红褐色，尾端有 6 对突起。

在北方 1 年发生 3～4 代（历经卵—幼虫—蛹—成虫），南方5～6 代。一般以蛹在土中或粪堆中越冬，成虫和幼虫都可以越冬。翌年早春成虫开始大量出现，早、晚躲在土缝中，天气晴暖时很活跃，田间成虫数量大增。成虫喜欢群集在腐烂发臭的粪肥、饼肥及圈肥等有机物上，并在上面产卵。幼虫在地下根部与假茎间钻成孔道，蛀食心叶部，使组织腐烂，叶片枯黄、萎蔫乃至成片死亡。

防治方法：①顺垄开沟条施草木灰或随水施用氨水，每公顷120～150kg；也可大水漫灌。②用50％辛硫磷乳油1000倍液灌根杀灭幼虫，防止传播。在播种盖土前，每公顷用5％辛硫磷颗粒剂30kg，拌细土撒于种子附近，再盖土。③针对成虫，在早春成虫羽化盛期，喷施50％辛硫磷乳油800倍液，或2.5％敌杀死乳油4000倍液或20％氰戊菊酯5000倍液，上午9～11时喷药效果最好。

第六节　绿豆主栽品种介绍

1. 南绿1号

四川省南充市农业科学研究所选育。早熟，夏播生育期65天。株形紧凑，株高58～88cm。籽粒绿色有光泽，百粒重6.5～7.5g。蛋白质含量22％～26％，脂肪含量0.7％，淀粉含量48％。

2. 豫绿2号

河南省农科院选育。早熟，夏播生育期65天左右。株形直立较松散，株高65～70cm。籽粒绿色，有光泽，百粒重6.2g。

3. 潍绿1号

山东省潍坊市农业科学研究所选育。极早熟，夏播生育期约60天。株形直立紧凑，株高32～55cm。籽粒绿色无光泽，百粒重4.5g。抗旱、耐盐、耐瘠、抗叶斑病和花叶病毒病。

4. 大鹦哥绿522

吉林省白城市农业科学研究所选育。中熟，生育期100天。株形半直立，无限结荚，株高90cm。籽粒绿色有光泽，百粒重 6.6g。

5. 赤绿 1 号

内蒙古赤峰市农业科学研究所选育。中早熟，生育期 95 天左右。株高 70cm 左右，半直立，有限结荚，籽粒绿色有光泽，百粒重 4g。

6. 秦豆 6 号

陕西省农垦科研中心选育。早熟，生育期 75 天左右。株高 50cm，株形直立。籽粒绿色有光泽，百粒重 5.6g。

7. 辽绿 28

辽宁省农业科学院经济作物研究所从地方品种小丰的变异株中选育而成。特早熟品种，生育期 65 天。有限结荚习性，株高 56cm，株形紧凑，植株直立，叶卵圆形，叶色深绿，花浅黄色。主茎分枝 3～5 个，单株荚数 30～45 个，豆荚长 11cm，单荚粒数 13 个，荚扁圆形，成熟荚褐色。籽粒长圆柱形，色泽鲜绿有光泽，百粒重 6.0g。外观品质好，籽粒大小均匀一致，干籽粒蛋白含量 24.9%。结荚集中，成熟一致，不炸荚。抗叶斑病、枯黄萎病等，抗旱耐瘠。

8. 吉绿 4 号

吉林省农业科学院作物育种研究所以白 925 为母本，公绿 1 号为父本杂交选育而成。中熟品种，春播出苗至成熟 100 天，亚有限结荚习性，半蔓生型，株高 65～75cm。植株繁茂性好，幼茎紫色，根系发达，叶卵圆形，花黄色。单株分枝 2.5 个，主茎节数 8～10 个，单株结荚 10～20 个，豆荚长 10.9cm，单荚粒数 12 粒，荚圆筒形，成熟荚黑褐色。籽粒短圆柱形，鲜绿有光泽，白脐，百粒重 6.5g 左右。干籽粒蛋白含量 24.5%，脂肪含量 1.1%。抗旱性强，适应性广，抗叶斑病、霜霉病和灰斑病等叶部病害，后期不早衰。

9. 白绿 8 号

吉林省白城市农业科学院以外引材料 88012 为母本，大鹦哥绿 925 为父本杂交选育而成。中熟品种，从出苗到成熟 100 天左右。亚有限结荚习性，半直立，株高 80cm 左右。幼茎紫色，成熟茎绿色，叶卵圆形，花黄色。分枝 3～4 个，单株结荚 23～28 个，荚长 10～11cm，单荚粒数 12 粒左右，荚扁圆形，成熟荚黑褐色。籽粒长圆柱形，浅绿色，百粒重 6.8g；单株产量 18g 左右。干子粒蛋白质含量 25.1%。抗叶斑病，抗旱、耐瘠，适应性强。

10. 白绿 9 号

吉林省白城市农业科学院以大鹦哥绿 925 为母本，外引材料 88071 为父本杂交选育而成。中熟品种，从播种到成熟全生育期 98 天左右。无限结荚习性，株高 64.3cm 左右，半直立。幼茎紫色，成熟茎绿紫色，叶三角形，花黄色。分枝 3～4 个，单株结荚 29.0 个，荚长 11.9cm，单荚粒数 12.3 粒，荚扁圆形，成熟荚黑褐色。籽粒长圆柱形，种皮黄绿色，有光泽，百粒重 6.9g，干籽粒蛋白质含量 25.9%。抗叶斑病和根腐病。

11. 绿丰 5 号

黑龙江省农业科学院嫩江农业科学研究所以绿丰 1 号为母本，新品系绿选 18 为父本杂交选育而成。中晚熟品种，春播生育期 115 天，有限结荚习性，春播株高 70～80cm，直立生长。幼茎紫色，成熟茎深绿色，叶片心脏形，花黄色。主茎分枝 4～6 个，单株结荚 30 个左右，豆荚长 10～12cm，单荚粒数 10～12 粒，荚圆筒形，成熟荚黑色。籽粒短圆柱形，种皮黑绿色有光泽，百粒重 6.5g 左右。干籽粒蛋白含量 23.0%，淀粉含量 46.2%。

12. 高阳小绿豆

河北高阳县农家品种。夏播，生育期 75 天左右，直立或半蔓，种子绿色有光泽，百粒重 3.5g，耐病性强，适应性广，丰产性好，适宜种植密度 15 万～18 万株/hm²。

13. **冀绿 2 号**

河北省保定市农业科学研究所选育。早熟，夏播生育期65～70 天。株形直立紧凑，株高 52.3～57.3cm。籽粒绿色有光泽，百粒重 4.6～6.2g。抗旱、耐涝、耐盐、耐瘠，较抗叶斑病和食叶害虫。

14. **冀绿 7 号**

河北省农林科学院粮油作物研究所选育。早熟品种，夏播生育期 65 天，春播生育期 85 天，有限结荚习性，夏播株高 55cm，春播株高 50cm。株形紧凑，直立生长，幼茎紫红色，叶片卵圆形、浓绿色，叶片较大，花浅黄色。主茎分枝 3.6 个，主茎节数 8.2 节，单株结荚24.7 个，荚长 10.1cm，单荚粒数 11.0 粒，荚圆筒形，成熟荚黑色。籽粒长圆柱形，种皮绿色有光泽，白脐，百粒重 6.8g，籽粒较大。籽粒蛋白质含量 20.9%，淀粉含量 45.5%。一般产量为 1800kg/hm²，高产可达 3000kg/hm²，结荚集中，成熟一致，不炸荚，适于一次性收获。田间自然鉴定抗病毒病、叶斑病，抗旱、抗倒、耐瘠性较强。该品种高产、早熟、直立、结荚集中，成熟一致，不仅适宜单作，也适宜与棉花、玉米等作物间套种。

15. **冀绿 8 号**

河北省农林科学院粮油作物研究所以冀绿 2 号为母本，河南优资 92－53 绿豆为父本杂交选育而成。早熟品种，夏播生育期 66 天，春播生育期 77 天。有限结荚习性，夏播株高 50cm，春播株高 45cm。株形紧凑，直立生长，幼茎紫红色，成熟茎绿色，叶卵圆形、浓绿色，花浅黄色。主茎分枝 4.0 个，主茎节数 8.5 节，单株结荚 24.4 个，豆荚长 10.2cm，单荚粒数 11.0 粒，荚圆筒形，成熟荚黑色。籽粒长圆柱形，种皮绿色有光泽，百粒重 6.1g。干籽粒蛋白质含量 22.7%，淀粉含量 43.4%。结荚集中，成熟一致，不炸荚，适于一次性收获。田间自然鉴定抗病毒病、叶斑病，抗旱、抗倒、耐瘠性较强。

16. **冀绿 9 号**

河北省农林科学院粮油作物研究所以冀绿 2 号为母本、河南黑绿豆为父本杂交选育而成。早熟品种，夏播生育期 65 天，春播生育期 80 天。有限结荚习性，夏播株高 48cm，春播株高 43cm。株形紧凑，直立生长，幼茎紫红色，成熟茎绿色，叶卵圆形、浓绿色，花浅黄色。主茎分枝 3.6 个，主茎节数 8.3 节，单株结荚 24.6 个，豆荚长 9.1cm，单荚粒数 10.6 粒，荚圆筒形，成熟荚黑色。籽粒长圆柱形，种皮黑色有光泽，百粒重 5.2g。干籽粒蛋白质含量 21.9％，淀粉含量 39.3％。结荚集中，成熟一致，不炸荚，抗倒性强。

17. **晋绿 3 号**

山西省农业科学院小杂粮研究中心从亚洲蔬菜研究与发展中心亚洲区域中心引进品种"VC6089A"的变异单株选育而成。中早熟品种，春播生育期 90 天，夏播生育期 75 天。植株直立生长，株形紧凑，幼茎绿色，成熟茎绿色，叶卵圆形，花黄色。株高 60cm 左右，主茎分枝 3~4 个，单株结荚 20~30 个，豆荚长 8~10cm，单荚粒数 11.0 粒，荚扁圆形，成熟荚黑色。籽粒圆柱形，种皮绿色有光泽，百粒重约 6.0g，单株产量约 12g。干籽粒蛋白质含量 26.3％，淀粉含量 51.8％，脂肪含量 0.61％。结荚较集中，成熟一致，不炸荚，适于一次收获，抗绿豆象，抗旱、抗倒伏。

18. **中绿 1 号**

中国农业科学院作物科学研究所从亚洲蔬菜研究与发展中心亚洲区域中心引进绿豆材料"VC1973A"系统选育而成。早熟品种，夏播生育期 70 天左右。有限结荚习性，株高约 60cm，株形紧凑，植株直立抗倒伏，幼茎绿色，叶卵圆形，花黄色。主茎

139

分枝 2～3 个，单株结荚 10～36 个，多者可达 50～100 个，豆荚长约 10cm，单荚粒数 10～15 粒，荚扁圆形，成熟荚黑色。籽粒长圆柱形，种皮绿色有光泽，百粒重 7.0g 左右。干籽粒蛋白质含量 24.0%，淀粉含量 54.0%。一般产量 1500～2250kg/hm²。结荚集中，成熟一致，不炸荚，适于机械收获。抗叶斑病、白粉病和根结线虫病，耐旱、耐涝，后期不早衰。适应性广，我国各绿豆产区都能种植，春、夏播均可，不仅适于麦后复播，也适合与玉米、棉花、甘薯、谷子等作物间作套种。

19. **中绿 5 号**

中国农业科学院作物科学研究所用亚洲蔬菜研究与发展中心亚洲区域中心的绿豆品系 VC1973A 和 VC2768A 为亲本材料，通过人工有性杂交，选育而成的抗叶斑病绿豆品种。早熟品种，夏播生育期 70 天左右。植株直立抗倒伏，株高约 60cm，幼茎绿色。主茎分枝 2～3 个，单株结荚 20 个左右，多者可达 40 个以上。成熟荚黑色，荚长约 10cm，每荚 10～12 粒种子。籽粒碧绿有光泽，籽粒饱满，商品性好，百粒重 6.5g 左右。种子含蛋白质 25.0%、淀粉 51.0%。高产稳产，一般产量 1500～2250kg/hm²，高者可达 3000kg/hm² 以上。结荚集中，成熟一致，不炸荚，适于机械化收获。抗叶斑病、白粉病，耐旱、耐寒性较好。适应性广，在我国各绿豆产区都能种植，不仅适于麦后复播，还可与玉米、棉花、甘薯等作物间作套种。

20. **中绿 8 号**

中国农业科学院作物科学研究所选育。早熟品种，夏播生育期 75 天左右。植株直立抗倒伏，株高约 70cm，幼茎绿色。主茎分枝 2～3 个，单株结荚 25 个左右，每荚 12～14 粒，成熟荚黑色。籽粒碧绿有光泽，籽粒饱满，易煮熟，口感好，商品性好，百粒重 6.0g 左右。结荚集中成熟一致不炸荚，适于机械化收获。适应性广，在我国各绿豆产区都能种植，不仅适于麦后复播，还可与玉米、棉花、甘薯等作物间作套种。

21. **潍绿 5 号**

山东省潍坊市农业科学院以中绿 1 号为母本，以鲁绿 1 号为父本杂交选育而成。特早熟品种，夏播生育期 58 天。有限结荚习性，株形紧凑，直立生长，春播株高 35cm，夏播 50cm 左右，幼茎紫色，叶卵圆形，花浅黄色。主茎分枝 2～3 个，单株结荚 25～30 个，豆荚长 9cm，单荚粒数 10～11 粒，荚羊角形，成熟荚黑色。籽粒圆柱形，种皮绿色无光泽，百粒重 6.0g 左右。干籽粒蛋白质含量 26.2%，淀粉含量 50.6%。结荚集中，成熟一致，不炸荚，适于一次性收获。抗花叶病毒病和霜霉病、中抗叶斑病，抗倒伏，喜肥水，增产潜力大。

22. **郑绿 8 号**

河南省农业科学院粮食作物研究所以郑 92-53 为母本、冀绿 2 号为父本杂交选育而成。早熟品种，生育期 60 天，株形直立，茎粗抗倒伏。幼茎、成熟茎均为绿色，叶心形，花黄色。株高 46cm，主茎节数 7.4 个，主茎分枝 3～4 个。单株结荚 13～17 个，豆荚长 10.8cm，单荚粒数 11.8 粒，荚圆筒形，成熟荚黑色。籽粒圆柱形，种皮绿色有光泽，百粒重 5.7g，结荚集中，适合高密度种植。抗倒性好，抗根结线虫病，抗花叶病毒病、抗锈病及白粉病，适应地区广泛。一般产量可达 2250kg/hm^2。

23. **明光绿豆**

安徽省明光市地方品种。中熟品种，夏播生育期 90 天。有限结荚习性，夏播株高 70cm，植株紧凑，直立生长。幼茎紫色，成熟茎绿色。叶片卵圆形，花浅黄色。主茎分枝 2～3 个，单株结荚 30～35 个，豆荚长 10cm，单荚粒数 12～14 粒，荚羊角形，成熟荚黑色。籽粒圆柱形，种皮绿色有光泽，百粒重约 5.8g。干籽粒蛋白质含量 23.1%，淀粉含量 51.5%。结荚较集中，成熟不一致，不炸荚，适于多次收获。抗花叶病和霜霉病，中感叶斑病，抗倒伏，耐瘠薄、耐盐碱，耐旱性较强。一般产量为 1500kg/hm²。

24. 宝绿 1 号

安徽省合肥市丰宝农业科技服务有限公司选育。全生育期 87 天，植株直立，主茎分枝 4～8 个，有效分枝 3～6 个。单荚 9～15 粒，籽粒短圆筒形，色碧绿有光泽、皮薄，百粒重 5.8～6.5g，最高达 7.0g。耐瘠耐旱。一般产量为 2250kg/hm²。

25. 苏绿 1 号

江苏省农业科学院从亚洲蔬菜研究与发展中心亚洲区域中心引进绿豆品系 VC2768A 系统选育而成。有限结荚习性，株高 80cm，单株分枝 4～5 个，单株结荚 28～30 个，每荚 10～11 粒。种子百粒重 6g，种皮绿色，光泽强，易煮熟，口感好。全生育期夏播 65～70 天。抗倒伏，不游藤，不裂荚，可进行机械化收获。一般产量为 3000kg/hm²。

26. 苏绿 3 号

江苏省农业科学院蔬菜研究所从亚洲蔬菜研究与发展中心亚洲区域中心引进绿豆品系 V3726 系统选育而成。亚有限结荚习性，株高 55cm，单株分枝 2～3 个，单株结荚 14～15 个，每荚粒数 11.5 粒，百粒重 5.5g。籽粒绿色有光泽，种皮绿色，光泽强，易煮熟，口感好。早熟品种，在江苏省夏播全生育期 55～60 天。抗倒伏，成熟后不裂荚，易收获，商品性好。一般产量为 2000kg/hm²，高产田块可达 2500kg/hm²。

27. 苏黄 1 号

江苏省农业科学院蔬菜研究所从亚洲蔬菜研究与发展中心亚洲区域中心引进绿豆品种 Korea7 中系选而成。亚有限结荚习性，品种株高 45cm，单株分枝 5～6 个，单株结荚 20～22 个，每荚粒数 12.5 粒，百粒重 4.0g。种皮黄色，光泽强，易煮熟，口感好，成熟后不裂荚。早熟品种，在江苏省夏播全生育期 55～60

天。一般产量为 1500kg/hm² ，高产田块可达 2000kg/hm² 。

28. 苏黑 1 号

江苏省农业科学院选育。早熟品种，在江苏省夏播全生育期 55～60 天。亚有限结荚习性，株高 45cm，单株分枝 5～6 个，单株结荚 20～22 个，每荚粒数 10～11 粒，百粒重 4.0g。籽粒黑色有光泽，成熟后不裂荚，易煮熟，口感好。抗虫性强，对绿豆蚜虫抗性达中抗以上水平。

29. 鄂绿 3 号

湖北省农业科学院粮食作物研究所从亚洲蔬菜研究与发展中心亚洲区域中心引进绿豆品系 "VC1562A" 系统选育而成。早熟品种，夏播生育期 65～69 天，有限结荚习性。株形紧凑，茎秆粗壮直立，幼茎基部绿色，花黄色。株高 65.7cm，主茎有效分枝 2.9 个，单荚粒数 11.2 粒，豆荚长 10.6cm，荚圆筒形，成熟荚黑色。单株结荚 28.4 个，单株产量 21.3g，籽粒长圆柱形，种皮绿色有光泽，百粒重 6.7g。干籽粒蛋白质含量 23.1%，淀粉含量 53.9%。抗旱性、抗涝性较好，抗枯萎病，叶斑病轻。

30. 鄂绿 4 号

湖北省农业科学院粮食作物研究所选育，为一次性收获黑绿豆品种，早熟品种，夏播生育期 64 天。有限结荚习性，株形紧凑，直立生长。幼茎紫色，成熟茎绿紫色。夏播株高 47.2cm。主茎分枝 2～3 个，对生单叶叶形披针形，复叶叶形卵圆形。花蕾绿紫色，花黄带紫色。单株结荚 22～25 个，豆荚长 9.2cm，荚羊角形，成熟荚黑色，荚茸毛密，荚茸毛褐色，单荚粒数 10～14 粒。籽粒圆柱形，种皮黑色有光泽，白脐，百粒重 5.1g。干籽粒蛋白质含量 21.2%，淀粉含量 50.8%。结荚集中，不炸荚，适于一次性收获。抗病毒病和叶斑病，抗倒伏，抗旱、耐荫蔽性较强。一般产量 1650kg/hm² 。

31. 明绿 245

中国农业科学院作物品种资源所从内蒙古农家品种中筛选而成的绿豆品种。夏播生育期 65 天左右，直立或半蔓，植株生长整齐，成熟较一致，种子黄绿色有光泽，百粒重 5.0g 左右，适应性较广，适宜做豆芽菜。

32. 安丘柳条青

山东安丘农家品种。生育期 80 天左右，半蔓型，百粒重 5.5g，籽粒绿色无光泽，丰产性好。

33. 大毛里光

河南邓县一带农家品种，生育期 65 天左右，直立型，结荚集中，籽粒灰绿色无光泽，百粒重 5～6g，较抗病，耐旱，耐涝，丰产性好。

第三章 蚕豆高产栽培技术

第一节 概　述

　　蚕豆，因其豆荚形状似老熟的蚕或因在蚕老时成熟而得名，又称胡豆、佛豆、川豆、倭豆、罗汉豆等，系豆科蚕豆属，一年生或越年生草本，以其豆粒（种子）供食用。蚕豆蛋白质含量高，历来为人们所喜爱和珍视，同时还具有食用加工、饲用、药用、培肥地力、外贸出口等多种用途，在我国南方的食用豆产业中有着不可忽视的地位。

　　蚕豆原产于亚洲西南到非洲北部一带，第二起源中心为阿富汗和埃塞俄比亚。蚕豆在世界各地均有分布。以亚洲的栽培面积最大，非洲和欧洲次之。大多数国家以栽培饲用蚕豆为主，其次是粮用蚕豆，菜用蚕豆栽培较少。据联合国粮食及农业组织生产年鉴统计，世界共有 43 个国家生产蚕豆。从世界的蚕豆种植面积和总产量来看，主要生产国有中国、土耳其、埃及、埃塞俄比亚、摩洛哥、法国、德国、意大利、巴西和澳大利亚。蚕豆于汉代（公元前 2 世纪）张骞通西域期间传入我国，已有 2000 多年栽培历史。我国蚕豆以四川最多，其次为云南、湖北、江苏、浙江、湖南、青海等省。

　　我国是世界上栽培蚕豆面积最大的国家，种植地域极为广阔，从北边的内蒙古到南边的海南岛；自西北的新疆到东南的福建、广东，均有种植。为适应蚕豆生长发育的需要，长期以来，不同地区在蚕豆播种时间上形成了两种不同的播种时期，即秋播和春播。秋播蚕豆种植面积占全国总面积的90%，主要分布在云南、四川、湖北、江苏、浙江、湖南，即长江流域一带。春播蚕豆种植面积占全国总面积的10%，种植面积较大的省、区有甘肃、青海、内蒙古、新疆、西藏、河北等。近年来我国蚕豆的种植面积发展较快，尤其在南方地区，市场对鲜食蚕豆的需求量越来越大，相应的鲜食蚕豆生产也得到快速发展。

第二节　我国蚕豆分布特点及生产概况

一、我国蚕豆种植区划

1. 南方秋蚕豆区

本区是中国蚕豆主要产区，包括云南、四川、湖北、湖南、江苏、上海、浙江、安徽、福建、广东、广西、贵州、江西等省（区）；蚕豆播种面积约占全国总面积的90%，总产量占80%以上；特点是秋播夏收，生长季节较长，全生育期200天以上。本区又可分为3个亚区。

（1）南方丘陵亚区　包括福建、广东和广西。11月播种翌年4月收获，全生育期140~160天。

（2）长江中下游亚区　包括北纬28°~32°之间的上海、浙江、江苏、江西、安徽、湖北、湖南等省区，是我国蚕豆的主产区之一，栽培面积占全国总面积的37.4%。10月中下旬到11月上旬播种，翌年5月收获，全生育期200~230天。

（3）西南山地、丘陵亚区　包括云南、贵州和陕西的汉中地区，是我国蚕豆的主要产区之一，栽培面积占全国总面积的42.1%。蚕豆10月播种，翌年5月收获，全生育期210天。

2. 北方春蚕豆区

本区包括甘肃、内蒙古、青海、山西、陕西及河北北部、宁夏、新疆和西藏等省（区）；蚕豆栽培面积仅占全国总栽培面积的 10％左右，单位面积产量较高，总产量约占全国的 14％；特点是春播秋收，生长季节短，一年一熟。本区又可分为 3 个亚区。

（1）甘西南、青藏高原亚区 这是我国大粒型蚕豆产区，包括西藏、青海和甘肃西南部、陇中地区。蚕豆 3 月中旬到 4 月中旬播种，8～9 月收获，全生育期 150～180 天。

（2）北部内陆亚区 包括北纬 38°～44°的内蒙古、河北、山西、宁夏及甘肃河西走廊。蚕豆 3 月中旬到 5 月中旬播种，7～8 月收获，全生育期 100～130 天。本区又可划分为长城沿线小区、河套小区和河西走廊小区。

（3）北疆亚区 包括新疆天山南北地区，属大陆性干旱、半干旱气候。一年一熟，以小麦、玉米为主，蚕豆栽培面积较少。

二、我国蚕豆生产概况

中国是世界上蚕豆种植面积最大的国家，近几年平均年播种面积 $115.2 \times 10^4 hm^2$，占世界播种面积的 44％；总产量 $2043.7 \times 10^4 t$，占世界总产量的 47.6％；平均单产 $1774kg/hm^2$，略高于世界平均水平。由于我国大田生产区域生态环境条件复杂多样，形成了极其丰富的蚕豆品种类型。主产于青海、甘肃的大粒蚕豆（干籽粒百粒重 160～200g），年生产面积（2.0～3.0）$\times 10^4 hm^2$；主产于云南中西部一带的中粒蚕豆（干籽粒百粒重 80～120g），年生产面积 $12.0 \times 10^4 hm^2$；主产于云南东北部、南部一带的小粒蚕豆（干籽粒百粒重 50～70g），年生产面积 $4.0 \times 10^4 hm^2$；主产于云南保山一带的子叶绿色以及河北崇礼县一带的中厚中粒类型，具有优异膨化加工品质的蚕豆品种，生产规模

147

（1.2～2.0）×10^4 hm^2；主产于云南中南部、江浙和青海甘肃一带，分别在冬春、夏季和秋季上市的鲜销蚕豆等。也就是说，我国蚕豆大田品种在生产量、产品类型及上市时间上的供给力处于一个完全良好的组合态势。

我国种植蚕豆的历史悠久，主产区有云南到江苏沿长江流域各省及甘肃、宁夏和青海等省，分春播和秋播两大栽培类型分布，播种面积分别占12％和88％。播种面积最大的区域是西南的云南、四川、贵州，占全国种植面积的55％；其次是华东的江苏、浙江和华中的湖南、湖北及江西，占33％；青海、甘肃和河北占10％；其他省区占2％。

我国蚕豆以干豆生产为主，但在云南、上海、江苏靠近城市，交通便利的地区也开始转向生产鲜豆，运往北方城市供应市场。为了适应市场需求，许多科研单位专门选育适于鲜食、易贮运的蚕豆品种。

第三节　蚕豆的分类及其生态特征特性

一、蚕豆的分类

1. 按粒型分

（1）大粒型：百粒重120g以上，粒型多为阔薄型，种皮颜色多为乳白色和绿色两种，植株高大。大粒型资源较少，约占全国蚕豆品种资源数的6％，主要分布在青海、甘肃两省，其次是浙江、云南、四川。其代表品种有青海马牙、甘肃马牙等。这类品种对水肥条件要求较高，耐湿性差，种植范围窄，局限于旱地种植。其特点是品质好、食味佳美、粒大、商品价值高，宜做粮食和蔬菜，是我国传统出口商品。

（2）中粒型：百粒重70～120g，粒型多为中薄型和中厚型，种皮颜色以绿色和乳白色为主。中粒型资源最多，约占蚕豆总资源的 52%，主要分布在浙江、江苏、四川、云南、贵州、新疆、宁夏、福建和上海等地。其代表品种有浙江利丰蚕豆和上虞田鸡青等。这类品种的特点是适应性广，耐湿性强，抗病性好，水田、旱地均可种植，产量高，宜做粮食和副食品加工。

（3）小粒型：百粒重 70g 以下，粒型多为窄厚，种皮颜色有乳白色和绿色两种，植株较矮，结荚较多。小粒型资源约占蚕豆总资源数的 42%，主要分布在湖北、安徽、山西、内蒙古、广西、湖南、浙江、江西、陕西等地。代表品种有浙江平阳早豆子、陕西小胡豆等。这类品种比较耐瘠，对肥水要求不甚严格，一般作为饲料和绿肥种植，也可加工为多种副食品。

2. 按生态类型分

在生态上，我国蚕豆可以分为春性和冬性两大类型。

（1）春性蚕豆：分布在春播生态区，苗期可耐 3℃～5℃ 低温。如将春性蚕豆播种在秋播生态区，不能安全越冬，即不耐冬季 −2℃～−5℃ 低温。春性蚕豆品种资源约占全国蚕豆总资源数的 30%，其中大粒型约占 15%、中粒型约占 50%、小粒型约占 35%。在全国大粒型品种资源中，春性占 70%。

（2）冬性蚕豆：分布在秋播蚕豆生态区，苗期可耐 −2℃～−5℃ 低温，可以在秋播区安全越冬。主茎在越冬阶段常常死亡，翌年侧枝正常生长发育。冬性蚕豆品种资源约占全国蚕豆资源总数的 70%，其中大粒型约占 3%、中粒型约占 55%、小粒型约占 42%。

3. 按种皮颜色分

（1）青皮蚕豆（绿皮蚕豆）：如浙江上虞田鸡青（绿皮）、四川成胡 10 号（浅绿色）、江苏启豆 1 号（绿色）、云南丽江青蚕豆（青皮）、云南楚雄绿皮蚕豆等，这类品种以南方秋播地区为多。

（2）白皮蚕豆：如甘肃临夏大蚕豆、青海 3 号、浙江慈溪大白蚕、湖北襄阳大脚板、云南昆明白皮豆等，这类品种以北方春播地区为多。

（3）红皮蚕豆（紫皮蚕豆）：如青海紫皮大粒蚕豆、内蒙古紫皮小粒蚕豆、甘肃临夏白脐红、云南大理红皮豆、云南盐丰红蚕豆等。

（4）黑皮蚕豆：如四川阿坝州黑皮种，适宜春播地区种植，能耐低温。

二、蚕豆的植物学特征

1. 根

蚕豆的根为圆锥根系。种子萌发时，先长出一条胚根，随着胚根尖端生长点的不断分裂生长，形成圆锥形的主根。主根粗壮，入土可达 100cm 以上。主根上生长着很多侧根，侧根在土壤表层水平伸长至 35～60cm 时向下垂直生长，可深达 60～90cm。蚕豆的主要根群分布在距地表 30cm 以内的耕层内。

蚕豆的主根和侧根上有根瘤菌共生，形成根瘤。根瘤呈长椭圆形，常聚生在一起，粉红色。蚕豆的根瘤菌可和豌豆、扁豆互相接种。

2. 茎

蚕豆的茎秆直立，呈四棱形，表面光滑无毛，中空多汁，维管束大部分集中在四棱角上，使植株坚挺直立，不易倒伏，株高一般 30～150cm。蚕豆幼茎的颜色是苗期鉴别品种、进行田间去杂提纯的重要标志。一般绿茎开白花，紫茎开紫红色或淡红色花。蚕豆成熟后茎变为黑褐色。

蚕豆茎上有节，节是叶柄、花荚或分枝的着生处，不同品种节数不同。

蚕豆分枝习性强，主、侧茎基部易生分枝，植株分枝多少与品种、播种期、密度和土壤肥力等因素有关，一般为 3～8 个分枝，有时更多。但中上部节间出现的分枝一般不能正常发育结实，为无效分枝。主茎基部两个节间生长的两个分枝有明显的生长优势。

3. 叶

蚕豆的叶有子叶和真叶之分。子叶两片，肥大，富含营养物质，因下胚轴没有延伸性，故发芽时子叶留在土中。真叶互生，为偶数羽状复叶。每片复叶由小叶、叶柄和托叶构成；小叶椭圆形，肥厚多肉质，叶面灰绿色，叶背略带白色。小叶数由植株基部向上逐渐增多。随着生殖生长的加快和籽粒的充实，小叶数又逐渐减少，小叶面积也逐渐缩小，植株顶端的小叶退化成短针状。托叶两枚，近似三角形，紧贴于茎与叶柄交界处的两侧，背面有一紫色斑点状退化的蜜腺。

4. 花

蚕豆的花为短总状花序，着生于叶腋间的花梗上。每一花序上聚生 2～6 朵花，但落花很多，能结荚的只有 1～2 朵。花蝶形，由花萼、花冠、雄蕊和雌蕊组成，花冠多为白紫色，也有全白色的，翼瓣中夹有一个黑色大斑点。花色可作为鉴定不同品种的特征，也有用花色命名的。

蚕豆的花器紧密，花药开裂早，花粉撒在龙骨瓣内，故大部分花为自花授粉，但也有一些植株花朵的龙骨瓣对花柱包被不严，或因昆虫采蜜传粉，导致有 20%～30% 的异交率。

每株蚕豆的开花顺序是自下而上进行的，8 时左右开花，17～18 时闭合。单朵花开放 1～2 天，全株花期 2～3 周。开花后胚珠的平均受精率仅为 33% 左右，落花率高。

5. 果实

蚕豆的果实为荚果，由一个心皮组成。豆荚扁平，呈筒状，形似老蚕。单株结荚 10～30 个或更多。荚果细嫩时荚壁肉质多汁，内有丝绒状绒毛，荚面绿色。荚成熟后因所含酪氨酸氧化而变为黑色。每荚有种子 2～4 粒，少数 7～8 粒。荚果成熟时沿背缝线处开裂。

蚕豆的种子由受精的胚珠发育而成，种子扁平、椭圆形，表面略有凹凸。种子颜色光泽因品种而异，有青绿、白灰、绿、褐、黄等色。种皮中因含有凝缩单宁而略具涩味。种皮内包着两片肥大的子叶，多为淡黄色，也有绿色。子叶富含蛋白质、淀粉等营养成分，供幼苗出土及初期生长。种子大小因品种不同差异较大。

三、蚕豆的生态特性

蚕豆株高 30～180cm，根系较发达，具有根瘤菌，能固定空气中氮素。茎直立，四棱，中空，四角上的维管束较大，羽状复叶，自叶腋中抽生花序，总状花序，花蝶形，荚果，种子扁平，略呈矩圆形或近于球形。蚕豆性喜冷凉，发芽和生长适温16℃～20℃，在 5℃～6℃时可缓慢发芽，25℃以上高温发芽率显著降低，幼苗能忍受短期－4℃低温，－6℃时则植株死亡。开花结实适温 12℃～20℃，8℃以下、25℃以上开的花往往不结荚。花芽开始分化时若遇高温，尤其是夜高温，开花节位会抬升。

蚕豆为长日照作物，在长日照下能促进生长发育、成熟和收获期提前，从南向北引种时，生育期逐渐变短，反之则延长。但也有对日照反应不敏感的中间型品种。蚕豆整个生长期间都需要充足的阳光，尤其是开花结荚期和鼓粒灌浆期。一般向光透风面的分枝健壮，花多、荚多，若种植密度过大，株间互相遮光，会导致蚕豆花荚大量脱落。因此，栽培上要合理密植，使其有一个合理的群体结构，对提高产量有明显的效果。

蚕豆喜温暖湿润气候，不耐旱、涝，对水分要求适中，但土壤过湿易生立枯病和锈病。蚕豆对土壤的适应性比较强，能在各

种土壤中生长，最适宜的是土层深厚、有机质丰富、排水条件
好、保水保肥能力较强的黏质壤土。沙土、沙壤土、冷沙土、漏
沙土因肥力不足，保水力差，植株生长瘦小，分枝少，产量低。
如果在这些土壤上增施农家肥料，提高土壤肥力，保持土壤湿
润，也能使蚕豆生长良好。蚕豆适应土壤酸碱度的范围为 pH 值
6.2～8.0，耐碱性较强，沿海一带盐碱地也能种植蚕豆。过酸土
壤抑制根瘤菌繁殖和根际微生物活动，因此蚕豆在酸性土壤中生
长不良，容易感病。在酸性土壤种植蚕豆，需要施用石灰中和
酸性。

第四节 蚕豆种植制度与高产栽培

一、蚕豆的种植制度

1. 秋播鲜食蚕豆种植模式

近年来，在农业结构战略性调整中，由于蚕豆改收干为收
青，不仅增加了经济效益，而且还缩短了生育期。把鲜食蚕豆的
生产优势与间套种耕作优势相结合，形成了以鲜食蚕豆为主的多
元多熟高效种植模式。鲜食蚕豆高效种植模式有（注："＋"为
间作，"／"为套作，"—"为复种，下同）：

（1）鲜食蚕豆＋经济绿肥／青玉米—秋季青玉米＋秋毛豆。
这种茬口属粮、经、饲、蔬四元三熟间套复种类型。鲜食蚕豆和
春玉米既可作粮食收干，也可作鲜食菜用。经济绿肥和作物鲜品
既是经济作物，又是蔬菜。玉米收青后的秸秆可作奶牛、山羊的
青饲料。

茬口安排：一般采用 1.33m 组合，秋播时种一行蚕豆和一
行苜蓿或豌豆等经济绿肥间作。4 月上旬绿肥埋青作玉米基肥；
3 月中旬春玉米地膜覆盖播于蚕豆空幅中，青蚕豆 5 月上市，其

秸秆还田；7月青玉米上市后（或8月初收干）于8月10日左右复种秋季青玉米和秋毛豆。

经济效益：这种茬口，全年每公顷产青蚕豆荚10500kg、豌豆（或苜蓿）绿肥2000～3000kg、春季青玉米穗11250kg，秋季青玉米9750kg和秋毛豆9750kg，全年每公顷产品销售额为33000～37500元。

品种选择：蚕豆选用商品性好、产量高的通蚕（鲜）6号或通蚕5号、大白皮蚕豆；经济绿肥一般选用鲜草产量高、适口性好的海门白豌豆（白玉豌豆）或黄花苜蓿；春、秋青玉米宜选择苏玉糯1号、2号，或通玉糯1号，紫玉糯、沪玉糯等；秋毛豆选用通豆5号或通豆6号。

（2）鲜食蚕豆＋冬菜/春玉米（收干）＋赤豆/甘薯或秋季青玉米。这种茬口与第一种茬口相似，仅以花菜、荠菜等冬菜代替经济绿肥，春玉米改为收干，且玉米棵间夹种赤豆，晚秋套种粮饲兼用的甘薯或秋季青玉米。

茬口安排：采用1.4m组合。秋播时种1行蚕豆，行间夹种1行花菜、荠菜或青菜等冬菜。冬菜收获后，于4月初播种1行青玉米，同时每3穴玉米中间种1穴赤豆。6月底在玉米行两侧起垄栽种2行甘薯，或在8月上旬套种秋季青玉米。

经济效益：这种茬口，全年每公顷产青蚕豆荚10500kg，干玉米籽7500kg，甘薯37500～45000kg或秋季青玉米棒9750kg，赤豆1125kg。冬菜产值4500元左右。全年每公顷产品销售额为33000～37500元。

品种选择：蚕豆、春玉米、秋玉米等同前，赤豆选用大红袍良种，甘薯选用鲜食烘烤型的苏薯8号或"水梨"甘薯。

（3）秋菠菜—鲜食蚕豆/苋菜—春玉米＋赤豆/花生或芝麻。这种茬口属粮、菜、特用杂粮、时鲜产品四元三熟五种五收间套复种。其中蚕豆、春玉米和花生既可收干，也可鲜品上市。秋菠

154

菜和苋菜为日本引进品种，其产品经初加工后出口。

茬口安排：采用 1.33m 组合。9 月初每个组合种 6 行秋菠菜。10 月下旬秋菠菜收获后，每个组合复种 1 行鲜食蚕豆，同时间作 2 行春苋菜。3 月中旬苋菜收获后套种 1 行地膜春玉米，5 月中旬青蚕豆上市后，在玉米行间套种 1 行芝麻或花生。

经济效益：该茬口秋菠菜每公顷产量 30000kg，产值 15000元；春苋菜产量 6000kg，产值 5200 元；青蚕豆荚 9000kg，产值 6300 元；春玉米收干 7500kg，产值 7500 元，如收青产量 11250kg，产值 11250 元；如套种芝麻，产量 750kg，产值 4500元。如套种花生，产青花生 3750kg，产值 6000 元左右。合计每公顷全年产值 39000~45000 元。

品种选择：秋菠菜选用日本急先锋等大叶品种，苋菜选用日本春华苋菜品种，芝麻可选用千头黑芝麻品种，其余品种同前。

（4）鲜食蚕豆＋山药—青毛豆：本茬口把山药与鲜食蚕豆、青毛豆合理配茬，在露地栽培的条件下，获得每公顷产值 120000 多元的好收入，效益比较显著，且种植难度不大，产品市场前景好，宜推广种植。

茬口安排：本茬口 2.4m 一个组合，寒露节后在 1.2m 内播种 2 行鲜食蚕豆，翌年 5 月上中旬上市。第二年立春以后在蚕豆行间 1.2m 空幅上种植 2 行山药。鲜食蚕豆上市后，腾茬种植 3行收青毛豆，于 9 月上中旬上市。

经济效益：一般每公顷产青蚕豆籽 6000kg，产值 9000 元；每公顷产山药 37500kg，产值 105000 多元；每公顷产青毛豆荚 6000kg，产值 12000 元。全年三茬合计产值 126000 元左右。

品种选择：鲜食蚕豆选用通蚕（鲜）6 号；山药选用海门山药；青毛豆选用通豆 5 号、通豆 6 号。

2. 春播蚕豆的种植制度

（1）轮作：蚕豆不宜重茬连作，连作常使植株矮小，结荚减少，病害加重，产量降低。蚕豆一般只能种一年，最多只能连作两年。所以，合理轮作是蚕豆高产的关键。北方春播地区，一年一熟为主，其轮作方式有：

小麦—小麦—蚕豆；

小麦—玉米—小麦—蚕豆；

小麦—蚕豆—马铃薯—玉米。

不论哪种轮作方式，其共同的原则是因地制宜，安排好蚕豆与其他作物的种植面积比例，发挥优势，促进各种作物持续稳产、高产。另外，除作物之间应轮作外，蚕豆的前作与后作不应为豆科作物，这不但能增产，还能减轻病害。

（2）间作、套种：为充分利用土地和光照，蚕豆常与非豆科作物实行间作套种。例如蚕豆与小麦、马铃薯间作，与甘薯、棉花套种。此外，还可在果园中、田埂上种蚕豆，收获青豆，茎叶作绿肥也十分普遍。

二、蚕豆高产栽培技术

1. 秋播蚕豆高产栽培技术

（1）土地选择　蚕豆对土壤的适应性较广，但为求优质高产，仍应选择土壤含有机质丰富，土层深厚、排水良好的黏质壤土或沙质壤土，较能获得理想收成。蚕豆产区应远离污染严重的化工厂、油漆厂或造纸厂，一般不少于 1.0km，以防止空气污染和水资源污染对其质量的影响；未发现有明显农药污染、生物化学物质污染和放射性物质污染；未发现土壤有明显缺素症状，具有农产品优质生产的基本条件。

蚕豆生产地应为前两茬未种过豆科作物的土地，以有效控制豆类作物根腐病和豆类作物化学物质对蚕豆根系生长的障碍。必须与非豆科植物实行 3 年以上轮作，水稻田亦需间隔一年，因为蚕豆根瘤菌分泌的有机酸在土壤中积累，不利于根瘤菌发育。有条件时尽可能实行水旱轮作，以减少病、虫、草害发生基数，减少田间用药次数和剂量。改良土壤理化性状，增强土壤有机养分矿质化、有效化和营养持续化。前茬作物可为水稻、玉米、棉花、白菜、萝卜，也可与小麦、油菜、芥菜等间套作，间种于幼龄果树和桑树间隙地，可以充分利用土地，提高地力。合理轮作是节约能源、保护环境、促进农业持续发展的重要举措。

（2）开沟整地　蚕豆根系入土较深。大田收完前茬作物，应深耕 20～25cm，保水弱地力较差的土壤，可整地成厢；低湿黏质土可作成狭高垄，每垄播种 1 行；若排水较好，可作成宽1.5～2.0m 的高厢，播种数行，行距 50cm，株距 25～30cm。也可实行宽窄行配置，做到密中有稀，稀中有密，促进群体增产，宽行 70～80cm，窄行 50cm，穴距 20cm，穴播 2～3 粒种子。高产栽培下的蚕豆地，应是围沟、腰沟、厢沟三沟配套，厢宽1.5～2.0m，厢沟宽 30cm，深 25cm，围沟宽 40cm，深 35cm，田间每隔 30m 开一条腰沟，腰沟宽 40cm，深 35cm，确保雨住田干，不留积水。

整地时，应施足基肥，每公顷施腐熟堆厩肥 15～30t，过磷酸钙和草木灰各 750kg，或施 15＋15＋15（45％）三元复合肥750kg，复合肥可与充分腐熟的农家肥混合后，进行穴施，效果较好。

（3）播种　蚕豆不耐严寒，长江流域及其以南地区冬季气温一般不低于－5℃，幼苗可在田间安全越冬，因此长江流域多在10 月中旬到 11 月上旬，当地平均气温降到 9℃～10℃时播种；华南地区冬季气温较高，不存在冻害问题，9～11 月均可播种。秋播适时，春前有效分枝多，分枝健壮，春后荚多、粒多、粒重、高产，若过早播种，植株生长过嫩，易受寒害；延迟播种，由于前期生育期短，营养体生长差，也影响产量。播种前进行粒选，选择符合所栽品种特征的干粒作种，淘汰皮色发黑，豆粒小和有虫的种子。一般采用穴播，植株高大分枝多，生长旺盛的品种，在较肥沃的土壤上播种时，密度宜小些。一般行距60～80cm，穴距30～35cm，每穴留双株或条播按20cm株距留苗。分枝少的品种，或在肥力较差的田块上，则可适当加大密度，行距40～50cm，穴距20～30cm，每穴留双株或条播时株距15cm。播种过密，通风透光不良，易落花落荚，导致减产。蚕豆适宜与粮、棉或蔬菜间作套种，以提高土地利用率。沙土播种偏深，黏土、壤土偏浅，一般每公顷用种量约为150～300kg。

（4）田间管理　播种后灌水中耕促早发，在我国南方地区，适期播种的蚕豆（10月初至10月20日）多值干旱时节，播后应及时灌水，促进早出苗，早生长，及早利用光能和地力。蚕豆种子大，吸水力强，在秋冬雨水少，土壤干燥的地区，播种后1～2天要充分供水，可促进早发芽，早齐苗。冬前幼苗生长达3～4片真叶时，豆种所贮养分消耗殆尽，而根瘤尚未形成，幼苗生长缓慢，叶色转黄时，应及时追肥。可促进早分枝，多分枝，使前期生长良好，每公顷可追施人畜粪尿1100kg或尿素150kg左右。

蚕豆苗期耐旱力较强，苗期在未封行前需进行中耕，增强土壤保湿和通透性，为根系和根瘤发育创造良好的条件，中耕的同时结合除草、培土、清沟，以利排灌。在培土时增施钾肥，可提高植株的抗寒能力。蚕豆中期耐旱力弱，开花期是干旱临界期，干旱地区和干旱年份灌溉增产显著，故秋播蚕豆第二年早春开花期的中耕保湿是增产的关键。在干旱地区和干旱年份，现蕾开花前，开始小灌水，结合灌水追施速效氮肥，加速营养生长，促进分枝，随后松土保湿；待基部荚果已坐住，灌水量可稍大，并追施磷、钾肥，结荚数目稳定，植株生长减缓时，减少水量，防止倒伏。

蚕豆花荚期由于营养生长和生殖生长均很旺盛，施用钾肥可减少落叶、落荚；但应注意氮、磷、钾的配合使用，偏施氮肥，茎叶徒长，影响坐荚；此外，在始花期追施一定的钾肥，或喷施200mg/kg 的增产灵，对提高结荚率和有效荚率有较好的效果。

蚕豆比较耐湿、耐盐，能在水稻田埂上间种；但如土壤过湿，易发生立枯病和锈病，在有机质多、保水保肥力强而较湿润肥沃的黏质壤土中生长良好。秋播蚕豆的植株主茎开花结荚数少于基部 2～3 个分枝的结荚数，坐果率也低，因此摘除主茎顶端及其少量花荚，可改善植株体内营养状况，增加分枝及其花荚数，延长开花期，提高坐果率。

蚕豆植株有近一半的分枝为不显蕾、不开花、不结实的无效分枝，过多的分枝将会使植株营养生长过旺，消耗营养物质多，限制产量提高。合理整枝，可改善田间通风透光条件，减少病虫危害和养分的过多消耗，调节植株内部养分的合理分配，保证蕾、花、荚营养良好，提高坐果率，增加粒重和促进早熟。

在蚕豆有 6～7 个小叶组成的复叶出现时（一般约 16 节左右），是不孕花开始产生的标志特征，可以在 16 节左右时摘心，方法是摘去茎顶 3～6cm 为宜，摘心要在晴天阳光下进行，以免阴雨天伤口感染而引起腐烂。

（5）蚕豆落花落荚的原因及防止方法　蚕豆在花荚期的落蕾、落花、落荚常在 90％以上，是目前生产上一大问题，通常认为蚕豆有产生无效蕾、花、荚的特征。一方面，播期不适当，花期遇低温或高温，空气和土壤湿度过低、过高；另一方面，种植密度过大，养分供应不足，光照不足，均是造成落花落荚的原因。根据蚕豆花序是由茎枝下部向上开放的特点，去除结荚率低的顶尖，保证中、下部的花荚发育。通过整枝打顶，调节营养分配，保证花荚发育所需养分，减少落花落荚。除使用正确的农业措施调整外，还可合理供应肥水，防止干旱、缺肥和病虫害，春天植株返青后，从现蕾到初花期正是植株旺盛生长时期，每公顷施尿素和氯化钾各 75kg，以满足茎叶生长和蕾、花发育的需要；开花结荚期，植株生长发育较旺盛，花荚大量出现，茎叶继续生长，需要供应充足的肥水，叶面喷洒 0.1％硼酸和 10～20mg/kg 的萘乙酸混合液，使植株生长健壮，提高植株叶绿素的含量，进而提高光合效率，养根护叶，提高结荚率，减少落花落荚。开花结荚初期，每公顷施碳铵 225～300kg；结荚后期叶面喷 0.3％～0.5％磷酸二氢钾、1％尿素和 0.02％硼酸混合液；保持土壤 40％～50％的含水量，防止早衰，增加单荚粒数和粒重。

（6）及时采收　蚕豆品种多为有限结荚习性，是典型的长日照作物，春天，日益缩短的黑夜强烈地刺激着它开始生殖生长，大多数品种均在 3 月中下旬开花，5 月初成熟。采收鲜荚的最佳时期为盛花后 25 天左右，必须做好采收和鲜荚加工的各项准备工作，以便在最佳采收期集中采收，集中加工。根据食用青豆粒和干豆粒而掌握好适宜的采收时期，保证优良的品质。食用青豆粒若采收过迟，豆粒中糖分和维生素 C 明显减少，淀粉增加，品质变劣。青荚在植株下部叶片开始变黄、中下部嫩荚已充分长大、荚面微凸或荚背筋刚明显褐变、豆荚增重至最大、种子已肥大但种皮尚未硬化时，为食用青豆粒最佳采收期，分 2～4 次收获。干豆粒在中下部荚果变黑褐色且干燥时采收。

蚕豆采收后余下的豆秆是很好的饲料，可切碎后加盐、加压，制成青贮饲料，加盐比例一般为蚕豆茎秆重量的 0.4％～0.5％。也可整株拔起后切碎，埋入土中，是极好的有机肥料。一般每公顷产 15000kg 鲜豆荚，相应的鲜茎秆有 30000～37500kg，埋入土中产生的肥力相当于 30kg 复合肥，而且是一种很好的平衡肥料。合理利用这种宝贵的绿肥，是现代农业持续发展的重要措施。

2. 春播蚕豆高产栽培技术

（1）整地　蚕豆是深根系作物，在疏松肥沃的土壤中才能发育良好。蚕豆春播区主要在我国冬季气温偏低，秋播蚕豆不能越冬的北部和西北部，具有春季干旱少雨的气候特点。春播蚕豆利用冬闲地，在冬前深耕晒垡。秋茬作物收后要深耕 15～20cm，播种前再浅耕 7～10cm，并进行耙地，使下层土壤紧密，上层土壤疏松，有利于消灭杂草，减少土壤水分蒸发。

（2）适时播种　选粒大、饱满，色泽鲜明，无病虫害，符合本品种特性的老熟籽粒作种子。播种前将种子晒 1～2 天，以提高发芽率，提早出苗。根据春蚕豆生长发育对温度的要求，根据当地气温回升的快慢，当气温稳定在 0℃～5℃时，力争适时早播，可提高产量。海拔 1600～1800m 的地区，通常在 3 月上旬气温已稳定通过 0℃，海拔每升高 100m，稳定通过 0℃的日期推迟 2～3 天。因此，可用此方法推算出本地区蚕豆适宜的播种期。春蚕豆的播种期一般是 3 月上旬至 4 月上旬，8～9 月收获，全生育期 120～150 天。

播种方法可采用开沟条播和点播。点播行距 40～50cm，株距 30～35cm。条播行距一般 50cm，以宽窄行播种为宜，宽行 60～70cm，窄行 30～40cm，株距 15cm。蚕豆子叶大，不出土，一般播深 7～10cm。如为间、套种，株行距视间、套作物而定。

（3）中耕除草　当幼苗高 7～10cm 时，进行第一次中耕除草，在行间中耕深些，植株周围中耕浅些。第二次中耕在开花之后、封垄之前进行，注意勿碰落花朵影响结荚。

（4）合理施肥　首先施足底肥，增施磷、钾肥。每公顷施腐熟厩肥 22.5～30.0t，磷肥 300～375kg，草木灰 3750～7500kg。春蚕豆幼苗期根瘤尚未形成固氮时，需从土壤中吸收氮，特别是薄地，一般应施入少量速效氮肥，以促进根系和幼苗生长。开花结荚期重施花荚肥，有利于保花、增荚、增粒重，是提高蚕豆产量的一项重要措施。一般以初花期施肥为宜，每公顷施尿素75～150kg，过磷酸钙 150～225kg，缺钾地块还要增施钾肥。

开花结荚期还可采用叶面喷肥（根外追肥）的方法，增产效果明显。具体方法是：将过磷酸钙以 1：5 的比例浸泡在水中，搅拌均匀，放置一昼夜，再将上部澄清液全部倒出，加水配成 1%～2% 的水溶液，过滤后即可喷施。连喷 2～3 次。叶面喷施一般在阴天或晴天 17 时以后进行，此时已避开开花高峰期，水分蒸发也较慢，有利于叶面吸收。如喷肥后降雨，要重新喷施，雨水的冲刷会丧失肥效。

（5）灌溉　每年 11 月至翌年 5 月是春播蚕豆区的旱季，这时风大，水分蒸发量大，土壤干旱，即使在 6～9 月的雨季，有的地区降雨量也很少，因此有无灌溉条件对蚕豆的产量影响很大。蚕豆各生育期对土壤的水分状况有不同要求，通常苗期需水较少，开花结荚鼓粒期需水最多，成熟期需水又较少。花期是春蚕豆需水临界期，此时应保持一定的土壤湿度，否则会严重影响花荚正常生长发育，导致大量落花，影响产量。

（6）打顶　适时打顶是蚕豆高产措施之一，但操作方法一定要得当。打顶时间一般在盛花期，以主茎 1～2 层花序出现时进行。打顶应注意以下几点：第一，打顶要在晴天进行，否则易发生霉烂。第二，摘蕾不摘花，已开花或快开花的节位处不打。第三，叶片展开的部位不宜打，打顶尖要以看不见茎空心为宜，即只打顶尖实心部位，以免雨水灌心，造成不良影响。

（7）采收　适时采收是确保鲜豆商品性、最大限度提高产值的关键。当豆荚饱满、豆粒充实、籽粒皮色呈淡绿色、种脐尚未转黑为最佳采收期。一般自下而上分 3～4 次采收，每次间隔 7～8 天。采收时不要伤及茎秆，以免影响后期植株生长。采收、运输、上市要做到及时、迅速、轻装卸、薄堆放。需长途运输的鲜豆荚，宜在下午豆荚水分相对较低时采收。鲜荚最忌在烈日下闷放堆压。雨天采收后更不可高堆重压，否则籽粒水渍斑加重，品质下降。

如果作为干豆粒用，则当蚕豆中下部豆荚变黑褐色而表现干燥状态时收获。如等全部豆荚变黑再收，则下部荚常因过干自裂，豆粒散出，影响产量。采收后最好连茎秆和荚一起晒干或风干，然后再脱粒，切勿湿荚脱粒、暴晒，以免影响粒色和品质，降低商品等级。

第五节　蚕豆常见病虫害及防治

一、蚕豆常见病害与防治

1. 蚕豆赤斑病

广泛发生于我国各蚕豆种植区，是长江流域和东南沿海地区蚕豆生产中最重要的病害之一。叶、茎、花受害。叶片染病初生赤色小点，后逐渐扩大为圆形或椭圆形斑，直径2～4mm，中央赤褐色略凹陷，周缘浓褐色稍隆起，病健部交界明显，病斑布于叶两面。茎或叶柄染病开始也现赤色小点，后扩展为边缘赤褐色条斑，表皮破裂后形成裂痕。花染病遍生棕褐色小点，扩展后花冠变褐枯萎；豆荚染病透过荚皮进入种子内，致种皮上出现小红斑。以混在病残体中的菌核于土表越冬或越夏。菌核遇有适宜条件，萌发长出分生孢子梗，产生分生孢子进行初侵染。分生孢子借风雨传播，与蚕豆接触时只要有水湿即萌发长出芽管，先端形成附着器紧贴叶面，产生侵染丝穿透角质层而侵入，条件适宜潜育期48小时；天气干旱病斑停止扩展，终止于圆斑或条斑；如遇有阴雨连绵，病斑迅速扩大或汇合致叶片变为铁灰色，引致落叶，植株各部变成黑色，遍生黑霉，仅3～4天致全株枯死。剖开枯死茎部，可见黑色扁平的菌核。温湿度对此病影响大，病菌侵入适温20℃，最高30℃，最低1℃。孢子从发芽到侵入，20℃仅8～12小时，5℃则3～4天。湿度需饱和，寄主表面具水膜，孢子才能发芽和侵入。此外，黏重或排水不良的酸性土及缺钾的连作田利于发病，低洼稻田种蚕豆发病重。

防治方法：①种植抗病品种，提倡高垄深沟栽培，雨后及时排水，降低田间湿度，适当密植，注意通风透光。②采用配方施肥技术，忌偏施氮肥，增施草木灰或其他磷钾肥，增强抗病力。③实行 2 年以上轮作，收获后及时清除病残体，深埋或烧毁。④药剂拌种，用种子重量 0.3％的 50％多菌灵可湿性粉剂拌种。⑤发病初期选用喷洒 40％多·硫悬浮剂 500 倍液或 50％农利灵可湿性粉剂 1000 倍液、50％扑海因可湿性粉剂 1500 倍液、50％扑海因可湿性粉剂 2000 倍液加 90％三乙磷酸铝可湿性粉剂 1000 倍液、50％速克灵可湿性粉剂 1500～2000 倍液，隔 10 天左右 1 次，连续防治 2～3 次。

2. 蚕豆褐斑病

在我国许多蚕豆种植区都有发生，是蚕豆生产中重要的真菌病害之一。侵害叶、茎及荚。叶片染病初呈赤褐色小斑点，后扩大为圆形或椭圆形病斑，周缘赤褐色特明显，病斑中央褪成灰褐色，直径 3～8mm，其上密生黑色呈轮纹状排列的小点粒，病情严重时相互融合成不规则大斑块，湿度大时，病部破裂穿孔或枯死。茎部染病产生椭圆形较大斑块，直径 5～15mm，中央灰白色稍凹陷，周缘赤褐色，被害茎常枯死折断。豆荚染病病斑暗褐色，四周黑色，凹陷，严重的荚枯萎，种子瘦小，不成熟，病菌可穿过荚皮侵害种子，致种子表面形成褐色或黑色污斑。一般减产达 20％～30％，严重地块可减产 50％。以菌丝在种子或病残体内，或以分生孢子器在蚕豆上越冬，成为翌年初侵染源，靠分生孢子借风雨传播蔓延。生产上未经种子消毒或偏施氮肥，或播种过早及在阴湿地种植发病重。偏施氮肥、播种过早、田块低洼潮湿等因素能加重病害发生。

防治方法：①选用无病豆荚，单独脱粒留种，播种前用

56℃温水浸种5分钟，进行种子消毒。②适时播种，不宜过早，提倡高垄栽培，合理施肥，适当密植，增施钾肥，提高抗病力。③发病初期选用喷洒30%绿叶丹可湿性粉剂800倍液、12%绿乳铜乳油500倍液、47%加瑞农可湿性粉剂600倍液、80%大生M-45可湿性粉剂500～600倍液、14%络氨铜水剂300倍液、77%可杀得可湿性微粒粉剂500倍液，隔10天左右1次，防治2～3次。

3. 蚕豆立枯病

又称丝核菌茎腐病，蚕豆各生育阶段均可发病。主要侵染蚕豆茎基和地下部。茎基染病多在茎的一侧或环茎现黑色病变，致茎变黑。有时病斑向上扩展达十几厘米，干燥时病部凹陷，几周后病株枯死。湿度大时菌丝自茎基向四周土面蔓延，产生直径1～2mm、不规则形褐色菌核。地下部染病呈灰绿色至绿褐色，主茎略萎蔫，下部叶片变黑，上部叶片叶尖或叶缘变色，后整株枯死，但维管束不变色，叶鞘或茎间常有蛛网状菌丝或小菌核。病菌也可为害种子，造成烂种或芽枯，致幼苗不能出土或呈黑色顶枯。主要以菌丝和菌核在土中或病残体内越冬。翌春以菌丝侵入寄主，在田间辗转传播蔓延。该菌侵染蚕豆温限较宽，土温10℃～28℃均能发病，以16℃～20℃为最适，长江流域11月中旬至翌年4月发病。土壤过湿或过干、沙土地及徒长苗、温度不适发病重。该菌寄主范围广，国内已报道有80多种植物可被侵害，如十字花科、茄科、葫芦科、豆科、伞形花科、藜科、菊科、百合科等多种蔬菜。

防治方法：①适时播种，春播蚕豆适当晚播，秋播蚕豆避免晚播。②加强田间管理，避免土壤过干过湿，增施过磷酸钙，提高寄主抗病力。③种子处理，用种子重量0.3%的40%拌种双粉剂或50%福美双可湿性粉剂拌种。④育苗床可用40%五氯硝基苯粉剂与50%福美双可湿性粉剂1：1混合，每平方米8g与10～

15kg 细土混匀，播种前 1/3 铺底，2/3 盖在种子上。⑤发病初期选用喷洒 58％甲霜灵·锰锌可湿性粉剂 500 倍液或 75％百菌清可湿性粉剂 600～700 倍液、20％甲基立枯磷乳油 1100～1200 倍液、72.2％普力克水溶性液剂 600 倍液，隔 7 天 1 次，防治 2～3 次。

4. 蚕豆轮纹病

蚕豆轮纹病主要为害叶片，也为害茎、叶柄和荚。叶片染病初生 1mm 大小红褐色小点，后扩展成边缘清晰的圆形或近圆形黑褐色轮纹斑，边缘明显稍隆起，病斑直径 5～7mm。一片蚕豆叶上常生多个病斑，病斑融合成不规则大型斑，致病叶变成黄色，最后成黑褐色，病部穿孔或干枯脱落。湿度大或雨后及阴雨连绵的天气，病斑正、背两面均可长出灰白色薄霉层，即病原菌的分生孢子梗和分生孢子。叶柄、茎和荚染病产生梭形至长圆形、中间灰色凹陷斑，有深赤色边缘。病菌以分生孢子梗基部的菌丝块随病叶遗落在土表或附着在种子上越冬。翌年产生分生孢子初侵染，再产生大量分生孢子，通过风雨传播进行再侵染。病菌发育适温 25℃左右，最高 30℃，最低 5℃。蚕豆苗期多雨潮湿易发病，土壤黏重、排水不良或缺钾发病重。据报道：病叶的增加和扩展主要受气温高低及前 3～5 天早晨叶片上有无露水两个条件制约。一般连续 3 天早晨蚕豆叶上有露水，气温 18℃～20℃，病叶出现高峰。播种早、蚕豆和玉米套种发病重。蚕豆与马铃薯套种可减轻发病。

防治方法：①从无病田采种，选用无病荚，播种前用 56℃温水浸种 5 分钟，进行种子消毒。②适时播种，不宜过早，提倡采用高垄栽培，适当密植，增施有机肥，提高抗病力。③有条件地区提倡马铃薯 2 行、蚕豆 2 行套种，既防病又增产。④选择抗病品种或抗病单株进行繁殖推广。⑤发病初期选用喷洒 30％碱式硫酸铜悬浮剂 500 倍液、50％多霉威（多菌灵加万霉灵）可湿性粉剂 1000～1500 倍液、14％络氨铜水剂 300 倍液、77％可杀得可湿性微粒粉剂 500 倍液，隔 10 天左右 1 次，防治 2～3 次。

5. 蚕豆白粉病

为害叶片、茎和豆荚。病部表面初现白色粉斑，粉斑扩大后融合，叶面可全部被白粉覆盖，后期在粉斑上可见针头大的小黑粒即闭囊壳。侵害幼嫩器官易导致其变形，呈折合、肥肿或皱缩状；侵害幼荚变畸形，发育受阻，结实不良。菌丝体生于叶的两面，多在叶背面。以闭囊壳在土表病残体上越冬，翌年条件适宜散出子囊孢子进行初侵染。发病后，病部产生分生孢子，靠气流传播进行再侵染，经多次重复侵染，扩大为害。在潮湿、多雨或田间积水、植株生长茂密的情况下易发病；干旱少雨植株生长不良，抗病力弱，病菌分生孢子仍可萌发侵入，尤其是干湿交替利于该病扩展，发病重。

防治方法：①选用抗白粉病品种。②收获后及时清除病残体，集中深埋或烧毁。③提倡施用酵素菌沤制的堆肥或充分腐熟有机肥；采用配方施肥技术，加强管理，提高抗病力。④发病初期选用喷洒 2％武夷菌素 200 倍液、60％防霉宝 2 号水溶性粉剂 1000 倍液、30％碱式硫酸铜悬浮剂 300～400 倍液、20％三唑酮乳油 2000 倍液、6％乐必耕可湿性粉剂 1000～1500 倍液、12.5％速保利可湿性粉剂 2000～2500 倍液、25％敌力脱乳油 4000 倍液、40％福星乳油 9000 倍液，不仅可有效防治白粉病，还可兼治蚕豆赤斑病。

6. 蚕豆锈病

主要为害叶和茎。初期仅在叶两面生淡黄色小斑点，直径约 1mm，颜色逐渐加深，呈黄褐色或锈褐色，斑点扩大并隆起，形成夏孢子堆。夏孢子堆破裂飞散出黄褐色的夏孢子，借气流传播再侵染，又产生新的夏孢子堆及夏孢子扩大蔓延，发病严重的整个叶片或茎都被夏孢子堆布满，到后期叶和茎上的夏孢子堆逐渐形成深褐色椭圆形或不规则形冬孢子堆，其表皮破裂后向左右两面卷曲，散发出黑色的粉末即冬孢子。北方以冬孢子附着在蚕豆病残株上越冬。南方以夏孢子进行初侵染和再侵染，并完成侵染循环。锈病的发生与温度、湿度、品种及播种期等有密切关系。锈菌喜温暖潮湿，气温 14℃～24℃，适于孢子发芽和侵染，夏孢子迅速增多，气温 20℃～25℃易流行，所以多数蚕豆产区都在 3～4 月气温回升后发病，尤其春雨多的年份易流行。云南省冬春气温高，早播蚕豆年前即开始发病，形成发病中心，翌年 2～3 月后，雨日多，易大发生。从土质和地势看，低洼积水、土质黏重、生长茂密、通透性差发病重。植株下部的茎叶发病早且重。早熟品种生育期短，可避病。

防治方法：要采用综合防治法才能收到较好的效果。①适时播种，防止冬前发病，减少病原基数，生育后期避过锈病盛发期。②选用早熟品种，在锈病大发生前收获或接近成熟时收获。③合理密植，开沟排水，及时整枝，降低田间湿度。④不种夏播蚕豆或早蚕豆，减少冬春菌源；秋播时清水洗种也可减轻发病。⑤发病初期选用喷洒 30％固体石硫合剂 150 倍液、50％萎锈灵乳油 800 倍液、50％硫黄悬浮剂 200 倍液、25％敌力脱乳油 3000 倍液，隔 8 天左右 1 次，连续防治 2～3 次。

7. 蚕豆疫病

症状只能在叶片上见到。初在叶上形成暗紫色圆形病斑，或在叶缘上形成弧状斑，大小 0.5～1.5cm，病健部交界不明显，病部软化，晴天时干枯。接种到茎或荚上后也能发病。病菌以孢子在病残体上或种子上越冬。翌年，条件适宜时产生游动孢子，从子叶下的胚茎侵入，菌丝随生长点向上蔓延，进入芽或真叶，形成系统侵染，产生大量孢子囊及孢子，借风雨传播蔓延，进行再侵染，经多次再侵染形成该病流行。一般雨季气温 20℃～24℃发病重。

防治方法：①选用抗病品种，从无病地留种。②实行 2 年以上的轮作。③清洁田园病残体，集中烧毁，及时耕翻土地。④按配方施肥，合理密植。⑤药剂防治，用 35％甲霜灵拌种剂，以种子量的 0.3％进行拌种；发病初期选用喷洒 1：1：20 倍式波尔多液或 90％三乙磷酸铝可湿性粉剂 500 倍液、69％安克锰锌可湿性粉剂 1000 倍液，隔 10 天左右 1 次，防治 1～2 次。

8. 蚕豆根腐病和茎基腐病

蚕豆根腐病：蚕豆根和茎基部染病，致病部变黑腐烂，后期侧根或主根大部分干缩，地上部植株下部叶片边缘产生大小不等的黑色枯斑，扩大后致整叶变黑枯死，上部叶脉间出现枯斑，严重的叶茎变黑萎缩死亡。茎基腐病：根先发黑腐烂，后蔓延到茎基部，致病部腐烂枯死，不萎蔫，别于根腐病。病菌可在种子上存活或传带，种子带菌率 1.2％～14.2％，且主要在种子表面经种皮传播。以菌丝体及厚垣孢子随病残体在土壤中越冬的病菌，都可成为翌年的初侵染源。该病发病程度与土壤含水量有关。在地下水位高或田间积水时，田间持水量高于 92％发病最重，地势高的田块发病轻；精耕细作及在冬季实行蚕豆、小麦、油菜轮作的田块发病轻。年度间的差异与气象条件相关，播种时遇有阴雨连绵的年份，根腐病死苗严重。

防治方法：①实行轮作，蚕豆根腐、茎基腐病病菌寄主范围窄，实行蚕豆、小麦、油菜等 3 年以上轮作，效果好。但不宜与豆科牧草轮作。②加强田间规划和管理，选择排水好的田块，施用充分腐熟的有机肥，不宜用病株沤肥；收获后及时清洁田园，在蚕豆生育过程中不要缺肥、缺水，加强排灌，防止土壤过干过湿。③种子处理，播前用 56℃温水浸种 5 分钟或用 50％多菌灵可湿性粉剂 700 倍液浸种 10 分钟。④药剂防治，用 50％多菌灵可湿性粉剂 1 份与 50 份细干土混匀，撒在苗基部，每公顷用量 22.5kg，或在发病初期往植株茎基部喷淋 50％多菌灵可湿性粉剂 600 倍液、70％的甲基硫菌灵可湿性粉剂 500 倍液，隔 7～10 天 1 次，连续防治 2～3 次，有一定防效。

9. 蚕豆油壶菌火肿病

属真菌病害。主要为害蚕豆的叶和茎部。叶片染病初两面均产生浅绿色病斑，隆起，出现圆形至扁圆形小肿瘤，直径数毫米，表面粗糙，单生或群生。后期叶片卷曲成畸形，肿瘤呈褐色溃烂，病叶凋萎干枯。茎部染病产生许多隆起的肿瘤，形状与叶片肿瘤相近，病株矮化，生长不良。以休眠孢子囊越冬。翌年春天，休眠孢子囊萌发，释放出单鞭毛的游动孢子，侵入蚕豆幼芽、幼茎及幼叶，在寄主细胞里形成薄壁的游动孢子囊，致苗发病。潜伏期 10～14 天。

防治方法：①选用抗病品种。②实行轮作制，防病作用明显。③收获后及时清洁田园。④药剂防治，用种子重量 0.1％的 15％三唑酮可湿性粉剂拌种，防效显著。发病初期喷洒 70％甲基硫菌灵可湿性粉剂 1000 倍液或 50％苯菌灵可湿性粉剂 1000～1500 倍液，防治 2～3 次。

10. 蚕豆茎疫病

又称蚕豆细菌性茎枯病。初在蚕豆茎顶端生黑色短条斑或小斑块，稍凹陷，高温高湿条件下病斑迅速扩展向茎下方蔓延，长达 15～20cm 或达茎的 2/3。病茎大部分变黑，叶片逐渐萎蔫，上方叶片枯萎脱落，仅留下黑化的茎端，茎软化呈黏性或收缩成线状，腐烂死亡。气候干燥或天旱，病情扩展缓慢，一直表现为不规则形至长圆形病斑。主要通过种子传播，从气孔或伤口侵入，经几天潜伏即见发病。

防治方法：①选用抗病品种，建立无病留种田，防止种子带菌传播。②发病初期，选用喷洒 72％农用硫酸链霉素可溶性粉剂或新植霉素 4000 倍液、30％碱式硫酸铜悬浮剂 400 倍液、77％可杀得可湿性微粒粉剂 500～600 倍液，隔 7～10 天 1 次，防治 2～3 次。

11. 蚕豆镰刀菌萎蔫病

又称蚕豆枯萎病。蚕豆开花结荚期叶片先褪绿，由淡绿变成淡黄色，叶尖和叶缘变黑焦枯；有时整株变黄，叶片由下而上逐渐枯萎；有时基部叶片卷曲或干枯脱落，残留叶柄及中脉；有时茎基部变黑至全株枯萎。病程 20～30 天，病株细根先烂，主根呈干腐状，根部维管束变为褐色且蔓延到茎基部，病株易拔起。以菌丝体及分生孢子在种皮或田间病残体上越冬。菌丝体可在土中腐生 3 年，成为田间初侵染源。病菌在浸水条件下可存活 1 年，因此病田灌溉水和带菌肥料及农具都可传播。菌丝先侵入细根，后进入主根，初在根茎的木质部，再向外扩散到形成层和韧皮部，当全株枯萎后，菌丝体才出现于皮层。菌丝沿着茎的中轴向上蔓延，后期上升到茎的 2/3 处，剖开病茎可见木质部变褐。发生与土壤含水量关系密切，土壤含水量低于 65% 时发病重。此外，缺肥及酸性土壤发病重。

防治方法：①种子消毒，播种前种子用 56℃ 温水浸种 5 分钟。②实行 3 年以上轮作，水田实行 2 年以上轮作。③发病初期，用 50% 多菌灵可湿性粉剂 1 份与 50 份细干土混匀，撒在苗基部，每公顷用量 22.5kg，或在发病初期往植株茎基部喷淋 50% 多菌灵可湿性粉剂 600 倍液或 70% 的甲基硫菌灵可湿性粉剂 500 倍液，隔 7～10 天 1 次，连续防治 2～3 次，有一定防效。

12. 蚕豆病毒病

为系统侵染性病害，病株叶片有的呈轻花叶、斑驳、褪色斑或畸形，有的小叶正常无明显病变。开花期前染病，结荚少或籽粒小。其典型症状是种皮呈坏死色斑，严重时外种皮上形成连续坏死带。苗期染病植株矮化，病叶呈褪色花叶或畸形，可减产 40%～80%，花期后染病则影响小。蚕豆染色病毒主要由花粉和种子传病，种子带毒率一般低于 10%，个别品系高达 18%。蚕豆蒌蔫病毒主要靠蚜虫传播，可通过农事操作接触摩擦传播；管理条件差、干旱、蚜虫发生量大发病重。

防治方法：①及时拔除并销毁病株，避免病毒通过种子或昆虫传播。②严格检疫制度，防止蚕豆染色病毒扩展蔓延。注意植物检疫信息，加强国外引种的隔离。

二、蚕豆常见虫害与防治

1. 蚜虫类

常见的有豆蚜（苜蓿蚜、花生蚜）、桃蚜（烟蚜、桃赤蚜、菜蚜、腻虫）等，广泛分布于全国各蚕豆豌豆生产区。

防治方法：喷施50%辟蚜雾可湿性粉剂2000倍液或10%吡虫啉可湿性粉剂2500倍液、绿浪1500倍液。

2. 潜叶蝇类

常见的有南美斑潜蝇（拉美斑潜蝇）、美洲斑潜蝇（蔬菜斑潜蝇）等。

防治方法：①受害作物单片叶有幼虫3～5头时，幼虫2龄前，在上午8～11时露水干后幼虫开始到叶面活动，或者老熟幼虫多从虫道中钻出时，选择兼具内吸和触杀作用的杀虫剂，如90%美曲磷酯（晶体敌百虫）1000倍液或2.5%功夫乳油3000倍液、25%斑潜净乳油1500倍液、1.8%爱福丁乳油3000倍液，任选一种喷雾。②释放姬小蜂、反颚茧蜂、潜蝇茧蜂，这三类寄生蜂对斑潜蝇寄生率较高。

3. 螨类

常见的有朱砂叶螨（棉花红蜘蛛、红叶螨）、茶黄螨。

防治方法：①消灭越冬虫源。铲除田边杂草，清除残株败叶。②喷药重点是植株上部嫩叶、嫩茎、花器和嫩果，注意轮换用药。可选用35%杀螨特乳油1000倍液或48%乐斯本乳油1500倍液、0.9%爱福丁乳油3500倍液喷雾防治。

4. 夜蛾科害虫

常见的有豆银纹夜蛾、斜纹夜蛾、甘蓝夜蛾、甜菜夜蛾（贪夜蛾）、苜蓿夜蛾（大豆夜蛾、亚麻夜蛾）以及棉铃虫等。

防治方法：①秋末初冬耕翻田地，可杀灭部分越冬蛹；结合田间操作摘除卵块，捕杀低龄幼虫。②幼虫 3 龄前为点片发生阶段，进行挑治，不必全田喷药。4 龄后夜出活动，因此施药应在傍晚前后进行。可选用 90％美曲磷酯（晶体敌百虫）1000 倍液或 20％杀灭菊酯乳油 2000 倍液、5％抑太保乳油 2500 倍液、5％锐劲特悬浮剂 2500 倍液、15％菜虫净乳油 1500 倍液等药剂喷施。③喷施每克含量 100×10^8 个孢子的杀螟杆菌或青虫菌粉 500～700 倍液。

5. 蝽类害虫

常见的有红背安缘蝽、点蜂缘蝽、苜蓿盲蝽、牧草盲蝽、三点盲蝽和拟方红长蝽等。

防治方法：①冬季结合积肥清除田间枯枝落叶及杂草，及时堆沤或焚烧，可消灭部分越冬成虫。②在成虫、若虫为害盛期，可选用 20％杀灭菊酯 2000 倍液或 21％增效氰马乳油 4000 倍液、2.5％溴氰菊酯 3000 倍液、20％灭多威乳油 2000 倍液、25％广克威乳油 2000 倍液、2.5％功夫乳油 2500 倍液、43％新百灵乳油（辛氟氯氰乳油）1500 倍液等药剂喷雾 1～2 次。

6. 地老虎

地老虎，又名土蚕、地蚕，能危害百余种植物，是对农、林幼苗危害很大的地下害虫。

防治方法：①早春铲除田边杂草，消灭卵和初孵幼虫；春耕多耙，或夏秋实行土壤翻耕，可消灭一部分卵和幼虫；当发现地老虎为害根部时，可在清晨拨开断苗的表土，捕杀幼虫。②用黑光灯诱杀成虫。③幼虫 3 龄以前防治，选用 90％美曲磷酯（晶体敌百虫）1000 倍液或 2.5％功夫乳油 2500 倍液、20％杀灭菊酯乳油 3000 倍液喷雾。

7. 蚕豆象

蚕豆象对鲜豆粒速冻产品质量影响最大。成虫在豆粒内、仓库屋角、树皮裂缝等处越冬，翌年春天蚕豆开花时，飞到田间采食花粉、花蜜和花瓣，到结荚时在嫩荚上产卵，变成幼虫后钻入豆荚，进入豆粒内，只在种皮上留一个小黑点。此时因幼虫小对豆粒危害不大，化蛹后顶破已咬薄的种皮，从豆粒中飞出，或于翌年蚕豆花期再从豆粒内破孔而出。

防治方法：①将蚕豆种子置于阳光下暴晒，可杀死种子内豆象。②蚕豆开花前期进行田间防治，可选用 90％美曲磷酯（晶体敌百虫）1000 倍液或 2.5％功夫乳油 2500 倍液、20％杀灭菊酯乳油 3000 倍液、2.5％天王星乳油 3000 倍液喷雾，7 天后再防治一次，最好连续 3 次。③蚕豆收获后半个月内，将脱粒晒干的籽粒置入密闭容器内，用溴化烷熏蒸，温度在 15℃ 以上时，35g/m³，处理 72 小时。

8. 蚕豆根瘤象

蚕豆根瘤象是一种在甘肃临夏等地区危害较严重的虫害。成虫咬食叶片，花蕾和花瓣，幼虫咬食根瘤和根部表皮。

防治方法：在成虫活动初期，可喷美曲磷酯（敌百虫）1000 倍稀释液或 50％杀螟松 1000 倍稀释液。

第六节　蚕豆主栽品种介绍

1. 通研 1 号

江苏沿江地区农业科学研究所从浙江蚕豆地方品种肖山长荚中经系统选育而成。冬性、中晚熟品种，秋播生育期 220 天。茎秆粗壮，株高 108.3cm，单株有效分枝 3.8 个，紫花。单枝结荚 12.7 个，豆荚长 8.3cm，宽 1.8～2cm，平均每荚 1.8 粒，粒形中厚，种皮绿色，种脐黑色，百粒重 98.4g 左右。干籽粗蛋白含量 28.2%、单宁含量 3.9%。耐肥抗倒，耐寒性较强，中抗赤斑病，中感褐斑病，轻感轮纹病。一般大田干豆产量在 2800kg / hm² 左右。适应性广，可在江苏及长江中下游蚕豆生态区秋播种植。

2. 南通大蚕豆

江苏沿江地区农业科学研究所以地方品种牛踏扁作母本，以启豆 2 号作父本，经回交选育而成。冬性、中晚熟品种，秋播生育期 223 天。茎青绿色，茎秆粗壮，株高 103cm。单株有效分枝 3.6 个，叶片较大，花紫色。单株结荚 10.8 个，豆荚长 8.9cm、宽 1.9cm，平均每荚 2.02 粒，粒长 2.1cm，粒宽 1.48cm，籽粒较大，粒形中厚，粒色乳白，黑脐，平均百粒重 115.7g。干籽粗蛋白含量 27.0%，粗脂肪含量 1.2%，单宁含量 3.8%。抗逆性强，苗期病害轻，中感赤斑病、锈病，中后期根系活力较强。不裂荚，秸青籽熟，熟相好，稳产性能好。一般大田产量 2625kg / hm²，高产田块产量可达 3750kg / hm²。适宜江苏及长江中下游蚕豆生态区秋播种植。

3. 通蚕 3 号

江苏沿江地区农业科学研究所以优质大粒蚕豆地方品种牛踏扁作母本，以高产多荚优异种质启豆 2 号作父本，通过有性杂交获得杂交后代，再以其 F2 为母本，以特大粒品种日本大白皮为父本，通过复合杂交和定向选育而成。冬性、中晚熟品种，秋播生育期 221 天。茎秆粗壮，株高 102cm。单株分枝 3.7 个，叶片较大，花紫色。单株结荚 11 个，粒大，种皮浅绿有光泽，白皮，黑脐，百粒重 133.6g。干籽粗蛋白含量 28.6%，粗脂肪含量 0.7%，属高蛋白品种。抗逆性强，抗性好，较抗赤斑病、锈病。中后期根系活力较强，结荚高度适中，不裂荚，秸青籽熟，熟相好，稳产性能好。一般产量 3300kg / hm²，高产田块产量可达

4500kg／hm²。可在江苏蚕豆生态区及长江中下游蚕豆生态区秋播种植。

4. 通蚕 4 号

江苏沿江地区农业科学研究所以启豆 2 号为母本，日本大白皮为父本，通过对杂交后代定向选择，采用系谱法选育而成。冬性、中熟品种，全生育期 219 天。茎秆粗壮，株高 80.4cm。单株分枝 4.1 个，叶片较大，花紫色。株平均结荚 14.6 个，每荚 2 粒，种皮绿色有光泽，黑脐，百粒重 103.3g。干籽粗蛋白含量 28.3％，粗脂肪含量 0.6％。耐寒，抗倒，较抗赤斑病、锈病。中后期根系活力较强。结荚高度适中，不裂荚，秸青籽熟，熟相好，稳产性能好。长江中下游地区一般产量 3000kg／hm²，高产田块产量可达 3750kg／hm²。可在江苏蚕豆生态区及长江中下游蚕豆生态区秋播种植。

5. 通蚕 5 号

江苏沿江地区农业科学研究所以日本大白皮为母本，海门大青皮为父本通过杂交获得杂交种子，对杂交后代定向选育而成。冬性、中晚熟品种，全生育期 220 天，叶片较大，花紫色，鲜荚 4 月下旬至 5 月上旬上市。茎秆粗壮，株高 95cm。单株有效分枝 5.7 个，单株结荚 11 个，平均每荚 2 粒，鲜荚长 10.6cm、宽 2.7cm，鲜籽长 2.9cm、宽 2.3cm，鲜籽百粒重 392g；干籽百粒重 183g，种皮绿色，黑脐。中后期根系活力强，耐寒，抗倒，较抗赤斑病、锈病。不裂荚，结荚高度中等，成熟时秸青籽熟，熟相好。一般纯作田块干籽产量 2700kg／hm²，高产栽培可达 3450kg／hm²。可在江、浙、沪等蚕豆生态区秋播种植，适合在城郊作鲜食蚕豆栽培。

6. 通蚕（鲜）6 号

江苏沿江地区农业科学研究所选育的鲜食蚕豆品种。冬性、中晚熟品种，全生育期 220 天，沿海地区鲜荚上市在 4 月下旬至

176

5月上中旬。苗期长势旺，株高85cm，花紫色。单株有效分枝3.9个，单株结荚9个，鲜荚长10.4cm、宽2.8cm，平均百荚鲜重2241.5g。鲜籽长3.0cm、宽2.2cm，鲜籽百粒重429.6g；干籽百粒重200g左右，粗蛋白含量27.9％。黑脐、种皮浅紫。青豆籽速冻加工可周年供应，青荚可直接上市或保鲜出口。

7. 苏蚕2号

江苏省农科院选育。主茎青绿色，茎秆粗壮，叶片较大，株高110cm。结荚部位较高，无限生长类型。分枝性强，单株有效分枝4个以上，单枝结荚5个左右，豆荚长10.3cm、宽1.8cm，平均每荚2粒以上，粒长1.98cm，粒宽1.53cm，籽粒较大，粒形中厚，平均百粒重118g以上。紫花、种皮白色、种脐黑色；全生育期225天左右。抗赤斑病。

8. 陵西一寸

青海省农林科学院作物育种栽培研究所从日本引进。根系发达，主根粗壮，入土深45～65cm，侧根数达35～52条，单株有根瘤40～46粒。茎方形，直立中空，粗0.9～1.4cm；分枝直接由根际部抽出，株高109～110cm，有效分枝5～8个。单株结荚数13～16个，荚长9.3～12.7cm，荚宽3～3.5cm，荚呈圆筒形。鲜籽淡绿色，干籽淡棕色，种子长×宽为30mm×25mm，百粒重250g以上，最重达280g。喜湿润怕干旱，苗期尤怕水渍、淹、涝，播种时忌施种肥。是鲜食和加工罐头的优质品种，质地细腻糯性好，富含营养，煮烧松软，水溢后油煎，松脆鲜美。对土壤适应性较广，病虫害发生较少，耐肥，但耐寒性较弱，栽培上要注意防冻。

9. 日本大白皮

日本引进蚕豆品种。冬性、中晚熟品种，全生育期223天左右。茎秆粗壮，株高105cm，花紫色。单株有效分枝3个左右，单株结荚10个左右，鲜荚长10.6cm，宽2.7cm，平均百荚鲜重

2205g。福建、浙江南部4月中旬左右鲜荚上市，浙江北部、上海、江苏、湖南4月下旬至5月上旬鲜荚上市。单荚粒数1.8粒，鲜籽长2.9cm，宽2.3cm，鲜籽百粒重395g，干籽百粒重175g，白皮、黑脐。鲜荚可直接上市或保鲜出口，青豆籽可作速冻加工。

10. 海门大青皮

江苏地方品种。冬性、中熟品种，全生育期221天。株形紧凑，直立生长，茎秆粗壮，株高90cm，花紫色。分枝较多，单株分枝4.5个，单株结荚12.2个，每荚1.6粒，豆荚长8.0cm。籽粒较大，扁平，粒形阔、薄，粒长2.03cm，粒宽1.52cm，种皮碧绿有光泽，种脐黑色，基部略隆起，一般百粒重115～120g。干籽蛋白质含量25%～30%，粗脂肪含量1.6%～1.9%，耐寒、抗病、抗倒，熟相好。青籽适于鲜食，干籽可加工出口。

11. 慈溪大白蚕豆

浙江有名的地方品种，原产于浙江慈溪。生育期230天左右，中晚熟型，一般霜降前后播种，次年5月底成熟。分枝性强，结荚多，茎秆粗，百粒重120g左右，是秋播蚕豆中较好的大粒品种。种皮薄，乳白色，单宁含量低，食味佳美，是菜用的优良品种。耐湿性差，不抗病，易倒伏，对耕作条件要求严格，宜在滨海棉区与棉花套种及旱地种植。慈溪大白蚕豆一般每公顷产量2250～3000kg。播种量一般每公顷112.5～150kg。

12. 嘉定白皮蚕豆

上海市嘉定区著名特产，因种皮、种脐、子叶三者均为白色，故有三白蚕豆之称，或称大白蚕豆。植株长势强，高1～1.3m，根粗壮发达，茎中空，方形，4～6个分枝，主侧枝区分不明显，主茎21～30节，始花3～4节，2～14节可连续着生花序，每花序结荚1～3个，花紫白色。荚长8.7cm、宽2cm、厚1.5cm，绿色扁筒形，每荚有种子2～3粒，结荚率高，每株有效荚 25～40 个，青荚产量约 9000kg／hm²。上海地区 10 月上、中旬播种，翌年 5 月上旬收嫩荚。

13. **下灶牛角扁**

江苏地方品种，原产江苏东台市安丰镇。株高 80～90cm，分枝性较强，生长旺盛，结荚较多，每荚有种子 2～3 粒。粒大，皮色青白，豆粒肉质细腻，适口性好，百粒重 150～160g，对土壤适应性较广，根瘤发达，固氮能力较强。

14. **大青扁**

农家品种，我国南北都有栽培。株高 60～70cm，开展度小，分枝 1～3 个，主茎 5～6 节处着生第一花序，以后连续生长 4～5 节，每一花序结荚 1～3 个，全株结荚 10 多个，豆荚大，平均长度 7.5cm、宽 2cm，浅绿色，每荚有种子 2～3 粒，肉质软糯，味道鲜美，种皮浅绿色，适宜菜用。

15. **牛踏扁**

江苏、浙江一带的地方品种。株高，茎粗，叶大，分枝多，结荚较稀，荚大，每荚有种子 3～5 粒，豆粒大，外皮青白色。口感粉质细糯，鲜美沙甜，适宜煮青豆，干豆粒炒食，质脆且酥，是加工各种蚕豆制品上等原料。生长期较长，成熟晚。

16. **襄阳大脚板**

湖北地方品种，种子形似脚板而得名。株高 115cm 左右，分枝性强，单株结荚 20 个左右，每荚有 3 粒种子，种子平均长 1.87cm，宽 1.3cm。

17. **云豆**324

云南省农业科学院粮食作物研究所以昆明蚕豆经系统选育而成。当地农民称"甜脆绿蚕豆"，秋播中熟大粒型品种，全生育期 193 天，无限开花习性，幼苗分枝半直立，分枝力强，株平均分枝数 3.7 个；株高 80～100cm，株形紧凑，幼茎淡紫红色，成熟茎褐黄色，小叶叶形卵圆、叶色黄绿，花淡紫色；荚质硬，荚形扁圆筒形，鲜荚绿色，成熟荚浅褐色；种皮绿色，种脐绿色；粒形阔厚，子叶黄白色；单株 9.9 荚，单荚 2.4 粒，百粒重 132g，单株粒重 31.4g。干籽粒淀粉含量 45.8%，粗蛋白含量 25.5%，单宁含量 0.06%，鲜籽粒可溶性糖分含量 13.6%。属优质鲜销型菜用品种。抗冻力强、耐旱力中等。适宜云南、四川和贵州一带海拔 1100～2400m 的秋播区域、海拔 1800～3100m 的春播和夏播区生产鲜荚；在江浙、华中一带秋播和甘肃、青海一带春播栽培。

18. **云豆 315**

云南省农业科学院粮食作物研究所采用常规杂交选育而成。全生育期 188 天，秋播中熟大粒型品种。无限开花习性，幼苗分枝匍匐，株高 100.3cm；幼茎红绿，成熟茎褐黄色，株形松散度中等；分枝力中等，株平均分枝数 3.7 个，小叶叶形卵圆，叶色深绿，花淡紫色；荚质硬，荚长筒形，鲜荚绿黄色，成熟荚为浅褐色；种皮绿色，种脐黑色，子叶黄白色，粒形阔厚；单株 12.4 荚，单荚 1.7 粒，百粒重 128g，单株粒重 19.4g。干籽粒淀粉含量 45.9%、粗蛋白含量 28.5%，属高蛋白类型。抗赤斑病较强。适于云南省海拔 1100～2400m 的秋播区，海拔 1900～3100m 的夏播区，及近似生态区域种植。

19. **云豆 147**

云南省农业科学院粮食作物研究所常规杂交选育而成。全生育期 190 天，无限开花习性，秋播中熟大粒型品种。幼苗分枝匍匐，株高 79.1cm，株形紧凑；分枝力强，株平均分枝数 3.6 个，幼茎绿色，成熟茎红绿色，叶色深绿。小叶叶形长圆，花色白，荚质硬，荚形扁圆筒形，鲜荚绿黄色，成熟荚为浅褐色。种皮白色，种脐黑色，子叶黄白色，粒形阔厚。单株 11.4 荚，单荚 1.9 粒，百粒重 127.4g，单株粒重 23.7g。干籽粒淀粉含量 47.7%、粗蛋白含量 26.2%。耐冻力强，耐旱中等。适于云南海拔 1100～2400m 秋播区和 1800～3100m 夏播区，及近似生态区域种植。

20. 云豆早 7

云南省农业科学院粮食作物研究所通过系统选育程序育成。全生育期 160～188 天，无限开花习性，秋播早熟大粒型品种。幼苗分枝直立，株高 80.0cm；幼茎绿色，成熟茎褐黄色，分枝力强，株平均分枝数 4.8 个，株形松散度中等。小叶叶形长圆，叶色绿，花色浅紫，荚质硬，荚形扁圆筒形，鲜荚绿黄色，成熟荚浅褐色。种皮白色，种脐白色，子叶黄白色，粒形阔厚，单株10.2 荚，单荚 1.5 粒，百粒重 130.6g，单株粒重 16.2g。干籽粒淀粉含量 41.6%、粗蛋白含量 26.8%。对锈病、潜叶蝇有较好的避性。适于云南省海拔低于 1600m 的正季，或海拔 1100～2400m 的反季蚕豆产区栽培，及近似生态区域种植。

21. 云豆 825

云南省农业科学院粮食作物研究所通过常规杂交育种程序育成。全生育期 188～202 天，无限开花习性，秋播中熟大粒型品种。幼苗分枝直立，株高 101.5cm；株形紧凑，幼茎绿色，成熟茎褐黄色，分枝力中等，株平均分枝数 2.9 个；小叶叶形卵圆，叶色黄绿，花白色，荚质硬，荚形扁圆筒形，鲜荚绿黄色，成熟荚为浅褐色。种皮白色，种脐白色，子叶黄白色，粒形阔厚，单株 9.9 荚，单荚 1.30 粒，百粒重 144.9g，单株粒重 20.2g。干籽粒淀粉含量 49.7%、粗蛋白含量 24.1%、单宁含量 0.03%。单宁含量低，加工品质好。适宜云南省海拔 1100～2300m 的蚕豆产区及近似生态区域种植。

22. 云豆 690

云南省农业科学院粮食作物研究所通过常规杂交育种程序育成。全生育期 186～206 天，无限开花习性，秋播中熟中粒型品种。幼苗分枝半匍匐，株高 100～120cm；株形紧凑，幼茎绿色，成熟茎褐黄色，分枝力中等，株平均分枝数 3.7 个；小叶叶形卵圆，叶色黄绿，花白色。荚质硬，荚形扁筒形，鲜荚绿黄色，成熟荚为浅褐色，种皮白色，种脐白色，子叶黄白色，粒形中厚。单株 11.9 荚，单荚 1.9 粒，百粒重 116.3g，单株粒重 28.9g。干籽粒淀粉含量 40.0%、粗蛋白含量 28.9%，属高蛋白品种。抗冻力中等。适于云南省海拔 1600～2400m 的蚕豆产区及近似生态区域种植。

23. 云豆 1290

云南省农业科学院粮食作物研究所采用常规杂交育种程序育成。全生育期 183 天，无限开花习性，秋播中早熟大粒型品种。幼苗分枝半匍匐，株高 90.8cm，株形紧凑，幼茎绿色，成熟茎褐黄色，分枝力中等，株平均分枝数 3.7 个；小叶叶形卵圆，叶色绿，花色白。荚质硬，荚形扁筒形，荚长 10.5cm，鲜荚绿黄色，成熟荚为浅褐色。种皮白色，种脐黑色，子叶黄白色，粒形阔厚。单株 11.1 荚，单荚 1.9 粒，百粒重 135.4g，单株粒重 25.2g，属鲜销型菜用品种。适于云南省海拔 1100～2400m 的蚕豆产区及近似生态区域种植。

24. 德国特大蚕豆

宁夏农林科学院土肥所从德国引进。株高 80cm 左右，单株有效分枝 4～5 个，每枝结荚 4～6 个，单株结荚 20～30 个，第三、四节开花，荚长扁形，每荚有种子 3～5 粒，鲜豆粒特大，宽而厚，肉质细嫩，适口性好，干豆粒黄白色，近方形，抗寒、抗病，生长期 120 天左右。

25. 杭州青皮

又名田鸡青，浙江省地方品种。栽培历史悠久，杭州各地均有栽培。株高约 1m，开展度约 60cm，分枝 3～4 个，茎四棱形，浅绿色，叶椭圆形，4～6 节着生第一花序，花紫白色。荚多对生，呈刀形，长 7～8cm，宽 2.2cm，厚 1.5cm，绿色。每荚有种子2～3粒，种皮较厚，浅绿色，嫩豆肉质软糯，品质好。一般10月下旬播种，次年5月上旬收嫩荚。

26. 启豆1号

江苏省启东农场选育，中粒秋播型蚕豆品种。分枝性强，结荚多，茎秆粗，耐肥抗倒；耐寒性强，对锈病、轮纹病和赤斑病具有一定的抗性。种皮绿色，籽粒中厚，百粒重90g左右。成熟较迟，生育期为200～210天，在江苏、上海等地种植面积较大。适应于长江流域种植。

27. 启豆2号

江苏省启东农场选育的冬性、中晚熟蚕豆品种，全生育期226天。株形紧凑，直立生长，茎秆粗壮，叶片繁茂。株高106.2cm，花色白中带淡红，偶有红花。单株有效分枝3.2个，单株结荚14.2个，荚长9.7cm，每荚平均3.0粒。豆荚上举，荚壳薄，豆粒鼓凸于豆荚间。豆粒种皮绿色，种脐黑色，粒形中厚、椭圆，粒长1.7cm，粒宽1.2cm，百粒重78～80g。干豆粒蛋白质含量27.1%。丰产性好，成熟时具有秆青籽熟特点。高抗锈病，中感褐斑病，感赤斑病，熟相好。耐寒、耐肥、抗倒伏，适于间作、套种，为粮、饲兼用蚕豆。

28. 启豆3号

江苏省启东市农业技术推广中心以启豆2号作母本，日本大白皮作父本，经杂交选育而成。冬性、中晚熟品种，全生育期232天。茎秆粗壮，长势较旺，株高95～100cm，花色白中带红。单株有效分枝3.1个，单株结荚8.3个，豆荚长9.3cm，荚宽1.8cm，成熟时豆荚皱壳、下垂，熟相不佳。单荚粒数2.3粒，粒形中厚、长椭圆。种皮白色，种脐黑色，百粒重125g左右，商品性好。干籽粒粗蛋白含量25.9%、粗脂肪含量1.3%。对锈病、黄花叶病毒病抗性较好，耐赤斑病，蚕豆象危害轻。生长后期易早衰。适应性广，可在江苏蚕豆生态区及长江中下游区种植。

29. 启豆 5 号

江苏省启东市绿源豆类研究所从推广品种启豆 4 号的田间自然变异株中经系统选育而成。冬性、中晚熟品种，全生育期 230 天。茎秆粗壮，株高 100～105cm，单株有效分枝 3 个，分枝结荚 2～3 个。豆荚粗大，着生下垂，每荚平均 1.8 粒，粒形椭圆，种皮绿色，花色紫红。种脐黑色，百粒重 185g 左右，商品性好。抗倒能力强，需肥多。高抗锈病，不抗赤斑病。成熟时表现秆青籽熟特点，可与棉花、玉米、蔬菜等间套种。纯作密植产干豆 2250～2850kg／hm²，产鲜籽 4450kg／hm²。适应性广，可在江苏蚕豆生态区及长江中下游蚕豆生态区种植。

30. 启豆 6 号

江苏省启东市绿源豆类研究所在启豆 3 号中经单株系统选育而成。冬性、中晚熟品种，全生育期 230 天。茎秆粗壮，株高 100～105cm。单株有效分枝 4 个左右，花色紫红，豆荚粗大，每荚三粒。种皮淡绿色，种脐黑色，粒形椭圆，饱满，豆粒大，百粒重 225g 左右，商品性好。植株抗倒性好，需肥多，增产潜力大。高抗锈病，轻感赤斑病。可纯作，也可与棉花、玉米蔬菜等作物间套种。纯作密植可产干豆 3375～3750kg／hm²。适应性广，可在江苏蚕豆生态区及长江中下游蚕豆生态区种植。

31. 大白胡豆

四川地方品种，栽培历史悠久，成都、乐山等地较多。株高 80cm 左右，开展度约 25cm，茎叶灰绿色。小叶椭圆形，花浅紫色，第一花序着生于 2～5 节，每花序结荚 1～3 个，单株有 3～4 节花序结荚，青荚黄绿，长约 7.7cm，宽约 1.7cm，厚约 1.5cm，指形，每荚有种子 2～3 粒。嫩豆粒白色，豆粒粗大，味香，品质好，老熟荚皮黑褐色，种子白绿色，近椭圆形。播后 180 天左右采收嫩荚，200 天左右收获老荚，每公顷可收豆粒约

3000kg。在四川 10 月上旬到下旬播种，4 月上旬到中旬收青荚，5 月收老荚。

32. 成胡 10 号

四川省农业科学院作物研究所以浙江省地方品种建德青皮作母本，平阳青作父本进行有性杂交选育而成。冬、春均可种植，根系发达，茎秆粗壮，长势旺，生育期 185～200 天，中熟品种。春前豆苗生长快，长势旺，分枝力强，植株高大，株高 120cm 左右，叶片呈椭圆形，叶肉较厚，叶色浓绿。每荚一般 2～3 粒，最多 4 粒，平均每荚粒数 2 粒以上，属硬荚型。干豆粒百粒重 80～90g，粗蛋白含量 26.8%，淀粉含量 42.0%，脐黑色。种皮薄、浅绿色，易化渣，食味较好。一般每公顷产量 2250～3000kg，最高为 4050kg。适应性广，抗病性强，抗倒伏，高产稳产，适宜中等以上肥力土壤种植，是粮、菜、饲兼用的中粒高产品种。

33. 成胡 11 号

四川省农业科学院作物研究所用遵义小青豆作母本，浙江省优良品系 69-1 作父本，经有性杂交选育而成。幼苗长势旺，分枝力强，株型紧凑，株高 90cm 左右。叶色浓绿，叶片窄小，叶片呈椭圆形，叶姿上举，分布均匀，个体光合率较高。单株荚、粒数多，每荚一般 2～3 粒，平均 2 粒以上，百粒重 70g 左右，种皮浅绿色，属硬荚型。耐旱、耐瘠、耐赤斑病能力较强，生育期约 190 天。干豆粒含淀粉 42.9%、脂肪 1.05%、粗蛋白 25.8%、单宁 78.8mg/kg。是一个粮食、饲料兼用的中粒偏小型高产稳产蚕豆品种。种皮薄、食味好，适宜综合加工利用。在四川全省平坝、丘陵及类似生态区种植。适合与棉花、小麦等多种作物间作、套种或净种。

34. 成胡 12 号

四川省农业科学院作物研究所杂交选育而成。耐赤斑病，生长势旺，株高110～125cm。花紫色，叶色浓绿，叶片呈椭圆形。结荚部位集中，单株荚粒数多，双荚数多，种皮多为乳白色，少数浅绿色，百粒重68～75g。耐旱、耐瘠能力较强。适宜间套作种植，干种子蛋白质含量36.2%。种皮薄，食味好，可粮用、菜用。适宜在四川全省秋播区的平坝、丘陵、坡土等地区种植。

35. 成胡13号

四川省农业科学院作物研究所杂交选育而成。耐赤斑病，生长势旺，株高110～130cm，花多数浅紫色，少数深紫色，叶色浓绿，叶片呈椭圆形。单株结荚数较多，部位集中，荚长（每荚平均2粒以上），种皮多数乳白色，少数浅绿色，百粒重70～80g。干种子含蛋白质36.6%（去皮），种皮含单宁3.0%，产量稳定性较好，适应性广，生育期199天。种皮薄、食味好，品质好，可粮、菜兼用。适宜在四川全省秋播区的平坝、丘陵、坡土等不同土壤、不同耕作制度种植。可用于江苏省秋播地区净作或间套作栽培。

36. 成胡14号

四川省农业科学院作物研究所杂交选育而成。耐病力强，生长势旺，分枝多，株高110～130cm，花紫色，叶色浓绿，叶片呈椭圆形。单株粒数在20粒以上，荚长，平均每荚粒数在2粒以上，种皮乳白色，粒大，百粒重92.1g。干种子含粗蛋白30.6%，产量高，每公顷可达3000kg以上，稳定性好，适应性广，全生育期192天。种皮薄、食味好，品质好，可粮、菜兼用。适宜在四川全省秋播区的平坝、丘陵、坡土等不同土壤，不同耕作制度种植。

37. 成胡15号

四川省农业科学院作物研究所选育而成。耐病力强，生长势旺，茎秆粗壮，分枝力强，株高120cm左右，花紫色，叶色浓绿，叶片呈椭圆形。单株粒数20粒以上，荚长、每荚粒数平均

2～3 粒。种皮浅绿色，粒较大，百粒重 90.7g，干种子含粗蛋白 30.7%，高产、稳产、适应性广，全生育期 191 天。种皮薄、食味好，品质好，可粮、菜兼用。适宜在四川全省秋播区及长江以南地区种植。

38. 成胡 16 号

四川省农业科学院作物研究所选育而成。耐病力强，生长势旺，茎秆粗壮，分枝力强，株高 110～130cm，花紫色，叶色浓绿，叶片呈椭圆形。单株粒数在 20 粒以上，荚长、每荚粒数平均 2～3 粒，种皮浅绿色，粒较大，百粒重 97.7g，干种子含粗蛋白 29.4%。高产、稳产、适应性广，全生育期 180 天。种皮薄、食味好，品质好，可粮、菜兼用。适宜在四川省秋播区的平坝、丘陵、坡土等不同土壤，不同耕作制度种植。

39. 成胡 17 号

四川省农业科学院作物研究所选育而成。耐病力强，生长势旺，茎秆粗壮，分枝力强，株高 130cm 左右，花紫色，叶色浓绿，叶片呈椭圆形。单株粒数在 20 粒以上，荚长、每荚粒数平均 2 粒以上，粒大，百粒重 97.3g，干种子含粗蛋白 28.4%。高产、稳产、适应性广，全生育期 180 天。种皮浅绿色，种皮薄、食味好，品质好，可粮、菜兼用。适宜在四川省秋播区的平坝、丘陵、坡土等不同土壤、不同耕作制度种植。

40. 成都大白

成都市郊区青龙乡地方品种，豆粒大，色白，植株比较高大，成熟期较早。籽粒大，百粒重 106.9g。高水平种植产量可达 1875.0kg／hm²，一般产量 1500kg／hm²。种皮厚，不易化渣，可作菜用。播种地宜选择丘陵地区的山坡地，土质以潮沙地、黄泥地为最好，这样既能滤水，也不易霜冻。平坝地区亦可播种，但因霜冻较丘陵地区大，成熟期较迟，产量也较丘陵地区低。

41. 上虞田鸡青

原产于浙江省上虞市，有名的地方品种。秋播，种皮绿色，百粒重80g左右，中粒型，是浙江省地方品种中品质最佳的一个。田鸡青具有耐湿、耐迟播、抗赤斑病等优点，适应性较强，水、旱两地均可种植。在浙江省一般于10月下旬播种，次年5月下旬成熟，全生育期205～209天，中熟型。田鸡青平均干籽产量每公顷2250kg，高者达3600kg。

42. 利丰蚕豆

浙江省农科院作物所以地方品种"皂荚种"经系统选育而成的蚕豆品种。秋播品种，中熟偏早类型。种皮绿色，百粒重85g以上。主要特点是丰产稳产，品质优，食味好，耐蚕豆赤斑病、耐湿、耐寒、耐碱等。平均干籽产量每公顷2250～3000kg。适于在浙江及邻近省区推广种植。

43. 平阳早豆子

浙江温州地方品种，主要产于浙江温州地区。早熟，秋播全生育期196天，也适宜春播。一般每公顷采收青荚10500kg左右，产干籽粒1750kg。小粒，百粒重70g以下，是菜、肥兼用品种。

44. 戴韦

中国农业科学院作物科学研究所自法国引进，青海省农林科学院作物所与中国农业科学院作物科学研究所合作系统选育而成。春播、秋播都有良好表现，春播生育期125天左右。具有高产、优质、小粒、耐旱、耐瘠的特点。分枝一般2～3个，单株荚数18～29个，单荚粒数2～3个，百粒重50～60g，种皮乳白色，种子蛋白质含量29%～30%，单宁含量少，不含蚕豆苷等生物碱。株高115～156cm，一般每公顷产干籽粒4500kg，是一个粮、饲兼用的品种。适于北方蚕豆主产区推广种植。

45. **临夏马牙**

甘肃省临夏地区的地方品种，因籽粒大、形似马齿而得名。春性较强，春播全生育期 150～170 天，晚熟种。具有适应性强、高产稳产的特点。平均每公顷产干籽粒 5250～7500kg。株高170cm 左右，茎粗壮，单株有效分枝 1～2 个，花淡紫色，单株荚数 10～20 个，每荚平均种子数 1.8 粒，种子阔厚，大粒种，百粒重 170g 左右。种皮乳白色，脐黑色，籽粒蛋白质含量25.6%。适宜肥力较高的土地上种植，是我国重要出口蚕豆品种。

46. **湟源马牙**

青海省湟源地方品种。春播型，春播全生育期 140～150 天。株高 120～150cm，茎粗壮，单株有效分枝 2～3 个，花浅紫色，单株荚数 10～20 个，每荚 1～3 粒种子。种子阔厚，大粒种，百粒重 160g 左右。种皮乳白色，脐黑色。喜水耐肥，抗性强。栽培历史悠久，具有较强的适应性，产量高而稳，是青海省优良地方品种。分布在海拔 1800～3000m 的地区。一般每公顷产干籽粒 3750～5250kg。是我国主要出口蚕豆品种，适于北方蚕豆主产区种植。

47. **崇礼蚕豆**

河北省张家口坝上地方品种。强春性，全生育期 100～110 天，早熟品种。幼苗绿色，有效分枝 2～3 个，株高 80～100cm，节间短，单株荚数一般 8～10 个，单荚粒数 3～4 粒，百粒重120g 左右。籽粒窄圆形，种皮乳白色。籽粒含蛋白质 24.0%、脂肪 1.5%、赖氨酸 1.55%。生育期较短，植株较矮，株形紧凑，适宜密植。喜肥喜水，适应性强，丰产性好，一般每公顷产干籽粒 2250～3000kg。适于张家口坝上、山西北部及内蒙古种植。

48. 阿坝大金白

四川阿坝州金川县地方品种。株高 107cm 左右，单株有效分枝 1～2 个，花浅紫色，单株荚数 5～11 个，每荚种子 1～2 粒。种子中厚，种皮乳白色，脐黑色，中偏大粒型，百粒重 100～110g。全生育期 173 天，中熟种。适应性广，抗逆性强，是一个优良的地方品种。

49. 青海 3 号

青海省农林科学院育成。株高 120～150cm，有效分枝 2～3 个，株形紧凑，结荚集中于中下部，荚长而厚，略呈弯曲状。单株结荚 10～12 个，每荚 2～3 粒种子，种子宽厚，种皮乳白色，种脐黑色，籽粒饱满整齐，大粒种，百粒重 153g 左右。

50. 青海 9 号

青海省农林科学院育成。春播蚕豆品种，具有高产、优质、特大粒的特点，分枝性强，结荚部位低，不易裂荚。种皮乳白色，百粒重 200g 左右。根系发达，植株高大、茎秆坚硬，抗倒伏，喜水耐肥，适宜在气候较温暖、灌溉条件好的地区种植。最高产量每公顷可达 6600～7200kg。是目前春蚕豆区主要推广品种。

51. 青海 10 号

青海省农林科学院以青海 3 号为母本，马牙为父本杂交选育而成的大粒高产旱地蚕豆品种。叶姿上举，株形紧凑，花白色。春性，全生育期 155～165 天。主茎有效荚 6.8 个，单株有效荚 11.3 个，籽粒白色，百粒重 168.7g。籽粒含粗蛋白 27.5%，淀粉含量 49.6%，粗脂肪含量 1.53%。一般田块种植每公顷产量 4500～5250kg，在低、中位山旱地种植每公顷 3750kg。适于青海及其他省相似气候条件下种植。

52. 青海 11 号

青海省农林科学院作物所以 72-45 为母本、新西兰为父本有性杂交选育而成。春性、中晚熟品种，株高 146.0cm，全生育期 152 天。一般每公顷产量 5250～6000kg。籽粒含粗蛋白 25.6%、淀粉 45.3%、脂肪 1.3%、粗纤维 6.2%、灰分 3.7%。中抗褐斑病、轮纹病、赤斑病。适于青海海拔 2000～2700m 川水地种植以及其他省区相似气候条件下试种。

53. 青海 12 号

青海省农林科学院作物所以青海 3 号×马牙为母本，72-45×英国 176 为父本有性杂交选育而成。春性、中晚熟品种，在西宁地区全生育期 143 天，株高 104.4cm。一般每公顷产量 4500～6000kg。中抗褐斑病、轮纹病、赤斑病。籽粒含粗蛋白 26.5%、淀粉 47.5%、脂肪 1.4%、粗纤维 7.3%。适于青海海拔 2000～2600m 的川水及中位山旱地种植以及其他省区相似气候条件下种植。

54. 胜利蚕豆

青海省农林科学院育成。株高 70～80cm，有效分枝 2～3 个，单株荚数 35 个左右，每荚平均 2 粒种子。种皮乳白色，种脐黑色，种子中厚，饱满，中粒种，百粒重 90～105g，全生育期 144 天。中熟，矮秆，高产稳产，适应性广。

55. 临夏大蚕豆

甘肃省临夏州农业科学研究所育成。春播，株高 140cm 左右，有效分枝 1～3 个，单株结荚数 15～22 个，每荚 1～3 粒种子。种子宽厚，种皮乳白色，种脐黑色，籽粒饱满。百粒重 170g 左右，大粒种。全生育期 160 天左右，中熟品种。籽粒含蛋白质 27.9%，每公顷平均产量 3750～4500kg。喜水耐肥，丰产性好，抗逆性强，适应性强，在海拔 1700～2600m 的川水地区和山阴地区均能种植。适于北方蚕豆主产区种植。

56. 临蚕 2 号

甘肃省临夏州农业科学研究所从法国引进品种法娃长荚中选

育而成。株高约160cm，株形紧凑，生长健壮，有效分枝1～3个，单株荚数10～15个。种皮乳白色，粒大饱满，百粒重约180g，大粒品种。中熟，全生育期160天左右。适应性广，抗逆性强。籽粒含蛋白质26.2%、粗纤维1.5%、淀粉41.1%、氨基酸2.6%。适宜在山区半干旱地区和阴湿区旱地种植。

57. 临蚕3号

甘肃省临夏州农业科学研究所从国外引进品种英175的变异单株中选育而成。幼苗直立，叶色深绿，幼茎绿色。株高100～150cm，有效分枝1.5个左右，株形紧凑。茎粗1.0cm，叶阔椭圆形，花淡紫色。始荚节位第七节左右，始荚高30cm左右，每株结荚18个左右，结荚上举。荚长10.5cm，宽2cm，每荚2～4粒，黑荚。籽粒白色，黑脐，粒长2.0cm，宽1.8cm，厚1.4cm，单株结籽30粒，百粒重153g。生育期123天，中早熟春性品种。较抗轮纹病、褐斑病、根腐病，对年度变化适应性强。籽粒含淀粉48.9%、粗脂肪0.7%、蛋白质29.9%、赖氨酸1.9%，品质优良，商品性好。适宜于甘肃、宁夏、青海等蚕豆春播区种植。

58. 临蚕4号

甘肃省临夏州农业科学研究所从张掖农校提供的加拿大蚕豆品种321的变异群体中选育而成。幼苗直立，花淡紫色，茎紫色，叶片浅绿，长卵形。株形紧凑，有效分枝1.7个左右，茎粗0.9cm，株高65～130cm，始荚高20cm左右，生育期110天，抗旱，抗倒，不裂荚。荚长11.0cm，每荚3～4粒，大粒型，粒色鲜白，黑脐，百粒重150g。抗锈病、赤斑病。籽粒含淀粉48.1%、粗脂肪1.3%、蛋白质26.0%、赖氨酸2.0%，商品性较好，可作为早上市蔬菜品种。适宜于海拔2000～2400m蚕豆春播区种植。

59. 临蚕 5 号

甘肃省临夏州农业科学研究所选育的高产、稳产、大粒、抗逆力强的春蚕豆品种。春播，生育期125天左右。分枝2～3个，百粒重180g左右，种皮乳白色，粒大饱满。籽粒含粗蛋白质23.4%、赖氨酸1.6%、淀粉50.8%、粗脂肪0.8%、灰分2.8%，商品性好。根系发达，抗倒伏，一般每公顷产量达5250kg，适于高肥水栽培，是粮、菜兼用优质品种。适于甘肃、青海省川水地区，张家口坝上、山西北部及内蒙古种植。

60. 临蚕 6 号

甘肃省临夏州农业科学研究所以国外引进品种英175作母本，荷兰168作父本，通过有性杂交选育而成。中熟大粒品种，春性强，生育期125天左右。株形紧凑，株高150cm，有效分枝1～2个，茎粗1cm左右。幼茎绿色，叶片椭圆形，叶色浅绿，花浅紫色。始荚高度30cm，结荚集中在中下部，荚长且较厚，呈半直立型，单株结荚数10～13个，单株粒数25粒左右，粒长2.1cm，粒宽1.6cm，百粒重180～200g。籽粒饱满整齐，种皮乳白，种脐黑色。耐根腐病，高抗叶部病害。籽粒含蛋白质30.4%、赖氨酸1.7%、淀粉47.7%、脂肪2.0%、灰分2.9%，品质较优良。适宜甘肃、青海、宁夏、内蒙古、新疆、山西、四川阿坝等春蚕豆区种植。

61. 临蚕 204

甘肃省临夏州农业科学研究所育成。春播蚕豆品种，生育期120天左右，具有高产、优质、粒大的特点，分枝2～3个，结荚部位低，百粒重160g左右。在春播地区适应性广，抗逆性强，一般每公顷产干豆5250kg左右，是出口创汇的优质品种。适于甘肃、青海川水地区，河北张家口坝上、山西北部种植。

62. 拉萨 1 号

西藏农业科学研究所选育而成。株高110cm左右，平均单株结荚数 13 个左右，每荚平均 1.6 粒种子。种皮乳白色，脐黑色，种子中厚，百粒重约 285g，大粒型品种。全生育期 160 天左右，中熟。适应性广，丰产性好。

63. 崇礼 1 号

河北省崇礼县麻地沟试验场杂交选育而成。株高 120cm 左右，节间较短，结荚部位集中，单株结荚 10～12 个，每荚种子 4 粒左右。种皮白色，百粒重 120g 左右，中粒型品种。全生育期 87 天左右，早熟品种。高抗褐斑病。

64. 大青扁

我国南北各地都有栽培。株高 60～70cm，分枝 1～3 个，主茎 5～6 节处着生第一花序，以后连续着花 4～5 节，每一花序结荚 1～3 个，全株结荚 10 多个。豆荚大，每荚种子 2～3 粒，嫩豆粒肥大，味鲜美，种皮浅绿色，适宜菜用。

第四章 豌豆高产栽培技术

第一节 概　述

豌豆，又名麦豌豆、寒豆、麦豆、荷兰豆（软荚豌豆），豆科豌豆属栽培种，一年生或越年生攀缘性草本植物。豌豆是我国重要的食用豆类作物之一，主要作粮食和蔬菜用，亦可作饲料和绿肥用。

豌豆起源于亚洲西部、地中海沿岸地区和埃塞俄比亚。在中亚、近东和非洲北部还有一种野生植物与现在栽培的豌豆杂交可育。这种植物可能是现代豌豆的原始类型，是最古老的作物之一。公元前6000多年新石器时代，在近东和希腊已有豌豆栽培；在中世纪，欧洲栽培豌豆几乎与谷类作物一样普遍，如英格兰的豌豆是主要栽培作物之一，并在18～19世纪开始采用选择和杂交方法，育成了许多优良品种。

豌豆传入我国的具体时间不详，栽培历史已有2000多年，并早已遍及全国。汉朝以后一些主要农书对豌豆均有不少记载，如三国时张揖所著的《广雅》、宋朝苏颂的《图经本草》载有豌豆植物学性状及用途；元朝的《王祯农书》讲述了豌豆在中国的分布；明朝李时珍的《本草纲目》和清朝吴其浚的《植物名实图考长编》对豌豆在医药方面的用途均有明确的记载。

由于豌豆根瘤菌可以固氮，其残枝落叶、留在土壤中的根和根瘤残体等可以培肥土壤，改善土壤物理结构，加速土壤熟化，所以豌豆是其他作物的优良前作，在轮作中占有一定地位。

豌豆籽含蛋白质 24% 左右、碳水化合物约 60%、脂肪约 2%，还含有丰富的维生素 B_1、维生素 B_2 和烟酸，具有较全面而均衡的营养，尤其是鲜嫩的茎梢、豆荚、青豆，是优良的蔬菜，已成为人们餐桌上的美味食品，对平衡人体营养，增进健康，起到了良好的作用。

第二节　我国豌豆分布特点及生产概况

一、我国豌豆的种植区划

1. 春豌豆区

本区包括青海、宁夏、新疆、西藏、内蒙古、辽宁、吉林、黑龙江及甘肃西部和陕西、山西、河北北部，一般 3~4 月播种，7~8 月收获。

2. 秋豌豆区

本区包括河南、山东、江苏、浙江、云南、四川、贵州、湖北、湖南及甘肃东部和陕西、山西、河北南部与长江中下游、黄淮海地区，一般 9 月底或 10 月初至 11 月播种，第二年 4~5 月收获。

二、豌豆生产概况

豌豆是一种适应性很强的世界性食用豆类作物，地理分布很广，自热带到寒带广大地区几乎都有种植。世界约有 65 个国家生产干豌豆，其中俄罗斯、中国、法国、丹麦是主产国。在干豌豆生产国中约有 50 个国家同时生产青豌豆，美国、埃及、奥地利、比利时等国是产量水平较高的国家。

我国豌豆生产主要分布在四川、河南、云南、湖北、甘肃、陕西、青海、湖南、西藏、新疆等省（区）。青豌豆主要产区位于大、中城市附近。豌豆在我国虽然栽培历史悠久，在 20 世纪 50 年代以前，其生产面积和产量从未有正式统计。20 世纪 50 年代我国豌豆生产面积曾达到 230.0 万 hm²，总产量约 345.5 万 t，平均单产 1500kg/hm²。20 世纪 50 年代以后，我国豌豆生产面积和产量不断下降，1983～1985 年我国年平均豌豆生产面积约为 71.54 万 hm²，为 20 世纪 50 年代的 31.1%；总产量 79.7 万 t，为 20 世纪 50 年代的 23.1%；平均产量 1115kg/hm²。目前，我国豌豆平均单产只有 1200kg/hm²，但在云南、青海、甘肃一些主产区，因为豌豆是这些地区的主要轮作倒茬作物，比较注意选用良种和栽培技术，单产可达 3750～5250kg/hm²。2000 年甘肃省武威地区从法国引进一个针叶豌豆品种，在当地示范推广平均产量 6000kg/hm²；2004 年该品种在甘肃省高海拔地区秦王川示范，最高产量可达 9000kg/hm²，表明选用良种和改进栽培技术，豌豆的增产潜力是很大的。据 2002 年联合国粮食及农业组织（FAO）生产年鉴统计，与世界豌豆主产国的单产相比，我国豌豆还有很大的增产潜力。

第三节　豌豆分类及其生态特征特性

一、豌豆分类

1. 按用途分

豌豆可分为粮用豌豆和菜用豌豆。粮用豌豆多为紫花，菜用豌豆多为白花。

2. 按荚软硬分

可分为硬荚豌豆和软荚豌豆。硬荚豌豆果皮纤维含量高，以食豆粒为主；软荚豌豆果皮脆嫩，以食荚为主。

3. 按茎生长习性分

分为矮生豌豆种、短蔓（半蔓）豌豆种和长蔓（蔓性）豌豆种。

4. 按豌豆株形分

分为直立型、半直立型（半匍匐）、匍匐型。

5. 按种子外形分

分为圆粒豌豆和皱粒豌豆。圆粒豌豆淀粉含量高，皱粒豌豆含糖分和蛋白质较多。

6. 按籽粒大小分

豌豆种子直径 3.5～5mm，百粒重小于 15.0g 的为小粒类型；直径 5～7mm，百粒重 15.1～25.0g 的为中粒类型；直径 7.1～10.5mm，百粒重大于 25.0g 的为大粒类型。

二、豌豆的植物学特征

1. 根

豌豆根系为直根系。初生根入土深度可达 100～150cm，其上着生大量细长侧根。侧根主要集中在耕作层（20cm 左右）之内。豌豆初生主根和侧根，在第一片真叶张开之前就已经发育得很好。

豌豆根部长有根瘤，根瘤肾形，多集中在近地表部分的根上，有时数个根瘤聚集呈花瓣状。根瘤内的共生根瘤菌有显著的固氮能力，为自身及其后作提供可利用的氮素。豌豆根瘤菌可以与蚕豆、扁豆、苕子、山黎豆等植物共生形成根瘤。在适宜的栽培条件下，每年可固定空气中游离氮素 75kg/hm² 左右。

2. 茎

豌豆茎为青绿色的草质茎，柔软、细长、中空、质脆易折。表面光滑无绒毛，多被以白色蜡粉，少数品种茎上有花青素沉积。通常由 4 根主轴维管束组成。在茎的 4 丛维管束中，2 丛仅含韧皮部纤维，与叶柄相连；另 2 丛既含木质部又含韧皮部纤维，与托叶相连。豌豆茎上有节，节是叶柄的着生处，也是花荚和分枝的着生处，一般早熟矮秆品种节数较少，晚熟高秆品种节数较多。

豌豆分枝差异很大，通常矮生类型仅产生几条分枝，中间类型和高大类型则分枝较多。株高因品种不同有很大差异，一般分为矮生型（15～90cm）、中间型（90～150cm）和高大型（150cm 以上）。矮生型多为早熟和中熟品种，高大型多为中熟和晚熟品种。根据茎的生长习性不同，栽培豌豆株型又分为直立、半直立（半匍匐）、匍匐 3 种。豌豆营养节节间较短，生殖节节间较长。

3. 叶

豌豆叶为偶数羽状复叶，复叶互生，每片复叶由叶柄和 1～3 对小叶组成，顶端常有一至数条单独或有分叉的卷须；叶梗基部两侧各着生一片托叶。主茎基部的第一、二节不生复叶，而生三裂的小苞叶。复叶的叶面积通常自基部向上逐渐增大，至第一花节处达到最大，尔后随节数增加而逐渐减少。复叶上小叶的排列方向有对生、互生或亚互生几种。小叶形状呈卵圆、椭圆形，极少数为棱形。小叶全缘或下部有锯齿状裂痕。托叶呈心脏形，下部边缘呈锯齿状裂痕。

豌豆叶片表面通常附着一层蜡质，呈浅灰绿色。极少数豌豆类型品种蜡质层很厚，看上去呈银灰色。如果是开有色花的品种，托叶基部常有紫色斑或半环状紫色斑点。

4. 花

豌豆花为总状花序，自叶腋长出，每个花序上通常着生 1～2 朵花，偶有 3～6 朵花。花萼小而绿色，基部愈合，上部浅裂成 5 瓣，呈钟状，从基部到裂片顶端长约 1cm。豌豆花为典型的蝶形花，有白色、淡红色和紫色之分。花冠由一片圆形具爪纹的旗瓣，两片翼瓣和由两个花瓣愈合而成的龙骨瓣组成。在一朵有色花上，旗瓣通常呈淡红色，翼瓣紫色，龙骨瓣绿色。白花品种的花序梗较长，红花品种较短，但较托叶稍长。一朵花中有雄蕊10枚，其中9枚基部相连，1枚分离，即二体雄蕊（9＋1）。花药10枚，椭圆形，双药室。雌蕊1枚，位于雄蕊中间，子房上位，无腹柄，一室，扁平，具弯曲的花柱和柱头，弯曲的柱头内面有绒毛，便于吸附花粉。子房由一张心皮和2～12个胚珠组成。

5. 果实

豌豆荚果是由单心皮发育而成的两扇荚皮组成。硬荚类型的荚皮内侧由一层坚韧的革质层组成；软荚类型荚皮内侧无革质层。半软荚类型荚皮内侧革质层发育不良或呈条、块状分布。荚的形状呈扁平长条形，但品种间有很大不同，有剑形、马刀形、弯弓形、棍棒形和念珠状等，先端或钝或锐。未成熟荚的颜色有蜡黄色、浅绿色、绿色和深绿色之分；某些有色豆粒品种的未成熟荚表面还有紫色条块、斑纹或红晕。成熟荚色通常为浅黄色，很少为褐色。

成熟种子由种皮、子叶和胚构成，无胚乳。在两片发育良好的子叶中，贮藏着发芽时必需的营养物质。

豌豆子叶的颜色为黄色、橘黄色、黄绿色、绿色和深绿色等。圆粒种子的子叶淀粉粒较大，而且多为复粒；皱粒种子含水和糖分较多，子叶淀粉粒较小，其体积约为圆形豌豆的一半而且多为单粒。

豌豆种子的煮软性因种皮色泽而异。凡是藁黄色种皮的种子煮软性最好，黄色和绿色种皮的种子煮软性适中，暗色种皮的种子煮软性较差，大理石花纹和表面皱缩的种子煮软性最差。

三、豌豆的生态特性

豌豆耐寒性较强。种子 2℃～3℃ 以上即可发芽，但发芽适温为 18℃～20℃；幼苗生长适温为 12℃～16℃，可耐 -4℃～-5℃ 的低温；开花期最适温度为 15℃～18℃，5℃ 以下开花减少，20℃ 以上的高温干燥天气，受精率低，种子减少；结荚期最适温度为 18℃～20℃，25℃ 以上植株生长衰弱，28℃ 以上落花、落荚严重；豌豆的花芽分化需要低温条件，冬性品种需 0℃～5℃ 的低温，春性品种在 15℃ 以上即可。

豌豆一般为长日照作物，尤其在结荚期要求较强的光照强度和较长的光照时间。有相当一部分品种对光照长短要求不严，但在长日照下能提早开花，缩短生育期。因此，将南方品种引到北方栽培，一般都能提早开花结荚；反之，北方品种引到南方则延迟开花结荚或不能开花结荚。

豌豆耐旱能力较强，但不耐空气干燥，喜湿润气候，又不耐雨涝。开花时最适空气湿度为 60%～90%。豌豆虽然对土壤适应性较广，但以疏松、富含有机质的中性或微酸性黏质土壤最适宜。豌豆最忌连作，生荒地栽培最好。对氮肥需求相对较少，但前期要适当追施氮肥；对磷肥要求较多。

第四节　豌豆高产栽培技术

一、南方豌豆秋播高产栽培技术

（一）播前准备

1. 种子精选

豌豆种子要求发育成熟、均匀饱满，播种后发芽快而齐。在生产中要作好种子精选工作。豌豆种子的精选：一是将病斑粒、虫食粒淘汰，使种子少带病菌，提高发芽率；二是将小粒、秕粒及破碎粒淘汰，提高整齐度，使种子发芽整齐，发芽势强；三是将不是本品种的混杂粒淘汰，提高种子纯度。

2. 种子处理

播种前将精选好的种子晒二天，晒种可提高种子发芽率，晒种时每隔2个小时翻动一次，便可直接播种，也可再进行低温春化处理。春化处理可以促进花芽分化，降低花序着生节位，提早开花，提早采收，增加产量。春化处理的方法是：在播种前先用15℃温水浸种，水量为种子容积的一半，浸2小时后，上下翻动一次，使种子充分湿润，种皮发胀后捞出，放在盆中催芽，每隔2小时用井水清洗一次，约经20小时，种子开始萌动，胚芽露出，然后在0℃～2℃低温条件下处理6～10天，待到芽长0.2～0.5cm时，便可取出播种。播种时采用根瘤菌拌种，可增产24.1%～68.3%。

（二）整地施基肥

豌豆忌连作，怕雨涝。在地下水位较高的田块，要整成宽1.7～2m（包沟）的深沟高厢，略呈龟背形，以便于排水。田块周围开好排水沟，保证雨天不积水。地势较高的旱地栽培，地下水位较低，厢沟要浅，不宜过深。整地前，提早深耕，晒白土壤，促进土壤风化，使土壤疏松，并消灭部分病虫，创造良好的根系生长条件。翻耕深度以35cm左右为宜。深耕前每公顷最好撒施生石灰750～1500kg，以改良土壤理化性状和消灭部分土壤病虫。

豌豆对氮肥需求相对较少，对磷肥要求较多。因此基肥一般每公顷施腐熟农家肥（或土杂肥）15000～75000kg和过磷酸钙375kg。施用前，将肥料混和，并在厢中开深沟，然后将基肥施入沟中，与土壤混匀，即覆土平沟，准备种植。地力差的田块和生长期短的早熟品种，基肥中应增施10kg尿素，以满足幼苗生长的需要。

（三）播种

豌豆较耐寒而不耐热，适时播种是夺取高产的关键。长江流域多为秋播，播种季节因地区而不同，长江中下游地区一般在10月下旬至11月上旬播种为宜，华南及西南南部在9月中下旬至10月中下旬均可播种。播种量80～120kg/hm²，播种密度，矮生品种行距40～50cm，穴播穴距15～20cm，每穴3～4粒种子，条播株距5～8cm；蔓生品种行距50～60cm，穴播穴距20～30cm，每穴3～4粒种子，条播株距10～15cm；覆土3～4cm。前茬为棉花，可选择棉秆作支架，穴播于双行棉花的根旁，播量45kg/hm²，每穴3～4粒，密度45000～52500穴/hm²。

在江苏淮安、泰州等地区，近几年兴起了一种新型的利用地膜覆盖进行豌豆栽培的新方法，该方法在不改变原有种植密度的前提下，在播后苗前采用地膜对豌豆进行覆盖，由于地膜的保水、控草、防病、早熟等综合效果，一般亩产增加30%以上，由于提早成熟，亩效益增加50%左右。

（四）田间管理

秋冬播种的豌豆，越冬前须进行一次培土，以利保温防冻，次年春后松土除草。豌豆出苗后，宜浅松土数次，并培土护苗防冻，以提高地温促根生长，使叶片肥厚。同时清理沟渠，确保沟渠畅通，多雨年份注意排水防涝。

蔓生和半蔓生性豌豆，株高30cm左右时需立支架。豌豆茎蔓嫩而密集，宜用矮棚或立架，保持田间通风透光，以利爬蔓。也可播种于棉花行间，以棉花秸秆为攀援物。秋冬播种的豌豆，前期长势较旺，可在春节前采摘1～2次嫩头供食用，采摘嫩头后喷施适量尿素，不影响豌豆的产量。

豌豆现蕾开花时需水量增加，如碰到干旱时要浇水。浇水时，根据豌豆苗情，结合浇水每公顷追施速效氮肥75～150kg或人粪尿 7500～15000kg。加速营养生长，促进分枝，随后松土除草，待基部荚果已坐住，遇旱加大浇水，并追施磷、钾肥。每公顷可用 300～450kg 复合肥和过磷酸钙 150～225kg 浇施或沟施。结荚期在叶面喷施 0.3% 磷酸二氢钾，可增加花数、荚数和单荚粒数。结荚盛期保持土壤湿润，促使荚果发育。待结荚数目稳定、植株生长减缓时，减少水量，防止植株倒伏。

(五) 采收留种

豌豆属于完全自花授粉作物，但仍有一定的天然杂交率，特别在炎热、干燥条件下，雌雄蕊有可能露出花瓣外，所以豌豆留种田块，为保证品种纯度，应使不同品种间有 100～120m 隔离空间。一般生产用种只要注意不同品种间适当隔离即可保障品种纯度，紫花类品种的异交率较高，因此白花类品种留种田中特别要注意拔除紫花豌豆。豌豆中、下部荚大及粒多、粒大，种子具有较强遗传性，因此留种应选具本品种特征植株的中、下部大荚多粒类型品种。豌豆籽粒成熟时，绿熟期较黄熟期发芽率及发芽势均强，尤其含糖量高的皱粒型品种应在绿熟期采收。待其后熟后收取种子，晒干用药物熏蒸保存，以防豌豆象危害。

(六) 鲜食豌豆保鲜贮藏

食用鲜豆粒的豌豆可带荚贮藏，在贮藏期间荚中的糖分可向豆粒转移，豆粒品质较好。也可去荚贮藏，不过豌豆粒很易失水，而且在贮温高于 6℃ 的情况下，24 小时后豆粒内的糖分就迅速转化合成淀粉，氨基酸的含量也显著降低。所以，豌豆采收后必须立即预冷，并在 0℃ 左右温度下贮藏，保持 95%～98% 的相对湿度。最好用塑料膜包装，减少萎蔫。

食荚豌豆用塑料薄膜密封，在 0℃～3℃ 下可保存 25 天。如在 5%～7% 二氧化碳的气体中贮藏比在空气中效果更好。

二、北方豌豆高产栽培技术

在我国北方，豌豆的栽培方式有露地栽培和设施栽培。露地栽培分春、秋两季栽培，因豌豆的耐寒性较强，春季土壤化冻后即可播种，秋季栽培面积相对较小；设施栽培的季节较长，从秋末到春初，有早春茬栽培、秋延后栽培、深冬栽培和冬春茬栽培。栽培形式多种多样，小拱棚栽培、大棚栽培、简易日光温室栽培和日光温室栽培等。其播种时期与茬口安排因不同栽培方式、不同品种而异。

（一）露地栽培

1. 春季露地栽培

（1）适时播种 豌豆喜冷凉湿润气候，不耐干旱高温，所以各地应在不受冻的前提下适期早播。一般当土壤解冻 6cm 时即可播种。京、津地区一般于 3 月中旬播种，河北南部、河南及山东等地 3 月上旬播种。适当早播，可促进根系发育，植株健壮，并增加分枝和花数；播种过晚，不但成熟晚，而且节间长、荚稀、结荚数少。采用地膜覆盖，还可提前 5、6 天播种。

（2）整地施肥 豌豆最好实施 2～3 年以上的轮作。早春播种时应在头年冬天深耕并灌冬水，第二年春每公顷施有机肥 30000～45000kg、过磷酸钙 300～375kg、草木灰 1500kg。翻地耙平，一般作平厢，厢的大小、宽窄依品种而定。如未浇上冬水，次年 2 月底一定要浇水后播种。

（3）播种方式及密度 早春栽培一般用干籽直播。为提早开花，增加分枝，可进行种子处理。方法是：先在室温下浸种 2 小时，待种子吸足水分后，放在温暖的地方催芽，待种子露白后，再放在 0℃～2℃低温下处理 5～7 天，取出种子进行播种。

一般春季生长期短，密度可大些，矮生品种的密度应大于蔓生品种。点播时，蔓生种行距 40cm，矮生种行距 30cm，株距

10～15cm，每穴 2～3 粒种子，每公顷播种 120～150kg，播后覆土 3～4cm。入冬前已灌水，则播种前不必润厢，播种后踏实保湿。

（4）田间管理

中耕除草：齐苗后及时中耕松土，以提高地温。现蕾前再中耕一次，并适当培土。中耕时植株根部浅，行间、穴间要深。开花或抽蔓后不再中耕，但要注意除草。

及时搭架：对于半蔓生和蔓生品种，当植株长到 30cm 时要及时搭架，防止倒伏。增加通风透光性。

肥水管理：豌豆水分管理原则是"浇荚不浇花"。如土壤不旱，豆荚发育前一般不浇水，进行中耕蹲苗。干旱时可在现蕾开花前浇一次小水。并施入过磷酸钙 150～225kg/hm²、草木灰 1500kg/hm²。当小荚坐住后浇一次大水，随水施入尿素 150～225kg/hm²。整个结荚期要保持土壤湿润，需浇水 2～3 次。

（5）适时采收　采收嫩荚的豌豆，在谢花后 8～10 天豆荚停止发育、开始鼓粒时采收；食用鲜豆粒的豌豆，应在豆荚充分膨大而未开始变干之前收获。

2. 秋季露地栽培

（1）种子处理　秋季种植和春季种植有很大不同，必须经过特殊处理，完成种子的春化阶段才可保障植株营养生长如期向生殖生长过度。处理方法是：播种前浸种 20 小时，沥干后放入 0℃～5℃的环境中，2 小时翻动 1 次，10 天后种子即可通过春化阶段。

（2）整地播种　播种时间一般在 7 月底至 8 月初。如前茬未拔除，可摘除下部老叶，在其株间挖穴直播，播种深度 4cm 左右。播种时不翻地施基肥，前作拔除后，在行内开沟补施基肥，并深锄一遍；也可先在其他地块育苗，待前茬拔除后整地，每公顷施有机肥 30000～45000kg、过磷酸钙 300～375kg。秋季露地栽培生长期较短，播种密度应比春季加大。

（3）田间管理　豌豆秋季露地栽培，其田间管理重在前期。播种时白天温度还很高，播种或育苗时可采用遮阳网架空覆盖，以遮光降温，增加湿度，利于出苗。雨后应及时排水。待最高气温低于25℃时撤掉遮阳网。

秋豌豆因前期温度较高，植株易徒长，所以现蕾前更应严格控制肥、水，并应加强中耕培土，一般每隔7～10天锄地培土一次。结荚后开始浇水、施肥，每隔10～20天一次。10月中旬以后，气温降低，应停止施肥、浇水。其余管理同春季栽培。

（二）塑料大棚栽培

近年来，我国北方保护性栽培豌豆特别是荷兰豆，已有一定面积。一方面可以提早或延后上市，另一方面在保护条件下栽培更适合荷兰豆生长发育，豆荚更鲜嫩脆甜，品质好，收获期延长，产量也高。

1. 春早熟栽培

塑料大棚春早熟栽培一般选用蔓生或半蔓生品种，有时也栽培甜豌豆。以抗病、优质、丰产为首选，同时配合不同熟性的品种，以便分期分批采收上市。

（1）培育壮苗　早春温度低，一般大棚在2月中下旬适合豌豆生长。为提早采收上市，可采用先在加温温室或节能型日光温室中提前育苗的方法，待大棚中的温度适宜时再移栽。

①播种时期：早春育苗的苗龄需30～35天，当幼苗具有4～6片真叶时移栽。豌豆的根再生能力较弱，不易发新根，而且随苗龄增大，再生能力减弱。所以，根据苗龄和移栽期来推算，2月中下旬移栽的大棚豌豆，育苗时间大约在1月上中旬。

②育苗方法：可采用塑料钵育苗，也可采用营养土方格育苗。营养土的配制包括腐熟粪肥、园土、火土灰，按3∶4∶3的比例混匀，每1000kg再加入硝酸铵0.5kg、过磷酸钙10kg。将

营养土装入营养钵或铺在苗床上，播种前打足底水，苗床按 10cm×10cm 见方划格做成土方。一般采用干籽直播，在塑料钵或营养土方中间挖孔播种，每孔 3～4 粒，播后覆 3cm 的细土保湿。为提高地温、利于出苗，播种后苗床上再覆盖塑料薄膜。

③苗期管理：播种后正处于最寒冷的季节，苗期管理应重在防寒保温。以 10℃～18℃ 最适于出苗，低于 5℃ 时出苗缓慢且不整齐，高于 25℃ 发芽太快，苗瘦弱。出苗后适当降温，白天保持 10℃ 左右即可。2 片真叶后，提高温度至白天 10℃～15℃，夜间 5℃ 以上即可。移栽前一周降温炼苗，以夜间不低于 2℃ 为宜。

苗期一般不浇水，也不间苗、中耕。但温室前后排的要倒换位置 1～2 次，即前排倒后排，后排到前排，以使苗生长一致。

（2）移栽

①整地、施肥、开厢：春大棚栽培应在秋冬茬收获后深翻，每公顷施入有机肥 37500kg、过磷酸钙 450kg、草木灰 750kg、硝酸铵 225kg。一般作成宽 80cm 的厢，中间栽 1 行，或 1.2m 宽的厢栽 2 行，穴距以 15～20cm 为宜。

②移栽：当棚内最低气温在 4℃ 左右时即可移栽。先按行距开沟灌水，再按株距放苗，水渗下后封沟。也可开沟后先放苗，覆土后灌明水或按穴浇水。早春温度低，灌水不要太大。为提高棚温，移栽后可加盖小拱棚或二层保温膜。

（3）移栽后的管理

①开花前的管理：移栽后一般密闭大棚，当棚内温度超过 25℃ 时，中午可进行短时间通风适当降温。缓苗后可加大通风，使棚内温度保持在白天 15℃～22℃、夜间 10℃～15℃ 为宜。如移栽浇水充足，移栽后至现蕾前一般不需浇水施肥。比较干旱时，可在适当时候浇一次小水。缓苗后及时中耕培土，进行适当蹲苗。直至现蕾前结束蹲苗，其间中耕培土 2～3 次。现蕾后浇

头水，并随水施入稀粪水等有机肥。蔓生品种浇水后要及时搭架引蔓。

②开花结荚期的管理：进入开花期应控制浇水，以免落花。待初花结荚后开始浇水施肥，促进荚果膨大。之后每隔 10～15 天浇水施肥一次。进入结荚期，气温逐渐升高，要注意通风换气降温，保持白天 15℃～20℃、夜间 12℃～15℃。当白天外界气温达 25℃以上时可放底风，当夜间最低气温不低于 15℃时，可昼夜放风。气温再高时，可去掉大棚四周薄膜，但不可去掉顶棚，否则处于露地条件下，植株迅速衰老，豆荚品质下降。

③其他管理：蔓生和半蔓生品种均需搭架，并需人工绑蔓、引蔓。发现侧枝过多，可适当打掉一些，以防营养过旺。而对于分枝能力弱的品种，可在适当高度打掉顶端生长点，促进侧枝萌发。

（4）采收　食荚品种在开花后 8～10 天即可采收嫩荚，也可根据市场情况适当提前或延后。

2. 秋延后栽培

大棚豌豆秋延后栽培，是利用豌豆幼苗适应性强的特点，在夏秋播种育苗，生长中后期加以保护，使采收期延长到深秋的栽培方式。

（1）栽培时期　华北地区一般 7 月直播或育苗，9 月开始采收，11 月上中旬采收完。秋延后栽培也以蔓生和半蔓生品种为主，根据前茬作物收获早晚，选择不同熟性的品种。

（2）播种方法及苗期管理

①施肥、开厢：前茬作物采收完较早时，每公顷施入有机肥 45000kg，后深翻、开厢。分枝多、蔓生性品种作成 1.5m 宽的厢，播 1 行；分枝弱、半蔓生性品种作成 1m 宽的厢，播 1 行。播种时沟施过磷酸钙 50kg/hm^2；前茬作物收完较晚时，可在其行间就地直播，前茬采收完后再开沟补施基肥。

②种子处理及播种密度：夏季高温期播种，一般花芽分化节位较高，常采用种子处理方法来促进提早进行花芽分化，而且节位低（种子处理方法见秋季露地栽培）。直播时应先浇水，待湿度适宜时播种。行距 40～60cm，穴距 20～30cm，每穴 3～4 粒种子。也可采用条播，但应控制好播种量，防止过密。

③播后管理：播种时大棚只保留顶膜防雨。出苗后立即中耕，促进根系生长，并严格控制肥、水。整个苗期一般要中耕培土 2、3 次，进行适当蹲苗。植株现蕾时开始小浇水。

（3）育苗方法及苗期管理　前茬收完较晚时，可采取育苗移栽的方法，通常在 7 月中下旬育苗。选择通风排水良好的地块作成苗床，浇足底水，施足底肥，一般苗期不再浇水施肥。按 10cm×10cm 的穴距进行播种，每穴 3、4 粒种子。为遮光降温、防止雨淋，可用遮阳网搭设荫棚。8 月份移栽，苗期 20～25 天。

（4）田间管理　移栽后 2～3 天浇缓苗水，然后中耕蹲苗，以后管理与直播相同。现蕾时浇一次水，每公顷施入硫酸铵 225kg，中耕培土并及时搭架。当部分幼荚坐住并伸长时，开始加强肥水管理，隔 7～10 天浇水一次，随水追施稀粪水或化肥一次。10 月上旬后减少浇水并停止施肥。

大棚的温度管理，前期以降温为主。9 月中旬以后，当夜间温度降到 15℃以下时，可缩小通风口，并不再放夜风，白天超过 25℃才放风。10 月中旬以后，只在中午进行适当放风，当外界气温降到 10℃以下时，不再放风。早霜来临后，应加强防寒保温，大棚四周围上草帘等，尽量延长豌豆的生长期和采收期。

（5）采收　前期温度较高，应适当早采，促进其余花坐荚及小荚发育；后期温度低，豆荚生长慢，应适当晚采，市场价格更好。

（三）日光温室栽培

1. 早春茬栽培

（1）播种期的确定　日光温室早春茬豌豆栽培的供应期应在

大棚春早熟栽培之前。播种期的确定根据供应期、所用品种嫩荚采收期长短来推算，也要视前茬作物采收完早晚而定。前茬一般为秋冬茬茄果类、瓜类或其他蔬菜，采收完时间大约在 12 月上中旬至翌年 2 月初，那么，日光温室早春茬的播种期应在 11 月中旬至 12 月下旬。12 月下旬至 2 月上旬移栽，收获期则在 2 月初至 4 月下旬。因苗期正处于最寒冷季节，育苗要在加温温室或日光温室加覆盖条件下进行。

（2）育苗及苗期管理　育苗方法基本同大棚春早熟栽培，采用塑料钵或营养土方块育苗，每钵 2～4 粒种子。4～6 天后出苗，每穴留 2 株。培育适龄壮苗是栽培成功的重要环节之一，苗龄过小，影响早熟；苗龄过大，植株容易早衰或倒伏，影响产量，适龄壮苗的标准是 4～6 片真叶，茎粗节短，无倒伏现象。苗龄一般为 25～30 天。

（3）移栽

①整地施肥：温室栽培植株高大，根系分布较深，应深翻 25cm 以上。每公顷施入优质农家肥 45000kg、过磷酸钙 750kg 和草木灰 750kg。肥料混匀，耕地耙平后，作成 1m 宽的厢，栽 1 行；或 1.5m 宽的厢栽 2 行。

②移栽方法：营养土方块育苗时，应在移栽前 3～5 天囤苗，塑料钵育苗时可随栽随将苗子倒出。移栽时先在厢内开 12～14cm 深的沟，边浇水边将带土苗子栽入沟内，水渗下后封沟覆土、耙平厢面。一般单行移栽时穴距 15～20cm；双行移栽时 20～25cm。

（4）移栽后管理

①温度管理：缓苗期间温度应略高，从移栽至现蕾开花前，白天保持在 20℃左右，超过 25℃开始放风，夜间保持在 10℃以上即可。进入结荚期，白天温度以 15℃～18℃、夜间温度 12℃～16℃为宜。随外界温度升高，主要掌握放风的时间和放风的大

小，维持温室内温度在相应幅度内。

②肥水管理：移栽时浇足底水，现蕾前一般不再浇水，靠中耕培土来保湿。现蕾后浇一次水，并施入复合肥 225～300kg/hm²，然后进行浅中耕。开花期控制浇水，第一批荚坐住并开始伸长时肥水齐施。结荚盛期一般 10～15 天浇一次肥水，每次施入复合肥 150～300kg/hm²。直到采收完前 15 天停止施肥，采收完前 7 天停止浇水。在苗期、初花、盛花、初采期各叶面喷施一次 2％磷酸二氢钾和 0.3％钼酸铵混合液。蔓生品种在蔓长 20～30cm 时及时插架，并绑缚引蔓。阴雨天较长时，落花落荚严重，可用 5mg/kg 浓度的防落素喷花。必要时进行适当整枝。

2. 秋延后栽培

（1）品种选择　日光温室的秋延后栽培以选择早熟矮秧、既耐寒又耐热的品种为宜。

（2）播种期的确定　根据所选品种的生育期和豌豆对生长温度的要求，一般播种期在 8 月初为宜，10 月上旬至翌年 1 月收获。这茬豌豆收获期可比露地秋季栽培延后 50～70 天。

（3）种子处理及播种　种子低温处理方法见豌豆露地秋季栽培。为预防病毒病，可在催芽前用 10％磷酸三钠浸种 20～30 分钟，用清水洗净后再催芽。所选地块每公顷施入有机肥 45000kg、过磷酸钙 300kg 及适量钾肥。一般采用直播，行距 50cm，株距 30cm，每穴 3 粒种子。

（4）田间管理

①温度管理：在温室内最低气温不低于 9℃时应全天大放风，防止因温度高而徒长或病毒病发生。进入 10 月以后，气温逐渐下降，要逐步减少通风，使温度维持在 9℃～25℃，并保持 80％～90％的空气相对湿度。11 月以后应密闭温室，夜间加盖草苫，加强保温。

②肥、水管理：播种后应多次进行中耕松土，促进通气，防

止土壤板结沤根。现蕾前浇小水，并追施尿素 2 次，每次150kg/hm²，浇水后松土保墒。从现蕾至第三个荚果采收，停止浇水，进行蹲苗。蹲苗后加强肥水管理，并增施磷钾肥。结荚盛期温度较低，适当减少浇水次数和浇水量，保持土壤湿润，切忌大水漫灌。在开花前和开花后 20 天各喷一次喷施宝，可提高产量。

3. 冬茬栽培

（1）播种时期　日光温室豌豆冬茬栽培以供应元旦至春节以及早春一段时间为目的，播种期应早于早春茬，晚于秋冬茬。一般在 10 月上中旬播种育苗或直播，11 月上旬移栽，12 月下旬至翌年 3 月下旬收获。

（2）育苗　育苗方法基本同豌豆大棚春早熟栽培。因育苗时温度比较高，所以苗期管理以降温管理为主，白天保持10℃～18℃。移栽前降低到2℃～5℃，保持3～5 天时间，使其通过春化阶段，提早进行花芽分化。

（3）移栽　每公顷施入优质农家肥45000kg，深翻耙平。作厢时每公顷再沟施过磷酸钙 450～750kg、硫酸钾 300～375kg。按 1.5m 宽、南北向作厢。移栽时在厢中间开 10～15cm 深的沟，按穴距 20～22cm 栽苗，每穴 3～4 棵。栽后浇水覆土。

（4）移栽后管理

①温度管理：移栽后至现蕾前，白天温度不宜超过 30℃，夜间不低于 10℃。整个结荚期以白天 15℃～18℃，夜间 12℃～16℃为宜。

②中耕、支架：豌豆苗高 20cm 时出现卷须应立即支架。一般搭单排支架，并用塑料绳绑缚帮助攀援。中耕只在搭架前进行，搭架后不再中耕。一般浇缓苗水后浅锄松土，搭架前再中耕一次即可。

③肥水管理：移栽时温度较低，浇缓苗水时，水大小视土壤

湿度而定。现蕾前不浇水施肥，当第一花已结荚、第二花刚谢时适时浇水施肥。大约 15 天左右浇水一次，并随水施入复合肥 $225\sim300kg/hm^2$。浇水量不宜过大，否则会引起落花落荚。

（5）防止落花落荚 进入开花盛期，如落花严重，可用 5mg/kg 浓度的防落素喷花，同时注意放风，调节好温湿度。

三、豌豆早期冻害症状及防治措施

豌豆属冷季豆类，要求温暖而湿润的气候环境，耐寒能力不及小麦、大麦。豌豆冻害常发生在植株生长早期或花荚期间，生长点死亡并且叶片会出现不规则的坏死斑。一般豌豆品种在苗期能耐 $-4℃$ 的低温，在 $-5℃$ 以下即会受冻害。不同生育阶段生物学起始温度不同，发芽出苗为 $2℃\sim4℃$（最适温度为 $9℃\sim12℃$，最高为 $32℃\sim35℃$），营养器官形成为 $7℃\sim8℃$（最适温度为 $14℃\sim16℃$），生殖器官发育为 $6℃$（最适温度 $16℃\sim20℃$），结荚温度为 $6.5℃$（最适温度为 $16℃\sim22℃$）。低于起始温度时，豌豆会出现不同程度冻害。在南方地区，豌豆在三种情况下易受冻害：①冬季比较干旱，水分不足，形成干冻，寒潮来临时易受冻害。②豌豆进入越冬，因气温高，生长旺盛，寒流袭击时气温骤降而受冻。③强寒潮连续袭击，温度低，时间长而受冻。冻害机理是细胞结冰引起原生质过度脱水，破坏原生质蛋白质分子的空间构型。同时，结冰最易伤害细胞膜结构，使细胞膜蛋白凝聚，脂类层破坏。细胞膜破坏，代谢就紊乱，最后导致细胞死亡。

1. 豌豆遇冻害后的主要补救措施

一是及时松土和根际培土，破除土壤表层冰块，提高土壤温度，促进豌豆生长。二是苗期受冻应增施肥料以促进多分枝，靠分枝形成产量；在花期受冻，要适时摘顶，调节营养生长，提高分枝结荚数。

2. 在寒潮来临前，豌豆主要做好以下几方面的预防工作

（1）清沟排水，防止积水结冰。豌豆防冻的主要措施是开沟排渍，确保"三沟"（围沟、腰沟、厢沟）畅通，田间无积水，避免渍水过多妨碍根系生长，做到冰冻或雪融化后生成的水能及时排掉，从而有利于冬豌豆生产的快速恢复。

（2）采用覆盖技术预防冻害。可采用稻草或麦秆等覆盖在豌豆田。寒潮结束后及时掀开，以防各种病虫害。

3. 如果已经发生了冻害，主要补救措施

（1）冻后管理。寒流过后及时查苗，及时摘除冻坏叶，拔除冻死苗，对表土层冻融时根部拱起土层、根部露出、幼苗歪倒等造成的"根拔"苗，要尽早培土壅根；解冻时，及时撒施一次草木灰或对叶片喷洒一次清水，对防止冻害和失水苗有较好效果，可有效减轻冻害损伤。

（2）增施速效氮、磷、钾肥。灾后适当追施一些速效氮、磷、钾肥，以增强豌豆对冻伤的修复。豌豆受冻后，叶片和根系受到损伤，必须及时补充养分。可每公顷追施 45～75kg 尿素，长势较差的田块可适当增加用量，使其尽快恢复生长。在追施氮肥基础上，要适量补施钾肥，每公顷可施氯化钾 45～60kg 或根外喷施磷酸二氢钾，以增加细胞质浓度，增强植株的抗寒能力，促灌浆壮籽。

（3）加强测报，防治病虫害。豌豆受冻后，较正常植株更容易感病，要加强病虫害预测预报，密切注意病虫害发生发展动态。

第五节　豌豆常见病虫害及其防治

一、豌豆常见病害与防治

1. 豌豆白粉病

白粉病是由豌豆白粉菌引起的真菌性病害，在日暖夜凉多湿的环境下易发生。广泛发生在我国各豌豆种植区，是豌豆生产中发生最普遍的病害。在适宜的气候条件下，可造成较重的生产损失。地上部各部位均可受害，保护性栽培发生更为严重。发病初期叶正面呈白粉状淡黄色小点，后扩大成不规则粉斑，以至连成一片，并使叶正、背面覆盖一层白色粉末。发病后期粉斑上产生大量黑色小粒点，进而全叶枯黄，茎蔓干缩。

病菌可通过豌豆荚侵染种子，是一种少见的种子带菌传播的病害。病残体上的闭囊壳及患病组织上的菌丝体，均可越冬，翌年产生子囊孢子进行初侵染，借气流和雨水溅射传播。患病部产生分生孢子进行多次重复侵染，使病害逐渐蔓延扩大，后期病菌产生闭囊壳越冬。在温暖地区，病菌以分生孢子在寄主作物间辗转传播为害，无明显越冬期，也未见产生闭囊壳。除侵染豌豆外，还可侵害豆科其他作物、茄科、葫芦科等13科60多种作物。日暖夜凉多露潮湿的环境适其发生流行，即使天气干旱，该病仍可严重发生。品种间抗性有差异，细荚豌豆较大荚豌豆抗病。

防治方法：①种植抗病品种。②收获后及时清除病残体，集中烧毁或深埋，减少初次侵染源。③加强栽培管理，合理密植，多施磷钾肥，以增强植株抗性。④药剂防治。病害初发期可用25％粉锈宁可湿性粉剂2000倍液或50％苯菌灵可湿性粉剂1500倍液等，重病田隔7～10天再喷一次。

2. 豌豆霜霉病

在我国南方及西北豌豆种植区均有发生，在局部地区造成较大危害。一般在气温 20℃～24℃ 的雨季易引起流行。主要为害叶片，初在叶面出现褪色斑。菌丝孢子层生于叶背或叶面，以叶背面居多，白色至淡紫色。嫩梢上叶片受害较重。发展到后期叶背面的淡紫色霉层布满全叶，致叶片枯黄而死。

病菌以卵孢子在病残体上或种子上越冬。翌年条件适宜时产生游动孢子，从子叶下的胚茎侵入，菌丝随生长点向上蔓延，进入芽或真叶，形成系统侵染后产生大量孢子囊及孢子，借风雨传播蔓延，进行再侵染，经多次再侵染导致流行。一般雨季气温 20℃～24℃ 发病重。

防治方法：①选用抗病品种。②使用无病种子。③栽培防治：与非寄主作物实行轮作，减少初侵染源；收获后及时清除病残体，集中烧毁，耕翻土地；加强栽培管理，合理密植，降低田间湿度。④药剂防治：用 25% 甲霜灵可湿性粉剂以种子重量的 0.3% 进行拌种；发病初期可选用 90% 乙磷铝可湿性粉剂 500 倍液、72% 普力克水剂 700～1000 倍液、69% 安克锰锌可湿性粉剂 1000 倍液等喷施。

3. 豌豆褐斑病

发生在我国各豌豆种植区，是豌豆生产中普遍发生的病害，可以造成一定的产量损失。温暖、潮湿多雨的天气有利于病害的发生与蔓延。主要为害叶、茎、荚。叶片染病产生圆形淡褐色至黑褐色病斑，病斑边缘明显。斑上具针尖大小的小黑点，即分生孢子器。茎染病病斑褐色至黑褐色，纺锤形或椭圆形，稍凹陷，颜色为淡褐色至黑褐色。荚被害，病斑呈圆形，淡褐色至黑褐色，稍下陷向内扩展波及到种子，致种子带菌；种子病斑不明显，湿度大时呈污黄色或灰褐色。我国褐斑病是常发病害，生产上基腐病、褐斑病常混合发生。

以分生孢子器或菌丝体附着在种子上或随同病残体在田间越冬。播种带菌种子，长出幼苗即染病，子叶或幼茎上出现病痕和分生孢子器，产生分生孢子借雨水传播，进行再侵染，潜伏期6～8天。田间温度15℃～20℃及多雨潮湿易发病。

防治方法：①重病田与非豆科蔬菜实行2～3年轮作。②选留无病种子，或将种子在冷水中预浸4～5小时后，置入50℃温水中浸5分钟，再移入冷水中冷却，晾干播种。③选择爽水地块，合理密植，采用配方施肥技术，提高抗病力。④收获后及时清洁田园，进行深翻，减少越冬菌源。⑤发病初期可选用50%苯菌灵可湿性粉剂1500倍液或40%多·硫悬浮剂800倍液、70%甲基硫菌灵可湿性粉剂500倍液、30%绿叶丹可湿性粉剂500～800倍液、75%百菌清可湿性粉剂600倍液等药剂喷洒，隔7～10天防治1次，连续防治2～3次。

4. 豌豆黑斑病

豌豆黑斑病主要为害叶片、近地面的茎和荚。叶片染病初生圆形至不规则形斑，中间黑褐色至黑色，具2～3圈轮纹，其上生很多小黑粒点，即病原菌分生孢子器。茎部染病茎上产生条斑，病部呈黑褐色，茎病部以上茎叶变黄枯死。荚染病初生不规则形紫斑点，病部有分泌物，褐色至黑褐色，干后呈疮痂状，侵入种子引起斑点。

以菌丝或分生孢子在种子内或以分生孢子器随病残体在地表越冬。翌年病菌通过风、雨或灌溉水传播，从气孔、水孔或伤口侵入，引致发病。种子带菌可随种子调运进行远距离传播。用带病种子育苗，苗期可见子叶染病，后蔓延到真叶上，田间发病后，病斑上产生分生孢子，借风、雨或农事操作进行传播，引致再侵染。

防治方法：①选用无病豆荚，单独脱粒留种；播种前用56℃温水浸种5分钟，进行种子消毒。②适时播种，不宜过早。

提倡高垄栽培，适当密植，合理施肥，增施钾肥，提高抗病力。③发病初期可选用75％百菌清可湿性粉剂1000倍液加70％甲基硫菌灵可湿性粉剂1000倍液、75％百菌清可湿性粉剂1000倍液加70％代森锰锌可湿性粉剂1000倍液、40％多·硫悬浮剂500倍液、50％复方硫菌灵800倍液等药剂喷洒，隔10天左右1次，连续2～3次，注意喷匀喷足。

5. 豌豆基腐病

又称豌豆立枯病。主要发生在幼苗期。种子染病引起烂种；幼苗染病在茎基部或根颈部变为褐色至红褐色缢缩、腐烂；子叶染病在子叶上产生红褐色近圆形病斑；茎基部和根颈部染病产生红褐色椭圆形或长条形病斑，后病部逐渐凹陷，当扩展到绕茎一周后，病部收缩或龟裂，致幼苗生长缓慢、折倒或逐渐枯死。湿度大时长出浅褐色蛛丝状霉。

以菌丝体或菌核在土壤中越冬，可在土中腐生2～3年。菌丝能直接侵入寄主，可通过水流、农具传播。病菌发育适温24℃，最高40℃～42℃，最低13℃～15℃，适宜pH3～9.5。播种过密、间苗不及时、温度过高或反季节栽培易诱发病。除为害豆类外，还可侵染瓜类、茄果类、白菜、油菜、甘蓝等。

防治方法：①选用耐寒品种。②选择排水良好、向阳的场地育苗，采用无病土作苗床土。③施用酵素菌沤制的堆肥。适当施入石灰以调节土壤酸碱度自微酸性至中性，石灰施用量据土壤pH确定，一般每公顷施1500kg。④加强苗床管理，做好苗床保温工作，防止低温、寒流侵袭。白天在幼苗不受冻的前提下，尽量多通风换气，促幼苗生长健壮，增强抗病力，苗床浇水要看土壤湿度和天气情况确定，严防大水漫灌，避免床内湿度过高。⑤提倡施用移栽灵药剂，该药剂杀菌力强，且能促进植物根系生长，增强对不良条件抵抗力。也可在发病初期喷施20％甲基立枯磷乳油（利克菌）1200倍液或36％甲基硫菌灵悬浮剂500倍液、5％井冈霉素水剂 1500 倍液、15％恶霉灵水剂 450 倍液。视病情隔 7～10 天 1 次，连续防治 2～3 次。

6. 豌豆根腐病

主要发生在南方的福建和江苏、西北的甘肃和青海，对豌豆生产有一定影响。豌豆全生育期都能被侵染，如果土壤中病菌数量大和土壤潮湿，播后 10 天豌豆地上部可出现症状，在 22℃～28℃时症状发展迅速。病部产生的卵孢子存于土中，得水后释放游动孢子，从幼茎或根部侵染。幼苗期遇多雨、低温、土壤水分高，易发病，重茬、低洼地发病重。

初期在茎基部呈水浸状，不久病部缢缩、倒伏。下部叶变黄干枯，主根变褐、腐朽。病较轻时虽可继续生长，但生长缓慢。

防治方法：①选用抗病、耐病品种。②与禾本科等非寄主作物轮作，可减轻病害的严重程度；适时播种，控制植株密度，雨后及时排水以降低土壤湿度。③用种子重量 0.3％的 25％甲霜灵拌种或种子包衣。

7. 豌豆病毒病

种类较多，而且发生广，导致减产、降质，严重时结荚少，褐斑粒多。我国已经发现并报道的病毒病已有 7 种。以豌豆种传花叶病毒病（PSbMV）为例，该病毒极易通过豌豆种子传播，随着育种材料的广泛交换，该病已成为世界性分布的病害之一。豌豆种传花叶病毒病可引起高达 100％的植株发病，常造成严重减产，美国报道可引起减产 70％，澳大利亚报道可减产达 86％。因此，豌豆种传花叶病对豌豆生产具有很大的威胁。

症状的严重程度受到豌豆品种、温度等环境条件、病毒株系或致病型的影响。主要表现为叶片背卷，植株畸形，叶片褪绿斑驳、明脉、花叶，并常常发生植株矮缩。如果是种子带毒引起的幼苗发病，症状则比较严重，导致节间缩短、果荚变短或不结荚；病株所结籽粒的种皮常常发生破裂或有坏死的条纹，植株晚熟。一般情况下，中熟品种较早熟品种发病程度重。有一些品种被侵染后不表现症状。

病毒通过机械摩擦、蚜虫和种子传播。一些豌豆品种的种传率高达100%，种皮开裂型豌豆品种的种传率（33%）明显高于正常种皮品种（4%）。有一些豌豆病毒还可以通过花粉传播（传播率0.85%）。病害在田间通过蚜虫传播（19种蚜虫），具有非持久或半持久性传毒。种子带毒和来自其他越冬带毒寄主的蚜虫是最主要的田间发病初侵染源。带毒种子形成病苗，经过蚜虫传播，能够引起大量植株发病。20℃～25℃温度条件下，病害发展迅速，温度略高、气候干旱，有助于蚜虫种群快速增长和蚜虫在田间的迁飞，利于病毒病扩散。

防治方法：①种植抗病品种，目前仅有少量豌豆品种具有抗病性，但在资源中存在抗病材料，甚至一些是表现完全免疫的类型。②种植无病毒侵染的健康种子，可以有效控制初侵染源。③防治蚜虫，在田间出现蚜虫后，及时喷施杀虫剂控制蚜虫种群和迁飞，但对病害控制效果不显著。

8. 豌豆枯萎病

又称尖孢镰刀菌萎凋病，是维管束病害，主要发生在土温较高和较干燥的地区。病株地上部黄化、矮小，叶缘下卷，由基部渐次向上扩展，多在结荚前或结荚期死亡。

以菌丝或菌核在病残体、土壤和带菌肥料中或种子上越冬。病菌在土壤中呈垂直分布，主要分布在0～25cm耕作层，翌年种子发芽时，耕作层病菌数量迅速增多，其初侵染过程是：在接种24小时内，豌豆尖孢镰刀菌从豌豆幼苗根部的根冠、分生区、伸长区、根毛区、根毛和根毛后区均可成功侵染。但各侵染区的情况因细胞壁的木质化程度不同而有所不同。当菌丝从根冠、分生区和幼根毛等薄壁细胞组织侵入时，菌丝形态未见异常变化，可从细胞间隙或细胞壁直接侵入。通常菌丝顶端呈锥形，寄主细胞反应亦不明显,有时可见寄主细胞壁内侧原生质有颗粒状抗性物质产生。当菌丝从伸长区、根毛区、根毛后区及木质化根毛侵入时,通常菌丝顶端明显膨大呈"头状",附着于寄主细胞壁上,后产生一个极细的侵入丝,穿透木质化的细胞壁而进入寄主细胞。侵入丝进入细胞壁后呈卵形膨大,迅速杀死寄主细胞,后进一步向内部细胞侵入。菌丝进入寄主体内从一个细胞进入另一个细胞时,薄壁细胞亦可直接侵入,木质化细胞在菌丝通过细胞壁时明显缢缩。在适宜的条件下病害不会发生,只有在低温、湿度过大、持续时间长的情况下才会发病。

防治方法:①施用酵素菌沤制的堆肥或充分腐熟的有机肥,不要用未充分腐熟的土杂肥改良土壤。②合理浇水,雨后及时排水,防止土壤湿度过大。通过中耕,使土壤疏松,创造根系生长发育良好的条件,使豌豆的抗病性能增强。③播种无病种子,用种子重量 0.3% 的 70% 甲基硫菌灵或 50% 多菌灵可湿性粉剂加 75% 百菌清可湿性粉剂 (1:1) 混合拌种,并密闭 48~72 小时后播种,可推迟发病约 1 个月。④发病初期开始喷洒 50% 苯菌灵可湿性粉剂 1500 倍液或 40% 多·硫悬浮剂或 50% 多菌灵可湿性粉剂 500 倍液、70% 甲基硫菌灵可湿性粉剂 500 倍液、75% 百菌清可湿性粉剂 500 倍液、60% 防霉宝超微粉 600 倍液,隔 7~10 天 1 次,连续防治 2~3 次。

9. 豌豆炭疽病

主要为害茎、叶和荚。茎染病病斑近梭形或椭圆形,中央浅褐色,边缘暗褐色略凹陷。叶片染病病斑圆形或椭圆形,直径 2~4mm,边缘深褐色,中间暗绿色或浅褐色,其上密生小黑点,即病原菌分生孢子盘,病情严重的,病斑融合致叶片枯死。荚染病病斑圆形或近圆形,大小 2~5mm,病斑中间浅绿色,边缘暗绿色,亦密生黑色小粒点,湿度大时,病部长出粉红色黏质物,别于褐斑病和褐纹病。

病原菌以菌丝体在病残体内或潜伏在种子里越冬。翌春条件适宜时，分生孢子通过雨水飞溅传播蔓延，进行初侵染和再侵染。该病主要发生在春、夏两季高温多雨时期，随阴雨日增多而扩展，低洼地、排水不良、植株生长弱发病重。

防治方法：①重病地与非豆科作物轮作。②选用抗病品种。③收获后及时清除病残体，及时深翻，减少菌源；合理施肥，增施钾肥；雨季注意排水，降低田间湿度。④发病初期可选用50％苯菌灵可湿性粉剂1500倍液或50％甲基硫菌灵可湿性粉剂500倍液、50％多菌灵可湿性粉剂500～600倍液、70％代森锰锌可湿性粉剂400～500倍液、75％百菌清可湿性粉剂600～700倍液、80％炭疽福美可湿性粉剂800倍液、80％新万生可湿性粉剂500～600倍液、25％炭特灵可湿性粉剂500倍液等药剂喷洒。隔7～10天1次，连续防治2～3次。

10. 豌豆细菌性叶斑病

又称假单胞蔓枯病或茎枯病，为害茎、荚和叶片。种子带菌的幼苗即染病。较老植株叶片染病病部水渍状，现圆形至多角形紫色斑，半透明，湿度大时，叶背现白色至奶油色菌脓，干燥条件下产生发亮薄膜，叶斑干枯，变成纸质状。茎部染病初生褐色条斑。花梗染病可从花梗蔓延到花器上，致花萎蔫，幼荚腐烂。荚染病病斑近圆形稍凹陷，初为暗绿色，后变成黄褐色，有菌脓，直径3～5mm。

病原细菌在豌豆种子里越冬，成为翌年主要初侵染源。植株徒长、雨后排水不畅、施肥过多易发病，生产上遇有低温障碍，尤其是受冻害后易发病，迅速扩展。反季节栽培时易发病。

防治方法：①建立无病留种田，从无病株上采种。②种子消毒，用种子重量0.3％的50％甲基硫菌灵可湿性粉剂拌种。也可进行温水浸种，先把种子放入冷水中预浸4～5小时，移入50℃温水中浸5分钟，后移入凉水中冷却，晾干后播种。③避免在低洼潮湿地种植，采用高厢或起垄栽培，注意通风透光，雨后及时排水，防止湿气滞留。④发病初期喷施 72％农用硫酸链霉素 4000 倍液或 30％碱式硫酸铜悬浮剂 400～500 倍液、47％加瑞农可湿粉剂 600 倍液。隔 7～10 天 1 次，连续防治 2～3 次。

二、豌豆常见害虫与防治

1. 蚜虫类

常见的蚜虫有豆蚜（苜蓿蚜、花生蚜）、豌豆蚜、桃蚜（烟蚜、桃赤蚜、菜蚜、腻虫）等，广泛分布于全国各豌豆产区。

防治方法：①保护性栽培可采用高温闷棚法，在 5、6 月作物收获以后，用塑料膜将棚室密闭 4～5 天，消灭其中虫源。②可选用喷施 50％辟蚜雾可湿性粉剂 2000 倍液或 10％吡虫啉可湿性粉剂 2500 倍液、绿浪 1500 倍液。

2. 潜叶蝇类

豌豆潜叶蝇又称叶蛆、夹叶虫、豌豆植潜蝇等，属双翅目、潜蝇科。以幼虫潜叶内曲折穿行食叶肉，只留上、下表皮，造成叶片枯萎，影响产量和品质。主要有南美斑潜蝇（拉美斑潜蝇）、美洲斑潜蝇（蔬菜斑潜蝇）、豌豆潜叶蝇（油菜潜叶蝇、豌豆彩潜蝇、叶蛆、夹叶虫）等。

防治方法：①在成虫盛发期或幼虫潜蛀时，选择兼具内吸和触杀作用的杀虫剂如 90％美曲磷酯（晶体敌百虫）1000 倍液或 2.5％功夫乳油 4000 倍液、25％斑潜净乳油 1500 倍液，任选一种进行喷雾。②受害作物单叶片有幼虫 3～5 头时，在幼虫 2 龄前，上午 8～11 时露水干后幼虫开始到叶面活动，或者老熟幼虫多从虫道中钻出时，喷施 25％斑潜净乳油 1500 倍液或 1.8％爱福丁乳油 3000 倍液。③释放姬小蜂、反颚茧蜂、潜蝇茧蜂，对斑潜蝇寄生率都较高。

3. 螨类

常见的有朱砂叶螨（棉花红蜘蛛、红叶螨）、茶黄螨。

防治方法：①消灭越冬虫源，即铲除田边杂草、清除残株败叶。②喷药重点是植株上部嫩叶、嫩茎、花器和嫩果，注意轮换用药。可选用35％杀螨特乳油1000倍液或48％乐斯本乳油1500倍液、0.9％爱福丁乳油3500～4000倍液、20％螨卵脂800倍液喷雾防治；喷施2.0％天王星乳油兼防白粉虱。

4. 夜蛾科害虫

常见的有豆银纹夜蛾（豌豆造桥虫、豌豆黏虫、豆步曲）、斜纹夜蛾、甘蓝夜蛾、甜菜夜蛾（贪夜蛾）、苜蓿夜蛾（大豆夜蛾、亚麻夜蛾）以及棉铃虫等。

防治方法：①秋末初冬耕翻田地，可杀灭部分越冬蛹；结合田间操作摘除卵块，捕杀低龄幼虫。②幼虫3龄前为点片发生阶段，进行挑治，不必全田喷药；4龄后夜出活动，施药应在傍晚前后进行。可选择喷施90％美曲磷酯（晶体敌百虫）1000倍液或20％杀灭菊酯乳油2000倍液、5％抑太保乳油2500倍液、5％锐劲特悬浮剂2500倍液、15％菜虫净乳油1500倍液等，10天喷施一次，连用2～3次。③喷施每克含量为100×10^{8}个孢子的杀螟杆菌或青虫菌粉500～700倍液。

5. 蝽类害虫

常见的有红背安缘蝽、点蜂缘蝽、苜蓿盲蝽、牧草盲蝽、三点盲蝽和拟方红长蝽等。

防治方法：①冬季结合积肥清除田间枯枝落叶及杂草，及时堆沤或焚烧，可消灭部分越冬成虫。②在成虫、若虫为害盛期，选用20％杀灭菊酯2000倍液或21％增效氰马乳油4000倍液、2.5％溴氰菊酯3000倍液、20％灭多威乳油2000倍液、5％抑太保乳油2500倍液、25％广克威乳油2000倍液、2.5％功夫乳油2500倍液、43％新百灵乳油（辛氟氯氰乳油）1500倍液等药剂，喷雾 1～2 次。

6. 地老虎

地老虎,又名土蚕、地蚕,能危害百余种植物,是对农、林幼苗危害很大的地下害虫。

防治方法:①早春铲除田边杂草,消灭卵和初孵幼虫;春耕多耙或夏秋实行土壤翻耕,可消灭部分卵和幼虫;当发现地老虎为害根部时,可在清晨拨开断苗的表土,捕杀幼虫。②用黑光灯诱杀成虫。③在幼虫 3 龄以前防治,选用 90% 美曲磷酯(晶体敌百虫)1000 倍液或 2.5% 功夫乳油 2500 倍液、20% 杀灭菊酯乳油 3000 倍液喷雾。

7. 豌豆象

豌豆象俗称豆牛,属鞘翅目豆象科。幼虫蛀食豆粒,造成中心空,品质下降,种子发芽受影响。

成虫体长 4.5～5mm,椭圆形,棕黑色,被有黑色、黄褐色、灰白色细毛;卵长椭圆形,淡黄色;幼虫长 4.5～6mm,黄白色,分节明显,多皱纹,胸足退化;蛹长 5.5mm,淡黄色,前胸两侧的齿状突起极明显。一年发生一代,以成虫在仓库、包装物或野外树皮、杂草等处潜伏越冬。4～5 月开始活动,5 月中旬产卵,7 月份羽化为成虫。

防治方法:①选用早熟品种,避开成虫产卵盛期。②进行种子处理,种子脱粒后暴晒几天,可杀死种子内豌豆象。③在豌豆开花前期进行田间防治,可选用 90% 美曲磷酯(晶体敌百虫)1000 倍液或 2.5% 功夫乳油 2500 倍液、20% 杀灭菊酯乳油 3000 倍液、2.5% 天王星乳油 3000 倍液喷雾,隔 7 天防治一次,最好连续 3 次。④在豌豆收获后半个月内,将脱粒晒干的籽粒置入密闭容器内,用溴化烷熏蒸,温度在 15℃ 以上时,35g/m^3,处理 72 小时。

第六节 豌豆主要品种介绍

1. 科豌1号

辽宁省经济作物研究所和中国农业科学院作物科学研究所合作选育而成。硬荚型，中熟品种，春播生育期95天。有限结荚习性，株形紧凑，直立生长。幼茎绿色，成熟茎绿色，株高50～60cm，主茎分枝2～3个，半无叶株形。单株结荚8～11个，荚长5.5～6.0cm，荚宽1.4～1.6cm，单荚粒数4～5粒，籽粒球形，花白色，种皮黄色，白脐，百粒重约26g。干籽粒蛋白质含量21.7%，淀粉含量54.6%。结荚集中，成熟一致，不炸荚，适于一次性收获。抗花叶病和霜霉病，抗倒伏，耐瘠薄性较强。适于辽宁、河北及周边地区种植。

2. 科豌2号

辽宁省经济作物研究所和中国农业科学院作物科学研究所合作选育而成。硬荚型，中早熟品种，春播生育期55天左右。植株矮生，无分枝，半无叶株形，株高60～70cm，茎节数16个左右。初花节位7～9节，花白色，每花序花数1～3个。鲜荚长7～8cm，宽1.5cm，荚直，尖端呈钝角形，鲜荚单重4.5～5.5g，单株结荚6～8个，单荚粒数一般5～8粒。成熟籽粒黄白色，种脐白色，表面光滑，百粒重25～27g，干豌豆粗蛋白含量25.1%。群体长势强健、抗倒伏、适合密植、增产潜力大、抗病性强。适于辽宁、河北及周边地区种植。

3. 定豌1号

甘肃省定西地区旱地农业研究中心选育的早熟高产豌豆品种。植株半匍匐，茎秆粗壮，叶色鲜绿，幼茎绿色，花白色，硬荚型，结荚位低。株高50～70cm，主茎分枝数9.2，单株结荚数4.5个，荚长8～10cm，每荚粒数5粒，单株粒数21.5，单株粒重 4.7g。籽粒淡绿色，圆形，成熟种皮白色，百粒重 19.3g。生育期 89 天，早熟品种，花期较集中，结荚整齐，灌浆鼓粒快。干豌豆粗蛋白含量 24.5%、赖氨酸 1.5%、灰分 2.4%，商品性好。适宜在降雨量 350～450mm、海拔 1800～2300m 的半干旱山坡地、梯田地和川旱地及甘肃中部豌豆产区种植。

4. 定豌 2 号

甘肃省定西地区旱地农业研究中心以晚熟抗根腐病的 77-441 为母体，中早熟的青-64 为父本，杂交选育而成。硬荚型，植株深绿，茎上有紫纹，叶绿，紫花，株高 80cm 左右，第一结荚位适中，籽粒大而饱满，单株有效荚数 4～6 个，单荚粒数 4～8 个，百粒重 20.7g。种皮麻，子叶黄色，粒形亚圆，种脐白色。生育期 91 天，中熟，丰产、稳产。对根腐病表现为高抗。干籽粒蛋白质含量 23.9%、赖氨酸 1.8%、淀粉 54.1%、粗脂肪 0.67%，商品性较好。适宜年降水量 350～450mm、海拔 1800～3000m 的半干旱山坡地、梯田地和川旱地种植。

5. 定豌 3 号

甘肃省定西地区旱地农业研究中心以 75-131 作母本，80-3-1 作父本进行杂交选育而成。叶色深绿，幼茎绿色，白花，第一结荚位低。株高 58.6cm，单株有效荚数 4.6 个，单荚，荚中等大小，单荚粒数 4.3 粒，单株粒数 19.8 粒，百粒重 22.4g。种皮白色，子叶黄色，粒形光圆。生育期 91 天，硬荚型，中熟。干籽粒含粗蛋白 23.6%、赖氨酸 1.84%、淀粉 53.2%、粗脂肪 0.75%、灰分 3.3%。对根腐病表现高抗，生产利用价值高。适宜年降水量 350～450mm、海拔 1800～2300m 的半干旱坡地、梯田地、川旱地种植。

6. 定豌 4 号

甘肃省定西旱地农业研究中心以 8729-5-1 作母本、北京 5 号作父本，杂交选育而成。叶色绿、茎绿、白花，第一结荚位适中，株高 41cm，单株有效荚数 3.3 个，单荚粒数 2.7 个，百粒重 22.7g，荚中等大小，硬荚。种皮白色，子叶黄色，粒形光圆，丰产、稳产性好，生育期 86 天，中早熟。耐根腐病，耐瘠薄、抗旱、产量高、品质好、综合农艺性状好。干籽粒含粗蛋白 29.2%、赖氨酸 2.4%、粗脂肪 1.52%、灰分 2.9%、水分 10.7%，属高蛋白、高赖氨酸品种，鲜食甜嫩爽口，品质佳，商品性好。适宜年降水量 350~450mm、海拔 1800~2300m 的半干旱山坡地、梯田和川旱地种植，注意后期防治白粉病。

7. 云豌 1 号

云南省农业科学院粮食作物研究所育成。中熟品种，昆明秋播全生育期 180 天，株形直立，株高 51cm，半无叶株形。平均单株分枝数 5.2 个，花白色，多花多荚，硬荚，荚长 5.93cm。种皮淡绿色，种脐灰白色，子叶浅黄色，粒形圆球形。单株 21.2 荚，单荚 5.73 粒，百粒重 21.0g，单株粒重 20.0g。中抗白粉病。适宜云南省海拔 1100~2400m 蔬菜产区以及近似生态区域栽培种植。

8. 云豌 10 号

云南省农业科学院粮食作物研究所育成。中熟品种，昆明种植，秋播生育期 180 天，株形直立，株高 60.4cm，半无叶株形。平均单株分枝数 5.0 个，花白色，多花多荚，软荚，荚长 6.17cm，荚宽 1.24cm，种皮白色，种脐灰白色，子叶浅黄色，粒形长圆球形，单株 16.4 荚，单荚 6.37 粒，百粒重 23.0g，单株粒重 14.8g。适宜云南省海拔 1100~2400m 的蔬菜产区及近似生态区域栽培，生产菜用鲜荚。

9. 草原 3 号

青海省农林科学院经有性杂交选育而成。株高 45cm 左右，茎叶深绿色，白花，硬荚。单株 5~6 荚，单荚 4~5 粒。干豌豆浅灰绿色，近圆形，百粒重 18g 左右。西宁地区从出苗至成熟

90 多天。每公顷干豌豆产量 3750kg 左右。干豌豆含蛋白质 24.9%，熟性好，品味佳。青嫩豆含糖量较高，适于烹制菜肴。对短日照反应不敏感，直立型较耐水肥，易感白粉病。适于西北、华南、华东等地种植。

10. 草原 7 号

青海省农林科学院经有性杂交选育而成。株高 50～70cm，直立，茎节短，分枝较少。叶色深绿、白花、硬荚。单株 7～8 荚，单荚 5～7 粒。干豌豆淡黄色，光滑，圆形，百粒重 19～23g。春播区生育期 90～100 天，中早熟；南方冬播生育期150～160 天，反季节栽培 80～90 天。对短日照不敏感，生长速度均匀，株形紧凑，抗倒伏，耐根腐病，轻感白粉病，适应性广。每公顷可产干豌豆 3750kg，青嫩豆糖分较高、品质好。适于西北、西南、华南等地种植。

11. 草原 9 号

青海省农林科学院选育。株高 90～110cm，半匍匐，分枝较少。白花，硬荚。单株荚果 5～7 个，单荚 5～6 粒。干豌豆淡黄色，光滑，圆形，百粒重 18～22g。西宁春播，生育期 105～107 天。每公顷可产干豌豆 2250～3750kg，豆粒含蛋白质 21.7%。青嫩豆含糖分高，食用口味好。对短日照反应不敏感，南方秋冬播也生长良好。耐瘠、耐旱，较耐根腐病。适于西北、西南、华北、华中等地种植。

12. 草原 20

青海省农林科学院作物育种栽培研究所选育。春性、中熟，硬荚型，生育期 102 天。株高 50～60cm，有效分枝 2.0～3.0 个。花白色，干籽粒绿色，圆形，种脐淡黄色。单株荚数 15～20 个，单株粒重 15.2～23.2g，百粒重 24.0～28.0g。干籽粒淀粉含量 47.4%，粗蛋白含量 20.8%；鲜籽粒粗蛋白含量 7.6%，可溶性糖分含量 2.74%，含维生素 C 31.4mg/100g。适宜青海省川水地，低、中位山旱地及柴达木灌区种植。

13. **草原 21**

青海省农林科学院作物育种栽培研究所选育。春性、中熟，硬荚型，生育期 103 天。株高 60～70cm，有效分枝 1.0～2.0 个。花白色，干籽粒绿色，近圆形，粒径 0.8～0.9cm，种脐淡黄。单株荚数 30～35 个，单株粒重 18.2～26.2g，百粒重 31.0～33.1g。干籽粒淀粉含量 47.6%，粗蛋白含量 24.2%，可溶性糖分含量 6.4%。适宜在青海省川水地，低、中位山旱地及柴达木灌区种植。

14. **草原 22**

青海省农林科学院作物育种栽培研究所选育，原名荷兰豆。春性、中晚熟、硬荚型，生育期 113 天。株高 70～90cm，有效分枝 1.0～2.0 个。花白色，籽粒绿色，近圆形，粒径 0.61～0.73cm，种脐淡黄色。单株荚数 11～20 个，单株粒重 11.3～22.3g，百粒重 19.6～22.3g。干籽粒淀粉含量 47.7%，粗蛋白含量 23.8%，粗脂肪含量 0.87%；鲜籽粒粗蛋白含量 7.1%，可溶性糖分含量 2.3%，维生素 C 含量 36.9mg/100g。适宜在青海省水地、中位山旱地种植。

15. **草原 23 号**

青海省农林科学院作物育种栽培研究所选育。春性、中晚熟，春播生育期 110 天。株高 74～84cm，有效分枝 2.0～4.0 个。复叶全部变为卷须，花白色，硬荚。籽粒皱，绿色，近圆形，粒径 0.7～0.8cm，种脐淡黄色。单株荚数 19～25 个，单株粒重 47.0～55.0g，百粒重 31.5～32.5g，干籽粒淀粉含量 44.8%，粗蛋白含量 22.6%，粗脂肪含量 1.43%，可溶性糖分含量 6.4%。适宜青海省东、西部农业区有灌溉条件的地区种植。

16. **草原 24**

青海省农林科学院作物育种栽培研究所选育。春性、中熟，硬荚型，春播生育期 100 天。株高 95～100cm，有效分枝 1.0～3.0 个。花白色，种皮白色，粒圆形，粒径 0.61～0.75cm，子叶黄色，种脐浅黄色。单株荚数 22～31 个，双荚率 5%～10%，单株粒重 18.6～27.4g，百粒重 23.7～27.4g。干籽粒淀粉含量 46.5%，粗蛋白含量 26.5%，粗脂肪含量 1.8%。适宜青海省东部农业区水地和柴达木灌区及我国西北豌豆区种植。

17. **草原 25**

青海省农林科学院作物育种栽培研究所选育。春性、中熟，硬荚型，生育期 98 天。株高 100～120cm，有效分枝 1.0～3.0 个。花白色，干籽粒白色，粒圆形，粒径 0.41～0.52cm，种脐淡黄色。单株荚数 17～31 个，单株粒重 16.1～36.1g，百粒重 22.0～25.0g。干籽粒淀粉含量 50.9%，粗蛋白含量 24.1%，粗脂肪含量 1.25%。适宜在我国西北地区的春播区和华北地区的部分春播区种植。

18. **草原 26**

青海省农林科学院作物育种栽培研究所选育。春性、中早熟，硬荚型，生育期 93 天。株高 58～70cm，有效分枝 1.0～3.0 个。花白色，干籽粒白色，粒圆形，粒径 0.63～0.78cm，种脐淡黄色。单株荚数 17～27 个，双荚率 52.3%～76.1%，单株粒重 15.6～23.9g，百粒重 20.0～25.0g。干籽粒淀粉含量 53.1%，粗蛋白含量 23.3%，粗脂肪含量 1.45%。适宜我国西北地区的春播区和华北地区的部分春播区种植。

19. **草原 31**

青海省农林科学院经有性杂交选育而成。株高 140～150cm，蔓生，软荚，分枝较少，苗期生长快，叶和托叶大。第一花着生于第 11～12 节，白花，花大。单株荚果 10 个左右，鲜荚长

14cm，荚宽 3cm，单荚 4～5 粒。从出苗至成熟，在西北、华北地区春播 100 天左右，秋冬播 150 天左右，南方反季节栽培65～70 天，为中早熟品种，每公顷产鲜荚 7500～13500kg。适应性强，较抗根腐病、褐斑病，中感白粉病。对日照长度反应不敏感，全国大部分地区均可栽培，以黑龙江、北京、广东和青海等地种植较多。

20. **草原 224**

青海省农林科学院经有性杂交选育而成。硬荚，籽粒扁圆，种皮绿色，上有紫色斑点，百粒重 22～23g。株高 140cm，每株6～8 个荚，每荚 5～6 粒。干籽粒蛋白质含量 23.1%，淀粉含量43.7%。田间鉴定根腐病和褐斑病极轻，耐渍性好。西宁地区春播，全生育期 100～110 天。适于在青海、甘肃、宁夏等省、自治区种植。

21. **草原 276**

青海省农林科学院作物所经有性杂交选育而成。系国内首次育成的半无叶豌豆类型。硬荚型，籽粒圆形，种皮白色，种脐淡黄色，百粒重 27～28.5g。株高 65～75cm，每株 16～18 个荚，每荚 4～5 粒，双荚率 80%。干籽粒蛋白质含量 24.6%，淀粉含量 50.6%。抗倒伏，中度耐寒、耐旱，田间无白粉病和褐斑病，根腐病极轻。具有双荚率高、籽粒大、直立抗倒、丰产性好等优点。西宁地区种植，春播全生育期 120～126 天。适于在青海、甘肃、新疆等省区种植。

22. **秦选 1 号**

河北省秦皇岛市农业技术推广站选育。硬荚型，籽粒圆形，种皮白色，种脐淡黄色，百粒重 22～24g。株高 65～75cm，每株16～18 个荚，每荚 4～5 粒，双荚率 80%以上。中等水肥条件下，每公顷产干籽粒 4125～5625kg。

23. 宝峰 3 号

河北省职业技术师范学院选育的半无叶型超高产豌豆品种。株形紧凑，株高 66cm 左右，有效分枝 3.8 左右，主茎节数 18 个左右。托叶正常，小叶突变成卷须，属半无叶型。托叶颜色深绿，根系发达，白花，白色荚，单株荚数 10 个左右，单荚粒数 5 粒左右，双荚率 90％以上。硬荚，圆粒，绿子叶，百粒重 22g 左右。中晚熟，春播生育期 103 天。干籽粒粗蛋白含量 24.9％，粗脂肪含量 2.3％，人体及动物必需氨基酸含量高。抗倒伏，抗旱性好，成熟时不裂荚，抗猝倒病、根腐病、白粉病。适于辽宁、河北及周边地区种植。

24. 中豌 2 号

中国农业科学院畜牧研究所经有性杂交选育而成。宽荚，大粒，成熟干豌豆浅绿色，百粒重 28g 左右。株高 55cm 左右，茎叶深绿色，白花，硬荚。单株荚果 6～8 个，多至 20 个，荚长 8～11cm，荚宽 1.5cm，单荚 6～8 粒。春播从出苗至成熟 70～80 天，冬播 90～110 天；以幼苗越冬约 150 天。每公顷可产干豌豆 2250～3000kg，高的达 3375kg 以上；每公顷产青豌豆荚 10500～12000kg。干豌豆含粗蛋白质 26％左右。荚大、粒多、丰产性好；食味鲜美易熟，商品性好，尤适菜用。耐肥性强，肥沃土壤种植产量尤高。适于华北、西北、东北等地种植。

25. 中豌 4 号

中国农业科学院畜牧研究所经有性杂交选育而成。窄荚、中粒，硬荚，成熟干豌豆黄白色，百粒重 22g。茎叶浅绿色，单株荚果 6～10 个，冬播单株荚果可达 10～20 个，荚长 7～8cm，荚宽 1.2cm，单荚 6～7 粒。盛花早，花期集中，青豌豆荚上市早。耐寒、抗旱、较耐瘠、抗白粉病。干豌豆含粗蛋白质 23％左右，品质中上，口感好。南方冬播，虽光照时间短，但灌浆鼓粒快，优于宽荚品种。春播生育期 90～100 天。四川、浙江、江西、广东、湖北、河南、河北、安徽等地已较大面积推广。

26. 中豌 5 号

中国农业科学院畜牧研究所经有性杂交选育而成。窄荚、中粒、硬荚，成熟干豌豆深绿色，百粒重 23g 左右。茎叶深绿色，株高 40～50cm，单株荚果 7～10 个，冬播单株荚果在 10 个以上，荚长 6～8cm，荚宽 1.2cm，单荚 6～7 粒。荚果鼓粒快而集中，因而前期青荚产量高，约占总产量 45％左右。春播生育期 90～100 天。干豌豆含粗蛋白质 25％左右。品质较好，食味鲜美，皮薄易熟。每公顷可产干豌豆 2250～3000kg，每公顷产青豌豆荚 9000～12000kg。在华北、华东、华中、东北、西北，西南各地及江苏、山东、四川等省已较大面积推广种植。

27. 中豌 6 号

中国农业科学院畜牧研究所经有性杂交选育而成。窄荚、中粒、硬荚，成熟干豌豆浅绿色，百粒重 25g 左右。茎叶深绿色，株高 40～50cm，单株结荚 7～10 个，冬播单株结荚 10 个以上。荚长 7～8cm，荚宽 1.2cm，单荚 6～8 粒。节间短、灌浆鼓粒快，前期青荚产量高，占总产量 50％左右。干豌豆含粗蛋白 25％左右，品质较好，食味鲜美，皮薄易熟。春播生育期 90～100 天。每公顷可产干豌豆 2250～3000kg，每公顷产青豌豆荚 9000～12000kg。四川、湖北、浙江、江西、安徽、河南、河北等省已较大面积推广。

28. 团结 2 号

四川省农业科学院经有性杂交选育而成。株高 100cm 左右，白花，硬荚。四川省冬播，生育期 180 多天。单株结荚 5～6 个，多的 10 个以上，双荚率高。干豌豆白色，圆形，百粒重 16g，含粗蛋白质 27.9％。每公顷产干豌豆 1875kg 左右。耐旱、耐瘠，较耐菌核病，适应性广，适于四川、福建、湖北、云南、贵州、广东等地种植。

29. 成豌 6 号

四川省农业科学院经有性杂交选育而成。株高 100cm，茎粗节短。白花，硬荚，结荚部位较低，双荚率高。干豌豆白色，近圆形，百粒重 17g 左右，含粗蛋白质 26.1％。籽粒品质和烹调风味好。耐菌核病，适应性较广。株形较紧凑，四川省冬播，生育期 180 多天。

30. 白玉豌豆

江苏省南通市地方品种。株高 100～120cm，分枝性强，白花，硬荚。始花 10～12 节，荚长 5～10cm，荚宽 1.2cm，单荚 5～10 粒。籽粒圆球形，嫩时浅绿色，成熟后黄白色，光滑。可采嫩梢或鲜青豆食用，也可速冻制罐，干豌豆可加工食品。耐寒性强，不易受冻害。适于江苏省及华东部分地区种植。

31. 阿极克斯

原产新西兰。硬荚型，株高 80cm 左右，有效分枝 2～3 个。叶色深绿，花色白，双花双荚多。嫩荚深绿色，鲜籽粒绿色，甜度高，品质品位佳。干籽粒皱缩，淡绿色或绿色，百粒重 20g 左右，单株平均 15～18 个荚，每荚 5～6 粒。干籽粒含粗蛋白 24.9％、淀粉 40.4％。西宁地区种植，春播生育期 105～110 天。在中等以上肥力地块种植，每公顷可收干籽粒 3000～3750kg 或青荚 15000～18750kg。适于青海及类似气候条件地区山地或平原单作，也适于果园间作。

32. 无须豌 171

青海省农林科学院作物育种栽培研究所经有性杂交选育而成。硬荚型，春性、中熟品种，生育期 109 天。株高 130～150cm，有效分枝 1.0～3.0 个。复叶由 3～4 对小叶组成，无卷须。花白色，籽粒白色，粒圆形，粒径 0.36～0.44cm，种脐淡黄色。单株荚数 22～26 个，单株粒重 20.5～26.7g，百粒重 18.3～21.7g。籽粒淀粉含量 51.3％，粗蛋白含量 22.6％。适宜

236

青海省东部农业区水浇地种植。

33. 小青荚

从美国引入，原名阿拉斯加。株高 1m 左右，生长势中等，分枝性强。花白色，单生或双生，第一花序着生在第 10～11 节。硬荚，嫩荚绿色，荚长 6cm，宽 1.5cm。每荚有种子 4～6 粒。老熟种子黄绿色，圆形微皱，百粒重 18.0g。青豆粒既可鲜食又可加工制罐，在上海、江苏、浙江广为栽培。上海地区 10 月中、下旬秋播，次年 5 月中旬收获，抗寒力较强。

34. 绿珠

自国外引入，北京郊区种植多年。植株矮生，高 40～50cm，有 2～3 个分枝。叶片深绿较大，花白色，嫩荚绿色，硬荚，荚长 8cm 左右，宽 1.3cm。每荚有种子 5～7 粒。嫩豆粒绿色、味甜，煮后较糯。干豆粒大、光滑、绿色，百粒重 22.0g 左右。早熟，北京地区春播，播种到收青荚约 70 天。适应性较强。

35. 上农 4 号大青豆

上海农学院选育。在黑龙江、新疆、云南、四川、江苏、浙江普遍栽培。株高 70～80cm，分枝 2～3 个。花白色，每节双花双荚，可连续结荚 12 个以上。嫩荚深绿色，长 8.5cm 左右，每荚 6～8 粒，硬荚。鲜豆粒碧绿、味甜、粒大。成熟种子绿白色、皱粒，百粒重 23.0g 左右。是鲜食、速冻、制罐的优良品种。长江中下游地区 10 月下旬至 11 月初秋播，5 月上旬收青荚。亦可在 2 月上旬春播，5 月中旬收青荚。

36. 食荚甜脆豌 1 号

四川省农业科学院作物研究所选育。株高 70～75cm，生长势强。叶色深绿，白花，始荚节位低，节密荚多，软荚。鲜荚翠绿，长 8cm 左右，荚形美观、肉厚。鲜豆粒近圆形，百粒重 53g。干种子绿色，扁圆形，百粒重 29.9g。鲜荚清香，味甜，品质佳。北方春播宜早，可采用地膜覆盖。一般行距 50～60cm，穴距 25cm，每穴播 3～4 粒种子，每公顷用种 60～75kg。底肥应施过磷酸钙，可采用矮支架栽培。

37. 食荚大菜豌 1 号

四川省农业科学院作物研究所通过有性复合杂交选育而成。株高 70cm 左右，株形紧凑，茎粗、节密，叶深绿色，白花，软荚。单株结荚 11～20 个，嫩荚翠绿色，扁长形。鲜荚长 12～16cm，荚宽 3cm，扁形，单荚重 8～20g。每荚 6 粒种子，种子白黄色，椭圆形，干豆粒百粒重 33.0g。早中熟，华北 3 月上旬至 4 月上旬播种，播后 70～90 天采收青荚。华中和西南部分地区 10 月中下旬播种，播后 150～200 天采收青荚。华南、云南地区 9 月中旬至 10 月中旬种，90～120 天可收青荚。每公顷产青荚 10500～15000kg。嫩荚品质优良，味美可口。已在全国各地推广，江苏、安徽、河南、四川等地区栽培较多。

38. 食荚大菜豌 2 号

四川省农业科学院作物研究所选育。中早熟，矮茎、软荚、菜用豌豆品种。株高 85～90cm，秋播生育期 190 天。株形紧凑，始荚节位低，节密，荚多，荚长，双荚率高，嫩荚深绿色，食味清香。籽粒白色，近圆形，干豆粒百粒重 24.4g。青荚单产 1.32 万 kg/hm²。

39. 食荚小菜豌 3 号

四川省农业科学院作物研究所选育。抗菌核病，株高 80～85cm，粒粉绿色，节密荚多，软荚，百荚重 0.53kg，嫩荚蛋白质含量（干基）24.2%，维生素 C 47.3mg/100g。上市早，嫩荚香、甜、脆，商品性好。嫩荚长定型后及时收获以免老化，影响食味品质。适宜在四川全省平坝、丘陵和山区中等及中等偏下肥力土壤种植。

40. 白花小荚

上海市农业科学院园艺研究所从日本引进。株高 130cm，蔓生，白花，软荚。嫩荚绿色，荚长 7cm 左右，荚宽 1.5cm 左右。嫩荚品质佳，商品性好，是江、浙地区速冻出口的主栽品种。抗寒、耐热、抗病虫能力强。适于上海、浙江、江苏等地栽培。

41. 甜脆豌豆 (87-7)

中国农业科学院蔬菜花卉研究所引进品种。株高约 42cm，矮生直立，分枝 1～2 个，白花，软荚，嫩荚淡绿色，圆棍形。单株结荚 8～10 个，荚长 7～8cm，荚宽 1.2cm。早熟，春播从播种到收嫩荚 70 天。丰产性好，每公顷产嫩荚 11250kg。嫩荚脆甜，品质优良。适于华北、东北、华东、西南等地种植。

•42. 台中 11

福建省农业优良品种开发公司从亚洲蔬菜研究发展中心引进。株高 120～160cm，蔓生，节间短，分枝多，花淡红带紫色。荚长 7.5cm，荚宽 1.3～1.6cm。荚形平直，软荚，脆嫩，肥厚多汁，清脆香甜，别具风味。秋播每公顷产嫩荚 4500～6000kg，高产栽培可达 9000kg 以上。从播种到初收 70～80 天，耐寒不耐热，需支架。是福建省速冻软荚豌豆出口的主栽品种，适于福建、华南沿海等地种植。

43. 青荷 1 号

又名大荚荷兰豆。青海省农林科学院作物育种栽培研究所经有性杂交选育而成。矮茎，直立生长，株高 80cm 左右。软荚，荚剑形，绿色，长 12cm，宽 2cm。单株平均 15 个荚，每荚 5粒。在西宁种植，春播生育期 99～118 天，对日照长度反应不敏感。适于青海及类似气候条件地区露地和保护性种植。露地种植时每公顷保苗 30 万～37.5 万株，大棚种植时每公顷保苗 24 万～25.5 万株。宜采取条播，行距 30～40cm，每隔 4～5 行空 50cm宽行，以便于采摘。

44. 成驹 39

青海省农林科学院作物育种栽培研究所选育。春性、中晚

239

熟，软荚，生育期 110 天。无限结荚习性，幼苗直立、淡绿，成熟茎黄色，株高 150～170cm。有效分枝 3.0～5.0 个。花白色，籽粒白色，近圆形，粒径 0.35～0.39cm，种脐黄色。单株荚数 20～32 个，双荚率 54%～58%，单株粒数 37～67 粒，干籽粒百粒重 13.7～20.7g。干籽粒淀粉含量 48.7%，粗蛋白含量 22.7%；鲜荚粗蛋白含量 2.5%，可溶性糖分含量 5.5%，维生素 C 含量 52.3mg/100g。适宜青海省东部农业区水地及柴达木盆地种植。

45. **甜脆 761**

青海省农林科学院作物育种栽培研究所选育。春性、中熟品种，生育期 106 天。株高 170～180cm，有效分枝 1.0～3.0 个。软荚，连珠形，长 10～12.2cm，宽 1.8～2.4cm。花白色，籽粒黄绿色，近圆形，粒径 0.7～0.72cm，种脐浅黄色。单株荚数 11～19 个，单株粒重 14.1～18.7g，百粒重 21.6～23.3g。干籽粒淀粉含量 46.7%，粗蛋白含量 23.9%；鲜荚粗蛋白含量 2.8%，可溶性糖分含量 6.5%，维生素 C 含量 53.1mg/100g。适宜青海省东部农业区种植。

46. **奇珍 76**

从台湾引进的软荚甜豌豆品种。结荚饱满、颜色青绿、外形美观、食味甜脆爽口。秋冬播种到翌年 3～4 月收获，根系发达，入土深度可达 1m，多数根群分布在 20～30cm 土层，根瘤固氮能力较强。分枝能力较弱，在茎基部和中部生出的侧枝较少，主要靠主蔓结荚。喜欢冷凉天气，耐寒，不耐热，适宜生长温度为 16℃～23℃。全生育期 120 天，播种至始花约 60 天，始花至收获约 60 天。植株蔓生，蔓长 1.8～2.5m，结荚多，每株可结荚 20～30 个，荚大，粒大，花白色，豆荚呈圆长形，属软荚型品种。

47. 小白花豌豆

全生育期 220 天左右，越冬栽培，于翌年 4 月中旬采青上市。无限生长习性，植株蔓生或缠绕，需支架栽培。一般株高 150cm，分枝性较强。叶片互生，叶片淡绿色至浓绿色，叶面有蜡质。软荚，白花，始花节位 10～12 节，荚长 7cm，宽 1.8cm 左右，每荚 4～8 粒，鲜荚绿色，成熟籽粒白中带黄，皮光滑。青荚可速冻出口，也可兼收干籽，干籽是多种副食品加工的优质原料，也是发展肉鸽产业的专用饲料。

48. 蜜脆食荚豌豆

上海农学院通过有性杂交育成的圆棍形食荚豌豆，已在黑龙江、山东、河南、云南、江苏、浙江等地推广。株高 80cm 左右，单株可结荚 20～30 个。白花，双花双荚，荚长 8cm，荚宽 1.5cm，荚厚 1.5cm，呈圆棍形，每荚含豆粒 6～8 个。鲜荚软厚、多汁、甜脆，含糖 12%，嫩豆粒含糖 13%，属粒荚兼用型，品质佳。种子绿白色，皱粒，呈短圆柱形，百粒重 23.0g。早熟，江苏、浙江地区 11 月初播种，翌年 4 月下旬收青荚。春季 2 月上旬播种，5 月上旬收青荚。露地播种每公顷用种 90kg 左右，冬季设施栽培用种量 60～75kg。矮生，但茎秆较柔软，结荚多，需立矮支架。

49. 日本小白花

从日本引进，较早熟，软荚，蔓生，蔓长达 1.5m 以上，开花节位较低，一般在 11 节左右始花，花白色，双荚率较高，单荚重 1～2g，耐寒力中等，抗病性较强，适应性较广，品质优良。

50. 镇江 8607

江苏省镇江地区农业科学研究所选育。晚熟，软荚，蔓生，蔓长达 1.7m 以上，白花，结荚较多，荚长 6～7cm。耐寒性较强，产量高，品质中等。

51. 久留米丰

中国农业科学院蔬菜花卉研究所从日本引进。早熟，软荚，植株矮生，株高40cm，主茎12～14节，2～3个分枝，单株结荚5～10个。花白色，嫩荚绿色，荚长8cm，荚宽1.3cm，单荚鲜重6.5～7.0g，内含种子5～7粒。嫩豆粒鲜绿色，味甜，百粒鲜重约55g。成熟种子淡绿色，皱缩，百粒重约20g。丰产性好，品质佳，平均每公顷产青豆荚9000～10500kg。为鲜食加工兼用型品种。

52. 大白花豌豆

植株半蔓生，高90～100cm，分枝2～3个。叶绿色，花白色。软荚，荚绿色，每荚有种子4～6粒。老熟种子黄白色，圆而光滑，脐淡褐色。生长期间可先收嫩梢，再收嫩荚。

53. 春早豌豆

由中国农业科学院蔬菜花卉研究所选育的矮生、极早熟豌豆优良品种。植株矮生直立，株高约43cm，花白色，青荚绿色，硬荚。荚长7～8cm、宽1.1cm、厚1cm，完熟种子淡绿色，皱缩。适于华北、华南、西南、华东等广大地区种植。北京地区3月上中旬播种，条播，行距33～35cm，每公顷用种量150～180kg，每公顷产青荚9000～10500kg。

54. 无须豆尖1号

四川省农业科学院作物栽培研究所育成的食苗（嫩梢）专用品种。株高1.5m左右，白花。茎秆粗壮，叶片厚、绿色，5～6对小叶，无卷须。种子黄白色，圆粒，百粒重28.0g左右。长江流域10月中、下旬播种，播种后生长迅速，可连续采嫩尖5个月左右，每公顷平均产量达15000kg以上，耐寒性稍差，秋冬早播越冬时植株易遭受冻害。

55. 旱豆苗

上海农学院自农家品种中选育的豆苗专用品种。在上海郊区及江苏、浙江两省推广应用。植株高 1.5m 左右，生长迅速，发枝力强。叶色嫩绿，叶片大，茎粗壮，产量高。种子圆粒，粉红色，百粒重 16.0～18.0g。江苏、浙江两省 8 月下旬播种，可在 10 月初上市。越冬栽培多在 10 月中下旬进行，可陆续采收到翌年 3 月，每公顷平均产量 18000kg 左右。

56. 蜜脆

上海农学院育成。株高 80cm 左右，第一花序着生在 7～8 节。叶片绿色，最大托叶长 11.5cm，宽 9.5cm，小叶 2 对。花白色，双花双荚。荚长 7～8cm，宽、厚均为 1～1.5cm。软荚种，荚多汁，味甜，含糖 12%，嫩豆粒含糖 13%。成熟种子青黄色，皱皮，百粒重 23g 左右。早熟，播种后 40～50 天采收嫩荚。露地播种每公顷用种 90kg 左右，冬季设施栽培用种量 60～75kg。矮生，但茎秆较柔软，结荚多，需立矮支架。

57. 内软 1 号

呼和浩特市郊区蔬菜研究所育成。株高 15～25cm，分枝 3～5 个。花白色，嫩荚绿色，无纤维，软荚，炒食味道鲜美，品质好。荚长 5～6cm，每荚 5～6 粒种子，单株结荚 15～20 个。籽粒白色，光滑，百粒重 13.5g。耐寒，适应性强，成熟一致。适于在内蒙古各地种植，一般 4 月上、中旬播种，行距 21cm，株距 7cm，每公顷播种量 75～112.5kg。注意防治潜叶蝇、造桥虫和白粉病。注意及时采收嫩荚。

58. 脆皮蜜

中国农业科学院原子能利用研究所育成，早熟矮生食荚甜豌豆品种。株高 50～80cm，花白色。单株结荚 5～10 个，单荚 5～6 粒种子，种子为圆柱形，皮皱，黄绿色，百粒重 18g 左右。鲜荚肉厚多汁，清脆香甜。生育期 90 天，每公顷产青荚约 22500kg。在北京地区一般 3 月中下旬播种，行距 30cm 左右，穴距 10cm，每穴播 2～3 粒种子，播种深度 3～5cm，每公顷播种量 150～225kg。较耐瘠薄，土壤 pH5.5～5.7 为宜。重施磷、钾肥，生长期间需水较多，注意中耕除草。适于温室和大棚栽培。

59. 春旱豌豆

中国农业科学院蔬菜花卉研究所选育的矮生、极早熟豌豆优良品种。植株矮生直立，株高约 43cm，花白色，青荚绿色，硬荚，荚长 7～8cm、宽 1.1cm、厚 1cm，完熟种子淡绿色，皱缩。适于华北、华南、西南、华东等广大地区种植。北京地区 3 月上中旬播种，条播，行距 33～35cm，每公顷用种量 150～180kg，每公顷产青荚 9000～10500kg。

60. 辽选 1 号豌豆

辽宁省经济作物研究所选育的早熟、高产、优质的菜、豆两用豌豆品种。硬荚型，无限结荚习性，株高 50cm 左右，株形紧凑，分枝数 2～3 个。叶片为浅灰绿色，附蜡质膜，花白色。节密，结荚多，嫩荚鲜绿色，成熟荚黄白色，成熟一致，不炸荚。荚长 6cm，单株荚数 20 个，单荚粒数 7 粒左右，百粒重 23g 以上。干籽粒多为绿色皱缩型。生育期 70 天左右。抗逆性强，后期不早衰。粒大，味清香，口感好，品质优良，商品价值高。辽宁省大部地区均可种植，一般春播作为上茬，下茬可接马铃薯、大白菜、青玉米等。

61. 天山白豌豆

新疆维吾尔自治区昌吉州种植的农家品种。植株半蔓生，无限结荚习性，幼茎绿色，幼苗直立，复叶为普通型，叶片绿色。株高 80～90cm，底荚高 30～40cm，茎粗 0.2～0.3cm，主茎节数 15～20 个，有效分枝数 2～3 个，单株荚数 20～30 个，单株粒数 90～110，百粒重 15～18g。花白色，荚直形或马刀形，鲜荚绿色，顶端钝，成熟荚为黄白色，硬荚，籽粒球形，表面光滑，粒色黄白色，种脐黄白色。生育期 80～90 天，早熟品种。

适宜新疆北部冷凉地区种植，包括阿勒泰地区、塔城盆地、伊犁河谷西部和昌吉州东，以中等肥水为佳。

62. 半无叶豌 MZ-1

甘肃省农业科学院粮食作物研究所从美国引进。半矮生、硬荚，直立生长，株高 65～75cm，节间 3～4cm。株茎粗壮，茎径可达 0.5～0.6cm，茎淡绿色，花白色。托叶绿色，复叶完全变态为卷须，卷须成二歧多次分枝，特别发达，总长 15～20cm，株间互相缠绕。植株自第七节始花，单株结 14～18 荚，双荚率达 80% 左右，荚长 7.0cm，荚宽 1.2cm，不易裂荚。单荚 5～7粒，粒大、种皮白色、粒形光圆，色泽好，百粒重 28.2g。有限结荚习性，成熟时落黄较好，甘肃中部地区种植生育期 85～90天。早熟、抗旱、抗倒伏、抗根腐病。特别适宜在甘肃省高寒阴湿区及中部半干旱区种植，是豌豆根腐病重发区的理想种植品种。

63. 半无叶豌 2 号

甘肃省农业科学院粮食作物研究所选育。半矮生，直立生长，硬荚，株高 65～75cm，节间 3～4cm。株茎粗壮，茎径可达 0.5～0.6cm，茎淡绿色，花白色。托叶绿色，复叶完全变态为卷须，卷须成二歧多次分枝，特别发达，总长 15～20cm，株间互相缠绕。植株自第七节始花，单株结 14～18 荚，双荚率达 75% 以上，荚长 7.0cm，荚宽 1.2cm，不易裂荚。单荚 5～7粒，粒大、种皮白色、粒形光圆，色泽好，百粒重 28.2g。有限结荚习性，成熟时落黄较好，甘肃中部地区种植，生育期 85～90 天。具有双荚多、籽粒大、直立抗倒、丰产性好等特点。早熟，根腐病极轻。特别适宜在甘肃省高寒阴湿区及中部半干旱区种植。

64. 中山青食荚豌豆

江苏省植物研究所选育。植株蔓生，株高 1.3～2.0m。软荚，荚弯月形，长6～8cm，宽1.3～1.5cm，厚0.8～1cm。嫩荚色深，质脆，味甜。成熟种子绿色，皱缩，百粒重20g。适应性强，对土壤要求不严。苏北、山东等地宜春播，适播期3月初。开花结荚期加强肥水管理，及时搭架，注意防治蚜虫、潜叶蝇和豌豆象。

65.延引软荚

吉林省延吉市种子公司从引进的日本品种中系统选育而成。植株半蔓生，株高1.4～1.6m，侧枝1～2个，茎叶绿色，从植株中部开始连续结荚。软荚，花白色，荚绿色，短圆棍形，嫩荚无筋无隔膜，肉厚、味甜。种子绿色，椭圆形，表面皱缩。每荚有种子5～7粒，百粒重23g。适于吉林省各地栽培。4月末5月初播种，行距60cm，株距25cm，每穴3～4粒种子。出苗后及时除草，灌水1～2次。从出苗到嫩荚采收55～60天。

66.晋软3号

山西农业大学选育。株高1.5～2.0m，叶浅绿，节间长，分枝性强。每株结荚9～11个，花白色，荚黄绿色，长8～10cm，宽2～2.5cm。软荚，荚稍弯曲，凹凸不平，无革质膜。荚豆兼用，嫩荚脆甜，品质极佳，晚熟。

参考文献

[1] 王连铮，郭庆元．现代中国大豆［M］．北京：金盾出版社，2007

[2] 李彬．新型大豆油脂、磷脂、蛋白质生产与豆制品加工新技术、新工艺及国家相关技术标准实用手册［M］．北京：科学经济出版社，2007

[3] 韩天富．大豆优质高产栽培技术指南［M］．北京：中国农业科学技术出版社，2005

[4] 赵政文，等．大豆栽培与加工利用［M］．长沙：湖南科学技术出版社，1996

[5] 徐树传，等．南方大豆高产理论与实践［M］．福州：福建科学技术出版社，1999

[6] 吕明春，等．大豆丰产栽培技术［M］．北京：农村读物出版社，1988

[7] 李克勤．旱粮作物高产高效栽培技术［M］．湖南省农业厅粮油作物处，2006

[8] 卜慕华，潘铁夫．中国大豆育种与栽培［M］．北京：农业出版社，1987

[9] 盖钧镒．中国大豆品种生态区域划分的研究［J］．中国农业科学，2001，34（2）：139－145

[10] 常汝镇，韩天富．关于发展南方间套作大豆生产的建议［J］．大豆科技，2008（4）：7

[11] 周新安，年海，等．南方间套作大豆生产发展的现状与对策（I）［J］．大豆科技，2010（3）：1－2

[12] 肖英旭，王玉霞．大豆种子质量降低的主要原因及其预防措施 [J]．大豆科技，2009 (6)：39 - 40

[13] 全国农业技术推广服务中心．全国大豆品种试验技术培训班培训教材（内部资料），2002

[14] 全国农业技术推广服务中心．全国大豆品种试验技术培训班培训教材（内部资料），2008

[15] 赵政文，李小红．春大豆不同播种季节的生态特性比较 [J]．中国油料，1990 (3)：39 - 40

[16] 顾和平，等．我国南方大豆种植制度的现状及育种方向 [J]．作物研究，1992，6 (3)：8 - 11

[17] 李小红，等．优质、高产春大豆湘春豆 24 号的选育 [J]．湖南农业科学，2006 (5)：24，39

[18] 李小红，等．极早熟优质高产春大豆湘春豆 26 的选育 [J]．大豆科技，2009 (5)：63，65

[19] 谢运河，李小红，等．播期与密度对南方早熟春大豆产量和品质的影响 [J]．作物杂志，2011 (3)：79 - 82

[20] 谢运河，李小红，等．玉米大豆间作行比对早熟春大豆农艺性状及产量的影响 [J]．湖南农业科学，2011 (5)：26 - 28，31

[21] 李小红，等．不同行比棉豆间作产量及经济效益分析 [J]．湖南农业科学，2012 (21)：20 - 21，25

[22] 李小红，谢运河，等．收获期对南方春大豆产量、品质及抗劣变性的影响 [J]．江西农业学报，2013，25 (1)：15 - 17

[23] 程须珍．绿豆在不同耕作制度条件下应采取不同的栽培措施 [J]．北京农业 2011 (1)：39 - 40

[24] 沈慧．绿豆的三种间作模式及其栽培技术 [J]．北京农业，2010 (13)：41 - 42

[25] 王阔，郭安斌，张志民. 绿豆播前应做好哪些准备工作
　　　[J]. 种业导刊，2008（2）：17

[26] 王丽侠，程须珍，王素华. 绿豆品种资源、育种及遗传研
　　　究进展[J]. 中国农业科学，2009，42（2）：1519 - 1527

[27] 于秋馥. 白城市绿豆产业发展现状及对策研究[J]. 中国
　　　农业信息，2011（1）：39 - 40

[28] 程须珍，王述民，等. 中国食用豆类品种志. 北京：中国
　　　农业科学技术出版社，2009

[29] 王晓鸣，朱振东，段灿星，等. 蚕豆豌豆病虫害鉴别与控
　　　制技术. 北京：中国农业科学技术出版社，2007

[30] 运广荣. 中国蔬菜实用新技术大全（北方蔬菜卷）. 北京：
　　　北京科学技术出版社，2004

[31] 邹学校. 中国蔬菜实用技术大全（南方蔬菜卷）. 北京：
　　　北京科学技术出版社，2004

[32] 陈新，袁星星，顾和平，等. 江苏省食用豆生产现状及发
　　　展前景. 江苏农业科学，2009（5）：4 - 8

[33] 袁星星，陈新，陈华涛，等. 中国南方菜用豌豆新品种及
　　　高产栽培技术. 作物研究，2010，24（3）：192 - 194

[34] 袁星星，崔晓艳，顾和平，等. 菜用荷兰豆新品种苏豌1
　　　号及高产栽培技术. 金陵科技学院学报，2011，27（1）：
　　　48 - 50

[35] 宗绪晓. 国内外豌豆育种概况及国内育种展望. 农牧情报
　　　研究，1989（10）：6 - 12

[36] 杨晓明，任瑞玉. 国内外豌豆生产和育种研究进展. 甘肃
　　　农业科技，2005（8）